3D打印
聚合物材料
U0243819

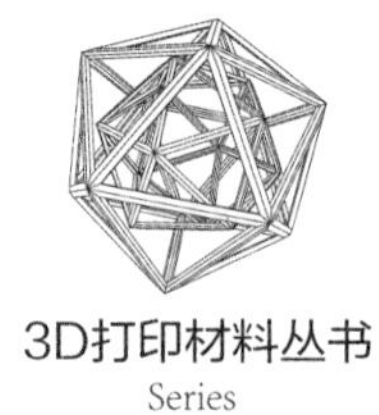

3D打印材料丛书
Series
on Materials
for 3D Printing

编 委 会

“十三五”国家重点出版物
出版规划项目

3D打印材料丛书

3D打印聚合物材料

闫春泽 主编
郎美东 连芩 傅轶 副主编

化学工业出版社
·北京·

内容简介

3D打印聚合物材料是应用最早也是目前应用最广泛的3D打印材料。本书较为系统地总结了国内外3D打印聚合物材料技术和产业的发展现状、最新研究进展和发展趋势。详细阐述了粉末材料、丝状材料、光敏材料、水凝胶等3D打印聚合物材料的制备、成形机理与工艺、成形件性能及应用。对喷墨打印用聚合物、粉末黏合打印用聚合物和直接书写3D打印用聚合物等其他3D打印聚合物材料也进行了简要介绍。

本书可供从事3D打印材料研发、设计、生产、应用的科研、工程技术人员参考阅读，也可作为大专院校相关专业本科生及研究生的辅助教材。

图书在版编目（CIP）数据

3D打印聚合物材料/闫春泽主编. —北京：化学工业出版社，2020.10（2021.10重印）
（3D打印材料丛书）
"十三五"国家重点出版物出版规划项目
ISBN 978-7-122-37633-6

Ⅰ.①3… Ⅱ.①闫… Ⅲ.①立体印刷-印刷术-聚合物-印刷材料 Ⅳ.①TS853

中国版本图书馆CIP数据核字（2020）第161040号

责任编辑：林 媛 窦 臻　　文字编辑：李 玥
责任校对：李雨晴　　装帧设计：尹琳琳

出版发行：化学工业出版社（北京市东城区青年湖南街13号　邮政编码100011）
印　　装：中煤（北京）印务有限公司
787mm×1092mm　1/16　印张14¼　彩插4　字数322千字　2021年10月北京第1版第2次印刷

购书咨询：010-64518888　　售后服务：010-64518899
网　　址：http://www.cip.com.cn
凡购买本书，如有缺损质量问题，本社销售中心负责调换。

定　　价：108.00元

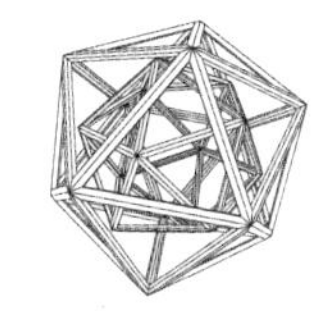

3D打印聚合物材料

Polymer
Materials
for 3D Printing

编 写 人 员 名 单

顾　问： 李涤尘

主　编： 闫春泽

副主编： 郎美东　连　芩　傅　轶

编写人员： （按姓名汉语拼音排序）

陈勃生　成川颖　段玉岗　傅　轶　郎美东　李志祥　连　芩
王　军　王润国　王照闯　徐　坚　许高杰　闫春泽　杨科珂
杨　磊　袁　博　赵　宁

3D打印材料丛书
Series
on Materials
for 3D Printing

序

3D 打印被誉为催生第四次工业革命的 21 项颠覆性技术之一，其综合了材料科学与化学、数字建模技术、机电控制技术、信息技术等诸多领域的前沿技术。作为其灵魂的 3D 打印材料，是整个 3D 打印发展过程中最重要的物质基础，很大程度上决定了其能否得到更加广泛的应用。然而，3D 打印关键材料的“缺失”已经成为影响我国 3D 打印应用及普及的短板，如何寻找优质的 3D 打印材料并实现其产业化成了整个行业关注的焦点。

2017 年 3 月，中国工程院启动了“中国 3D 打印材料及应用发展战略研究”咨询项目，项目汇聚了中国工程院化工、冶金与材料工程学部联合机械与运载、医药卫生、环境轻纺等学部的 26 位院士，组织了全国 100 余位 3D 打印研究、生产领域及政府部门、行业协会的专家和学者，历时两年完成了本咨询项目。本项目研究成果凝练了我国 3D 打印材料及应用存在的突出问题，提出了我国 3D 打印材料及应用发展思路、战略目标和对策建议。

项目组紧紧抓住“制造强国、材料先行”这一主线，以满足重大工程需求和人民身体健康提升为牵引，对我国 3D 打印材料及应用近年来的一些突出问题进行了广泛调研。两年来，项目组先后赴北京、辽宁、江苏、上海、浙江、陕西、广东、湖南等省市同 3D 打印研究和制造的专家、学者开展了深入的交流和座谈，并组织项目组专家赴德国、比利时等 3D 打印技术先进国家考察调研。先后召开了 14 次研讨会，在学术交流会上作报告 100 余个，1000 余名专家学者、企业管理技术人员、政府官员参与项目活动，最终形成了一系列研究成果。

“3D 打印材料丛书”是“中国 3D 打印材料及应用发展战略研究”咨询项目的重要成果，入选“十三五”国家重点出版物出版规划项目。丛书共有五个分册，分别是《中国 3D 打印材料及应用发展战略研究咨询报告》《3D 打印技术概论》《3D 打印金属材料》《3D 打印

聚合物材料》《3D打印无机非金属材料》。丛书综述了3D打印技术的基本理论、成形技术、设备及应用；根据3D打印材料领域积累的科技成果，全面系统地介绍了3D打印金属材料、聚合物材料、无机非金属材料的理论基础、生产制备工艺、创新技术及应用，以及3D打印过程中各类材料所呈现出的独特组织性能演变规律和性能调控原理；反映了本领域国内外最新研究成果和发展现状，并展望了3D打印材料和技术的发展趋势。

本丛书的出版，感谢中国工程院咨询项目的支持和项目组成员的共同努力。希望本丛书能为我国3D打印材料及其产业化应用起到积极推动作用，并为相关政府单位、生产企业、高校、科研院所等开展创新研究工作提供帮助。

中国工程院院士

周廉

2020年2月

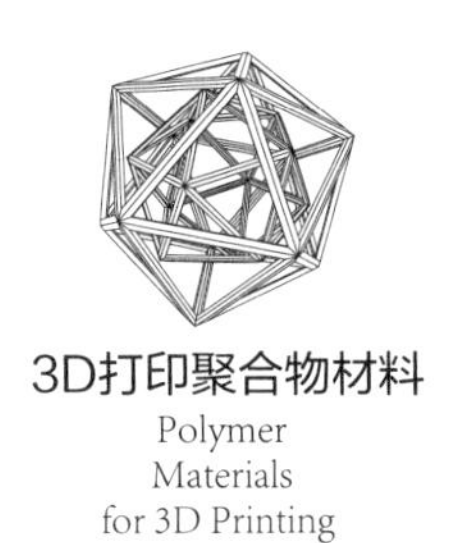

前言

3D打印属于增材制造，是一种以三维CAD模型为基础，通过逐层打印材料并叠加方式制造复杂实体零件的先进制造技术。经过多年发展，3D打印技术已应用于航空航天、医疗、科教、汽车等领域。3D打印由硬件、软件、材料及成形工艺等关键技术高度集成，各组成技术之间既相互促进又相互制约，随着3D打印工艺与装备的不断发展和逐步成熟，3D打印材料的种类和性能已成为制约3D打印发展的主要瓶颈之一。因此，新型3D打印材料的研发成为3D打印技术取得突破性进展的关键，同时也是拓展3D打印技术应用领域的必经之路。3D打印材料主要包括聚合物、金属、陶瓷及其复合材料等，其中，3D打印聚合物材料是应用最早也是目前应用最广泛的3D打印材料，其按形态可分为粉末材料、丝状材料、液态材料（光敏材料）、水凝胶等。据美国Wohlers Report统计，3D打印聚合物材料占3D打印材料市场的70%以上。为此，中国工程院组织开展“中国3D打印材料及应用发展战略研究”咨询项目，组织了一批在国内长期从事3D打印聚合物材料研发、教学与应用的科研与工程技术人员，综合国内外相关研究成果，在多年的教学经验和科研基础上编写了这本《3D打印聚合物材料》专著。

本书对3D打印聚合物及其复合材料的制备、成形机理与工艺、成形件性能等方面进行了全面系统的论述。全书共分6章，第1章概述了3D打印技术和3D打印聚合物材料发展现状；第2章论述了3D打印聚合物粉末材料，主要包括聚酰胺（PA）、聚苯乙烯（PS）、聚碳酸酯（PC）、聚醚醚酮（PEEK）、聚丙烯（PP）及其复合粉末材料等；第3章论述了3D打印聚合物丝状材料，主要包括ABS、聚乳酸（PLA）、聚醚醚酮（PEEK）、热塑性聚氨酯（TPU）及其复合丝材；第4章论述了3D打印聚合物光敏材料，主要包括光敏树脂、陶瓷前驱体、形状记忆材料等；第5章论述了3D打印聚合物水凝胶；第6章论述了其他3D

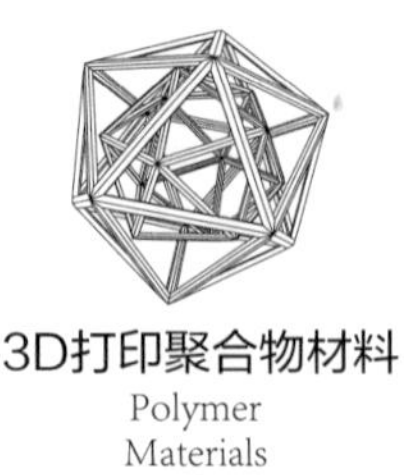

打印聚合物材料，主要包括喷墨打印用聚合物材料、粉末黏合打印用聚合物材料和直接书写3D打印用聚合物材料等。

本书由闫春泽（华中科技大学）任主编，郎美东（华东理工大学）、连芩（西安交通大学）、傅轶（广东银禧科技股份有限公司）任副主编，李涤尘教授（西安交通大学）任主审。各章主要编写人员如下：第1章由闫春泽编写；第2章由闫春泽、杨磊（武汉理工大学）、陈勃生（湖南华曙高科技有限责任公司）、袁博（湖南华曙高科技有限责任公司）编写；第3章由王润国（北京化工大学）、王军（北京化工大学）、傅轶、许高杰（中国科学院宁波材料技术与工程研究所）、李志祥（中国科学院宁波材料技术与工程研究所）、赵宁（中国科学院北京化学研究所）编写；第4章由连芩、段玉岗（西安交通大学）、杨科珂（四川大学）、成川颖（四川大学）编写；第5章由郎美东、王照闯（华东理工大学）编写；第6章由赵宁、徐坚（中国科学院北京化学研究所）编写。张文书（南京工业大学）、王照闯（南京工业大学）担任秘书对专著编写工作进行了组织和协调，陈鹏（华中科技大学）、伍宏志（华中科技大学）、刘主峰（华中科技大学）等博士研究生参与本专著的整理工作。

由于编者的水平有限，本书的内容有很多值得商榷的地方，同时难免有疏漏之处，恳请广大读者批评指正。

编　者

2020年3月

目录 CONTENTS

第 1 章 3D 打印技术与聚合物材料概述 1

第 2 章 3D 打印聚合物粉末材料 9

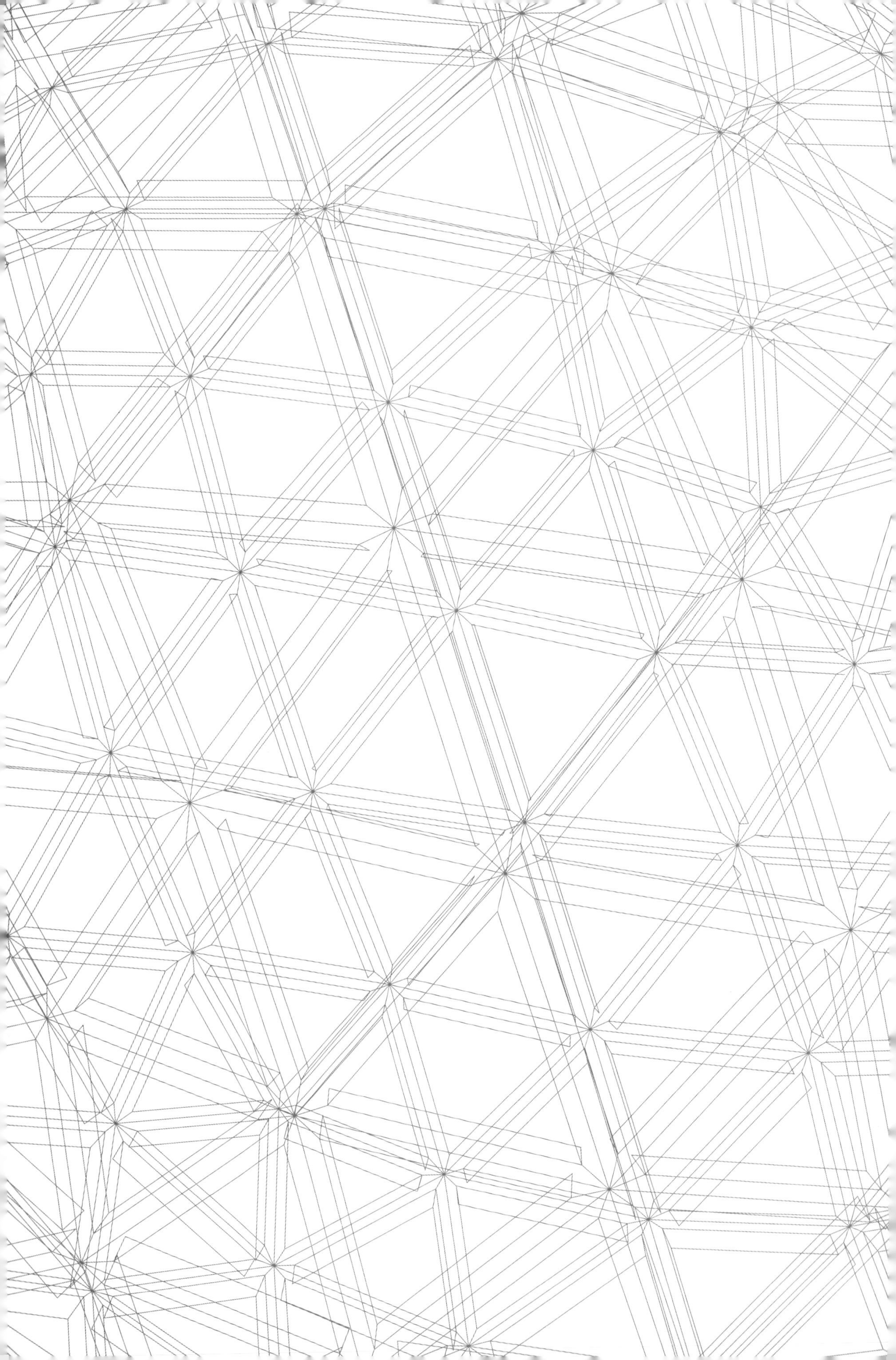

第 1 章
3D 打印技术与聚合物材料概述

1.1 3D 打印技术的概念

3D 打印属于增材制造，是依据零件的三维 CAD 模型数据，全程由计算机控制将离散材料（丝材、粉末、液体等）逐层累加制造实体零件的技术。相对于传统的材料去除（切削加工）技术，3D 打印是一种“自下而上”材料累加的制造过程。

自 20 世纪 80 年代末以来，3D 打印技术逐步发展，这期间也被称为“材料累加制造（material increase manufacturing）”“快速原形（rapid prototyping）”“分层制造（layered manufacturing）”“实体自由制造（solid free-form fabrication）”“3D 打印技术（3D printing）”等。名称各异的叫法分别从不同侧面表达了该制造技术的特点。

3D 打印是数字化技术、新材料技术、光学技术等多学科发展的产物。其工作原理可以分为如下两个过程：

① 数据处理过程　利用计算机辅助设计三维 CAD 数据，将三维 CAD 图形切割成薄层，完成将三维数据分解为二维数据的过程。

② 逐层累加制造过程　依据分层的二维数据，采用所选定的制造方法制作与数据分层厚度相同的薄片，每层薄片按照顺序叠加起来，就构成了三维实体，实现了从二维薄层到三维实体的制造过程。这一过程是将三维复杂结构降为二维结构，制造二维结构，然后再由二维结构累加为三维结构。

采用这种原理，3D 打印技术不需要传统的刀具、夹具及多道加工工序，利用三维设计数据在一台设备上可快速而精确地制造出任意复杂形状的零件，从而实现“自由制造”，解决许多过去难以制造的复杂结构零件的成形，并大大减少了加工工序，缩短了加工周期。而且越是复杂结构的产品，其制造的速度作用越显著。

目前，世界科技强国和新兴国家都将 3D 打印技术作为未来产业发展新的增长点加以培育和支持，欧美等发达国家纷纷制定了发展 3D 打印技术的国家战略，被美国“America Makes”、欧盟“Horizon 2020”、德国“工业 4.0”、“中国制造 2025”等战略计划列为提升国家竞争力、应对未来挑战亟须发展的先进制造技术。近二十年来，3D 打印技术取得了高速发展，在各个领域都取得了良好的应用效果，特别是在航空航天、医疗、军工、汽车等重要领域具有广阔的应用前景。

1.2 3D 打印材料简介

3D 打印是一项新兴的快速成形技术，具有制造成本低、生产周期短等明显优势，被誉为“第三次工业革命最具标志性的生产工具”。经过多年发展，3D 打印技术已广泛应用于科研、教育、医疗及航天等领域。3D 打印技术由硬件、软件、材料及成形工艺四大关键技术高度集成，各组成技术之间存在着既相互促进又相互制约的关系，随着 3D 打印设备及工艺的不断发展和逐步成熟，3D 打印材料的种类和性能已成为制约 3D 打印技术发展的主要瓶颈之一，因此，新型 3D 打印材料的研发成为 3D 打印技术取得突破性进展的关键，同时也是拓展 3D 打印技术应用领域的必经之路。

尽管目前可用于 3D 打印的材料已经超过了 200 种，但是由于现实中产品非常多，生产材料及其组合纷繁复杂，200 多种材料仍然非常有限，3D 打印材料仍在不断丰富中。3D 打印材料主要包括聚合物、金属、陶瓷和复合材料等，其中，3D 打印聚合物材料是应用最早也是目前应用最广泛的 3D 打印材料，据美国 Wohlers Report 统计，3D 打印聚合物材料占 3D 打印材料市场的 70％以上。

1.3 国内外 3D 打印聚合物材料研发现状

3D 打印制造技术完全改变了传统制造业的方式和原理，它是对传统制造模式的一种颠覆。当前，3D 打印材料成为限制 3D 打印发展的主要瓶颈，同时也是 3D 打印技术突破的关键和难点所在，只有进行更多新材料的开发才能拓展 3D 打印技术的应用领域。聚合物材料是最重要的一类 3D 打印材料，可分为粉末材料、光敏材料、丝状材料、水凝胶等。

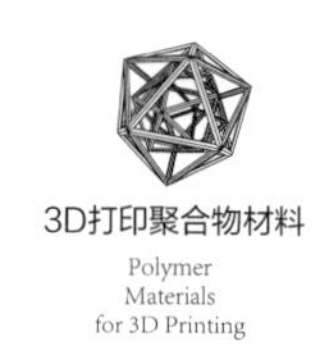

1.3.1 粉末材料

用于3D打印的聚合物粉末材料主要是热塑性聚合物及其复合材料，热塑性聚合物又可分为非晶态和晶态两种。其中，非晶态聚合物通常用于制备对强度要求不高但具有较高尺寸精度的制件，主要有聚碳酸酯（polycarbonate，PC）、聚苯乙烯（polystyrene，PS）、高抗冲聚苯乙烯（high impact polystyrene，HIPS）和聚甲基丙烯酸甲酯［poly(methyl methacrylate)，PMMA］。1993年美国DTM公司首次将PC粉末用于熔模铸造零件的成形。德国EOS公司和美国3D Systems公司分别于1998年、1999年推出了以PS为基体的商业化粉末烧结材料Prime Cast TM和Cast Form TM，这种烧结材料同PC相比，烧结温度较低，烧结变形小，成形性能优良，更加适合熔模铸造工艺，因此PS粉末逐渐取代了PC粉末在熔模铸造方面的应用。虽然PS的成形温度低、精度高，但成形件的强度较低，不易成形复杂、薄壁零件。因此HIPS粉末材料用来制备精密铸造用树脂模，其烧结件的力学性能比PS烧结高得多，可以用来成形具有复杂、薄壁结构的零件。晶态聚合物烧结件则具有较高的强度，尼龙（polyamide，PA）是3D打印最为常用的晶态聚合物，其经激光烧结能制得高致密度、高强度的烧结件，可以直接用作功能件，因此受到广泛关注，占据了现阶段激光烧结材料市场的95%以上。国内外学者对尼龙粉末材料如尼龙6、尼龙11、尼龙12、尼龙1010和尼龙1212进行了3D打印工艺和性能的研究，证明了尼龙是目前3D打印技术直接制备塑料功能件的最好材料。然而通过先制备尼龙复合粉末，再烧结得到的尼龙复合材料烧结件具有某些比纯尼龙烧结件更加突出的性能，从而可以满足不同场合、用途对塑料功能件性能的需求。尼龙复合粉末材料成为3D Systems公司、EOS公司及CRP公司重点开发的烧结材料，新产品层出不穷。3D Systems公司推出了系列尼龙复合粉末材料Dura Form GF、Copper PA、Dura Form AF、Dura Form HST等，其中Dura Form GF是用玻璃微珠作填料的尼龙粉末，该材料具有良好的成形精度和外观质量；Copper PA是铜粉和尼龙粉末的混合物，具有较高的耐热性和导热性，可直接烧结注塑模具，用于通用塑料制品的小批量生产，生产批量可达数百件；Dura Form AF是铝粉和尼龙粉末的混合粉末材料，其烧结件具有金属外观和较高的硬度、模量等。EOS公司也有玻璃微珠/尼龙复合粉末PA3200GF、铝粉/尼龙复合粉末Alumide，以及2008年最新推出的碳纤维/尼龙复合粉末Carbon Mide。此外，3D打印技术的突出优点是可用于制造结构复杂、个性化的产品，这与生物医学领域的需求非常契合。因此，最近一些具有生物活性或生物相容性的聚合物粉末材料成为学术界研究的前沿，如聚乙烯醇（PVA）、聚（丙交酯-乙交酯）(PLGA)、聚乳酸（PLA）、聚醚醚酮（PEEK）、聚乙烯（PE）等。

1.3.2 光敏材料

光敏材料按固化反应机理可分为以下三类：①自由基型光敏材料，这类光敏材料含有不饱和双键，如丙烯酰氧基、甲基丙烯酰氧基、乙烯基、烯丙基等；②阳离子型光敏材料，这类材料一般含有环氧基团或乙烯基醚基。环氧光敏树脂通过环氧基阳离子开环聚合而固化，而乙烯基醚树脂通过双键阳离子加成聚合而固化；③自由基树脂体系与阳离子体系混合制成混杂固化体系，混杂光固化体系在光引发、固化体积收缩、固化物力学性能等方面具有互补效应。自由基光敏材料是最早应用于光固化快速成形工艺的液态树脂，以环氧丙烯酸酯及聚氨酯丙烯酸酯为主。如 Ciba-Geigy 公司推出的 SL-XB 5081、SL-XB 5131、SL-XB 5149；Du Pont 公司的 Derlin 2100（2110）、Derlin 3100（3110）。这类光敏材料固化速度快、黏度低、韧性好、成本低。但固化时表面具有氧阻聚，体积收缩率大，成形零件翘曲变形严重。阳离子光固化诱导期较长、活性中间体寿命长、不存在氧阻聚、附着力好，光照停止后仍可继续进行固化反应，这类光敏材料以乙烯基醚树脂和环氧树脂为主。如 1992 年日本开发的 Exactomer 2201 乙烯基醚型树脂以及 2000 年 Vantico 公司推出的 SL-5170、SL-5210、SL-5240、Stereocol HC 9100R、Stereocol AC 9200R 等，DSM 公司推出的 Somos 6110、Somos 7110、Somos 8110、Somos 6100、Somos 7100、Somos 9100、Somos 6120、Somos 8120、Somos 9120 等，瑞士 RPC Ltd. 公司推出的 RP Cure 100HC、100AR、100ND、200HC、300AR、300ND、550HC 等环氧型树脂。乙烯基醚类光敏材料韧性较好，但和自由基型光敏材料一样，固化收缩较大；环氧类光敏树脂收缩小，但固化物脆性较大。

1.3.3 丝状材料

目前，聚乳酸（PLA）和丙烯腈-苯乙烯-丁二烯三元共聚物（ABS）是最常用的 3D 打印聚合物丝状材料，价廉、耐用，有多种颜色可以选择，是桌面级 3D 打印机用户最喜爱的打印材料，适合对精度和表面要求不高的物品，比如打印玩具、创意家居饰件等。PLA 是一种由玉米淀粉制成的可降解环保型聚合物，PLA 的打印温度在 180～220℃，可以在较低温度（低于 70℃）的支撑平板上有效成形，打印时不产生难闻的气味，具有较好的力学性能、弹性模量及热成形性，它的收缩率极低，即使打印大型零件也不会产生翘曲变形，且 PLA 制品具有半透明结构，更具美感，这使得 PLA 成为入门 3D 打印机的最优质、环保的耗材。ABS 丝材是 3D 打印工艺领域应用最广泛的制件耗材之一。因不同厂家使用牌号不同，ABS 成形温度在 180～250℃，打印温度为 210～260℃，可在－40～85℃的温度范围内长期使用，打印时需要底板加热。ABS 具有相当多的优点，如高抗冲、高耐热、阻燃、绝缘、化学性能稳定和易着色等，其打印产品质量稳定，强度也较为理想。然而，ABS 打印时可能产生强烈的气味，材料遇冷收缩特性明显，需要在打印过程中进行底板加热，在打印较大尺寸模型时，温度调节不当容易产生翘曲、变形、开裂等问题，且耐候性较差，紫外线可使之变色。此外，其他 3D 打印聚合物丝材还包括通用工程塑料如聚酰胺（PA）、聚碳酸酯（PC）、聚甲醛（POM）丝材，特种工程塑料如聚醚酰亚胺（PEI）、聚醚醚酮（PEEK）、聚苯砜（PPSU），热塑性弹性体，以及水溶性支撑材料如聚乙烯醇（PVA）、聚丁烯醇（BVOH）等。

1.3.4 水凝胶

一般凡是水溶性或亲水性的聚合物，通过一定的化学交联或物理交联，都可以形成水凝胶。这些聚合物按其来源可分为天然聚合物和合成聚合物两大类。天然的亲水性聚合物包括多糖类（淀粉、纤维素、海藻酸、透明质酸、壳聚糖等）和多肽类（胶原、聚L-赖氨酸、聚L-谷氨酸等）。合成的亲水聚合物包括醇、丙烯酸及其衍生物类（聚丙烯酸、聚甲基丙烯酸、聚丙烯酰胺等）。聚合物凝胶具有良好的智能性，海藻酸钠、纤维素、动植物胶、蛋白胨、聚丙烯酸等聚合物凝胶材料用于3D打印，在一定的温度及引发剂、交联剂的作用下进行聚合后，形成特殊的网状聚合物凝胶制品。如利用凝胶的体积受离子强度、温度、电场和化学物质变化时会相应地变化将其用于形状记忆材料；利用凝胶溶胀或收缩发生体积转变将其用于传感材料；利用凝胶网孔的可控性将其用于智能药物释放材料；利用凝胶的自愈合性将其用于再生医学，采用凝胶制备的类胞外基质的再生支架可用于细胞培养或组织工程应用。由于水凝胶材料的高含水率以及能够模拟细胞外基质的特性，越来越多的科学家将其作为3D打印“Bioink（生物墨水）”应用于生物医药领域。可打印水凝胶材料通常需要优异的流动性来避免打印喷头的堵塞，同时也要求其在固化后拥有良好的力学性能来防止所打印结构的塌陷。

参考文献

[1] Kumar S. Selective laser sintering：A qualitative and objective approach [J]. JOM，2003，55（10）：43-47.

[2] Pham D T，Dimov S，Lacan F. Selective laser sintering：Applications and technological capabilities [J]. Proceedings of the Institution of Mechanical Engineers Part B Journal of Engineering Manufacture，1999，213（5）：435-449.

[3] Shi Y，Chen J，Wang Y，et al. Study of the selective laser sintering of polycarbonate and postprocess for parts reinforcement [J]. Proceedings of the Institution of Mechanical Engineers Part L Journal of Materials Design & Applications，2007，221（1）：37-42.

[4] Shi Y S，Yang J S，Yan C Z，et al. An organically modified montmorillonite/Nylon-12 composite powder for selective laser sintering [J]. Rapid Prototyping Journal，2011，17（1）：28-36.

[5] Goodridge R D，Shofner M L，Hague R J M，et al. Processing of a Polyamide-12/carbon nanofibre composite by laser sintering [J]. Polymer Testing，2011，30（1）：94-100.

[6] Wiria F E，Chua C K，Leong K F，et al. Improved biocomposite development of poly（vinyl alcohol）and hydroxyapatite for tissue engineering scaffold fabrication using selective laser sintering [J]. Journal of Materials Science：Materials in Medicine，2008，19（3）：989-996.

[7] 王延庆，沈竞兴，吴海全. 3D打印材料应用和研究现状 [J]. 航空材料学报，2016，36（4）：89-98.

[8] 胡捷，廖文俊，丁柳柳，等.金属材料在增材制造技术中的研究进展［J］.材料导报，2014（s2）：459-462.

[9] 郑增，王联凤，严彪.3D打印金属材料研究进展［J］.上海有色金属，2016，37（1）：57-60.

[10] 姚妮娜，彭雄厚.3D打印金属粉末的制备方法［J］.四川有色金属，2013（4）：48-51.

[11] 贲玥，张乐，魏帅，等.3D打印陶瓷材料研究进展［J］.材料导报，2016，30（21）：109-118.

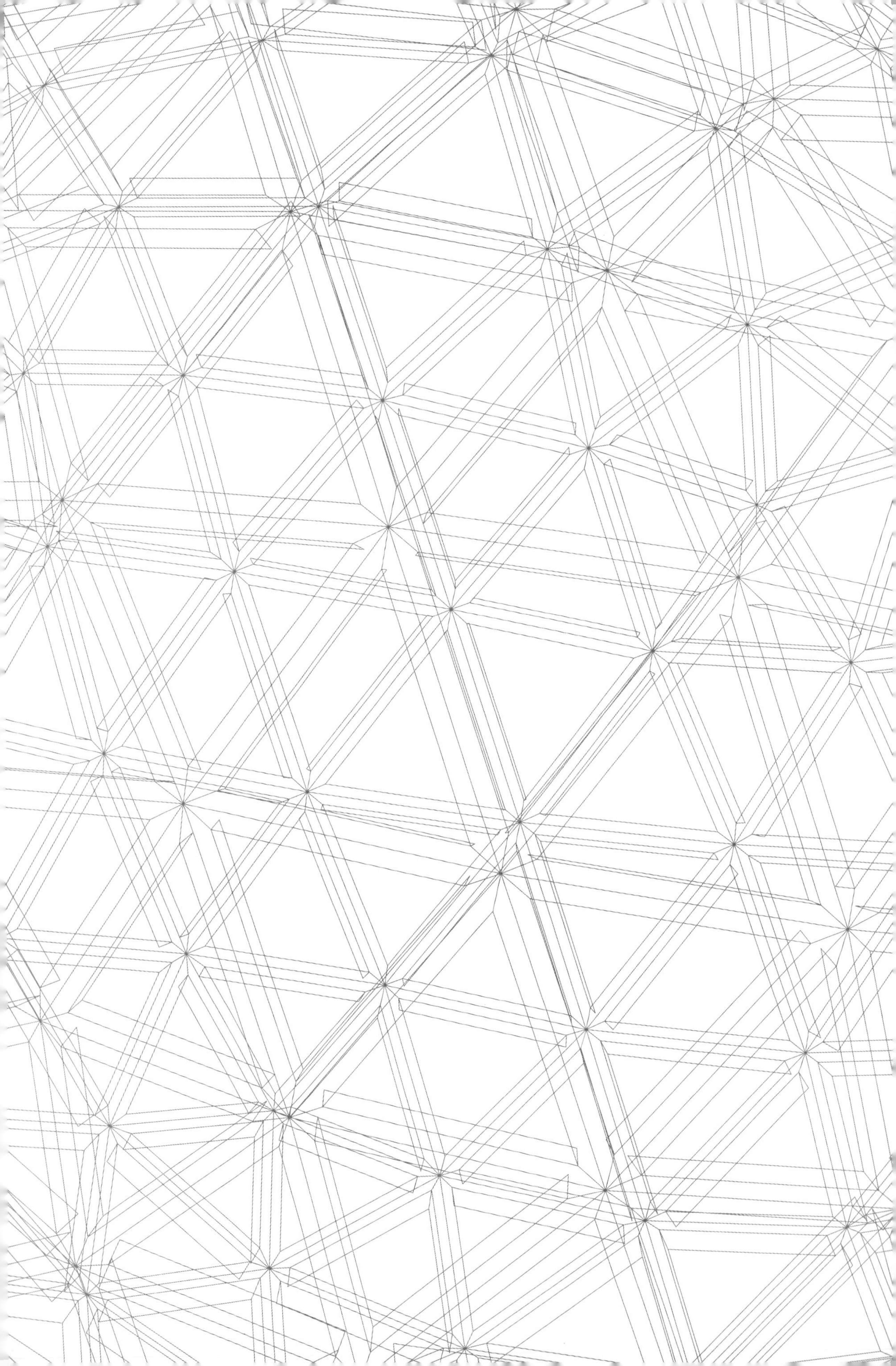

第 2 章 3D 打印聚合物粉末材料

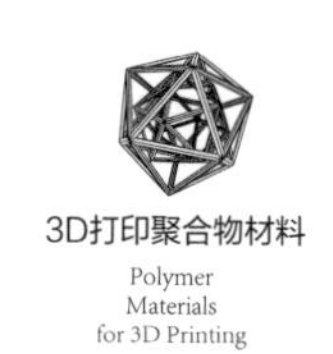

在聚合物粉末材料3D打印技术中，目前使用最为广泛的是激光选区烧结（selective laser sintering，SLS）技术和黏合剂喷射成形（binder jetting）技术，即利用粉末材料在激光照射的热作用下黏结成形。本章内容围绕用于SLS的粉末材料展开，重点介绍了尼龙及其复合物、聚苯乙烯类、聚碳酸酯、聚醚醚酮、聚丙烯等粉末材料的制备及其SLS成形。

2.1 聚合物及其复合粉末材料的SLS成形原理

SLS是一种基于粉末床的增材制造技术，它采用高能激光束作为能量源，根据零件的三维数据模型选择性地烧结指定区域内的粉末材料，并逐层加工最终得到三维实体零件。SLS技术是由美国得克萨斯大学奥斯汀分校的研究生Carl Deckard所发明，并于1986年申请了专利。1989年，他们创立了DTM公司将该技术进行商业化，该公司在1992年正式推出了第一款真正意义的商业机型SinteStation 2000。DTM公司于2001年被美国3D Systems公司收购，后者借此成为全球最大的增材制造设备与服务厂商之一。德国的EOS公司是另一家SLS设备与材料生产商，在全球增材制造市场上占有重要份额。国内对于SLS技术的研究几乎与国外同步，开始主要集中在华中科技大学、西安交通大学、南京航空航天大学、中北大学等科研院所。北京隆源自动成型系统有限公司、武汉华科三维科技有限公司和湖南华曙高科技有限责任公司等在设备生产、材料研发和推广应用方面走在国内同行的前列。

SLS技术的工艺原理如图2-1所示，首先采用计算机造型软件构建目标零件的三维CAD模型，然后通过切片软件将三维实体模型进行逐层切片，并存储为包含切片截面信息的STL文件；随后通过铺粉装置在工作缸上均匀铺设一层粉末材料，CO_2激光器在计算机的控制下，根据各层截面的信息扫描相应区域内的粉末，被扫描的粉末被烧结在一起，未被激光扫描的粉末仍呈松散状态并作为下一烧结层的支撑；当一层加工完成后，工作台面下降一定的高度（约0.1～0.3mm），送粉缸上升并进行下一层的铺粉，随后激光扫描该层粉末并将之与上一烧结层连接在一起；如此重复直至所有的截面烧结完成，去除未烧结的粉末即可得到最终的零件。

在整个SLS制造过程中，主要分为预热、成形和冷却三个阶段。

（1）预热阶段

在SLS成形开始之前，成形腔内的聚合物粉末通常需要被预热到一定的温度T_b，并在后续的成形过程中一直维持恒定直至结束。预热的目的主要有：①降低烧结过程中所需要的

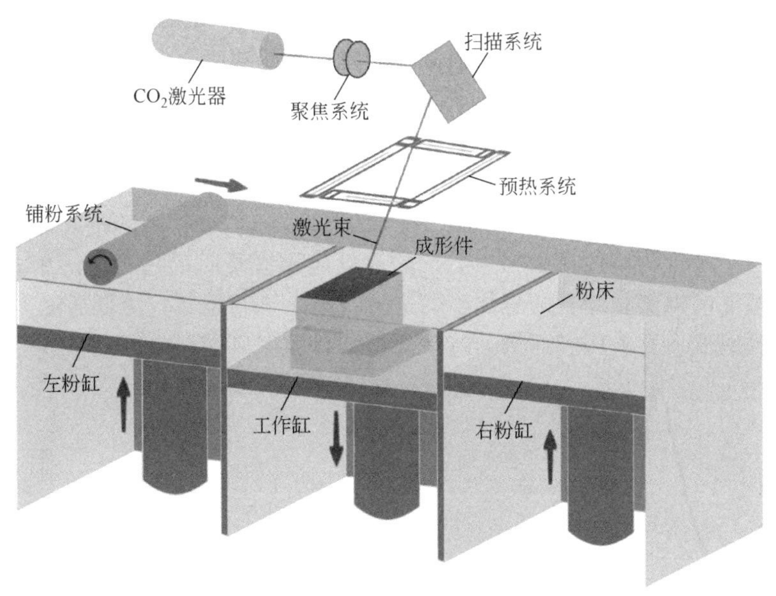

图 2-1　SLS 技术的工艺原理

能量，防止激光能量过大而造成材料分解；②减小已烧结区域和未烧结粉末之间的温度梯度，防止零件翘曲变形。通常，半结晶态聚合物的预热温度高于其结晶起始温度 T_{ic} 而低于其熔融起始温度 T_{im}，该温度区间被称为烧结窗口（sintering window）。非晶态聚合物的预热温度则接近其玻璃化转变温度 T_g。

(2) 成形阶段

成形阶段实质为预热温度下的粉末铺设和激光扫描的周期性循环过程。在成形第一层之前，需要在工作缸上铺设一定厚度的粉末，以起到基底和均匀温度场的作用。经过一段缓慢而均匀的升温之后，第一层粉末达到预热温度 T_b 时，激光则开始扫描相应的区域，使该区域内粉末的温度迅速升高至 T_{max} 超过其熔融温度，相邻粉末颗粒之间发生烧结。激光扫描结束后，经过短暂的铺粉延时 t_1，使已烧结区的温度逐渐降至 T_b，然后工作缸下降并进行下一层的铺粉。新铺设的粉末通常在粉缸内经过初步预热至 T_f（$T_f<T_b$），目的是为了降低新粉末对已烧结区域的过冷作用，同时减少从 T_f 预热至 T_b 的时间 t_2。当第二层粉末温度达到 T_b 时，激光再次扫描指定区域，使层内的粉末发生熔合，同时使层间也发生连接。重复以上过程，直至整个零件加工结束。

(3) 冷却阶段

在成形阶段完成之后，必须使粉床完全冷却才能取出零件。一般地，整个粉床在加工过程中均保持在结晶起始温度 T_{ic} 之上，直至成形结束粉床才整体降温，目的是为了减小因局部结晶产生非均匀收缩而引起的零件翘曲变形。在实际的成形过程中，即使成形腔和粉床均有预热，成形的零件也会因各种原因不同程度地降温，尤其是粉床底部区域。局部降温对 SLS 成形性能的影响因材料而异，烧结窗口较宽的材料成形性能较好；而烧结窗口较窄的材料则更容易受到影响，这另一方面也对 SLS 设备的温控能力提出了严格的要求。冷却速率也会对零件的性能造成影响。以半结晶态聚合物材料尼龙 12 为例，缓慢冷却（1℃/min）

有利于其形核结晶，导致强度提高，韧性降低；当冷却速率较快时（23.5℃/min），其结晶程度低，代表柔性的非晶区域增多，从而强度下降，韧性提高。

对于典型的半结晶态聚合物而言，粉末材料在SLS成形不同阶段内的受热过程可以通过差示扫描量热（DSC）曲线来描述（如图2-2所示）。不同的序号代表不同位置的材料所处的状态。1为未烧结粉末的预热状态；2为激光扫描状态，此时粉末的温度达到峰值T_{max}；3为已烧结区域，温度逐渐回复至预热温度T_b。这三个状态在成形阶段循环出现，在两个循环之间，聚合物熔体还会因为新粉的铺设而出现瞬时的过冷（图中未表示）。4～6则代表不同烧结层的温度状态。随着加工的进行，上一烧结层具有更低的温度，为了防止因结晶而产生的收缩变形，粉床应尽量维持在烧结窗口温度区间内。

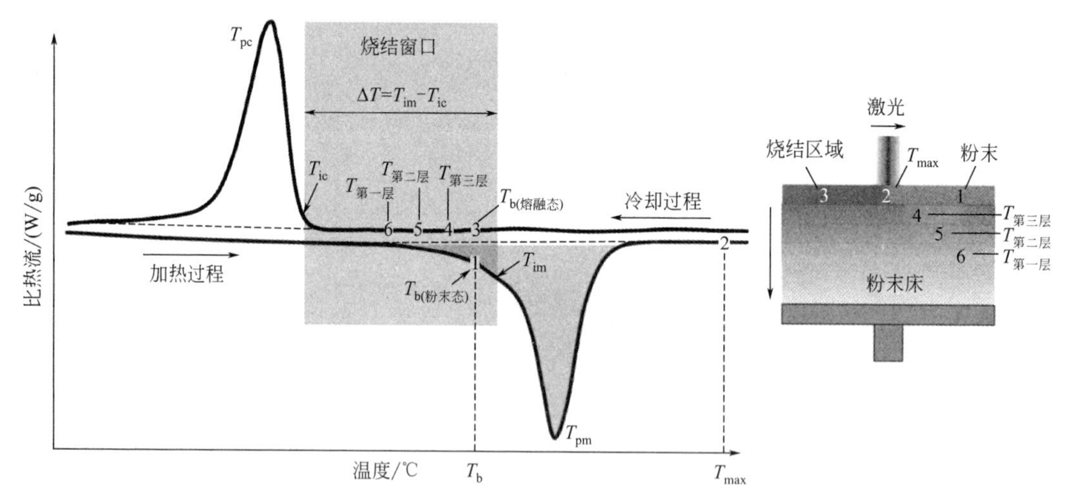

图2-2　SLS成形过程中粉末的受热过程DSC曲线

2.1.1　激光对聚合物粉末材料的加热过程

2.1.1.1　激光输入能量特性

SLS成形系统中的激光束为高斯光束，由于工作面在激光束的焦平面上，因此激光束的光强分布为：

$$I(r)=I_0\exp(-2r^2/\omega^2) \tag{2-1}$$

式中，I_0为光斑中心处的最大光强；ω为光斑特征半径，此处的光强I为$e^{-2}I_0$；r为考察点距离光斑中心的距离。

I_0的大小与激光功率P有关：

$$I_0=2P/(\pi\omega^2) \tag{2-2}$$

式(2-1)表明，在激光扫描线中心下面的粉末所接受的能量较大，而在边缘的能量较低，但当扫描线存在一定的重叠时，由于能量的叠加就可使得整个扫描区域上的激光能量达到一个较均匀的程度。CO_2激光器能以脉冲或连续方式运行，当重复率很高时，输出为准连续，可按连续方式处理，连续激光扫描线的截面能量强度分布为：

$$E(y)=\sqrt{\frac{2}{\pi}}\left(\frac{P}{\omega\nu}\right)\exp\left(\frac{-2y^2}{\omega^2}\right) \tag{2-3}$$

式中，ν 是扫描激光束的移动速率。式(2-3) 所表示的是单个扫描线的截面能量分布，对于多个重叠的扫描线，截面能量密度分布与扫描间距等参数有关。

在 SLS 工艺中，激光扫描速度很快，在连续的几个扫描过程中，激光能量能够线性叠加。设扫描间距为 d_{sp}，假设某一起始扫描线的方程为 $y=0$，则这之后的第 I 个扫描线方程为 $y=Id_{sp}$。某一点 $P(x,y)$ 离第 I 个扫描线的距离为 $y-Id_{sp}$，第 I 个扫描线对 P 点的影响为：

$$E(y)=\sqrt{\frac{2}{\pi}}\times\frac{P}{\omega\nu}\exp\left[\frac{-2(y-Id_{sp})^2}{\omega^2}\right] \tag{2-4}$$

则多条扫描线的叠加能量为：

$$E_s(y)=\sum_{I=0}^{n}\left\{\sqrt{\frac{2}{\pi}}\times\frac{P}{\omega\nu}\exp\left[\frac{-2(y-Id_{sp})^2}{\omega^2}\right]\right\} \tag{2-5}$$

图 2-3 是当激光光斑直径为 0.4mm、扫描激光束的移动速率 ν 为 1500mm/s、激光功率 P 为 10W、扫描间距 d_{sp} 分别为 0.3mm、0.2mm、0.15mm、0.1mm 时，根据式(2-5) 计算出来的激光能量分布图。

从图 2-3 中可以看出，随着扫描间距的增加，激光能量分布的均匀性和最大值都会发生

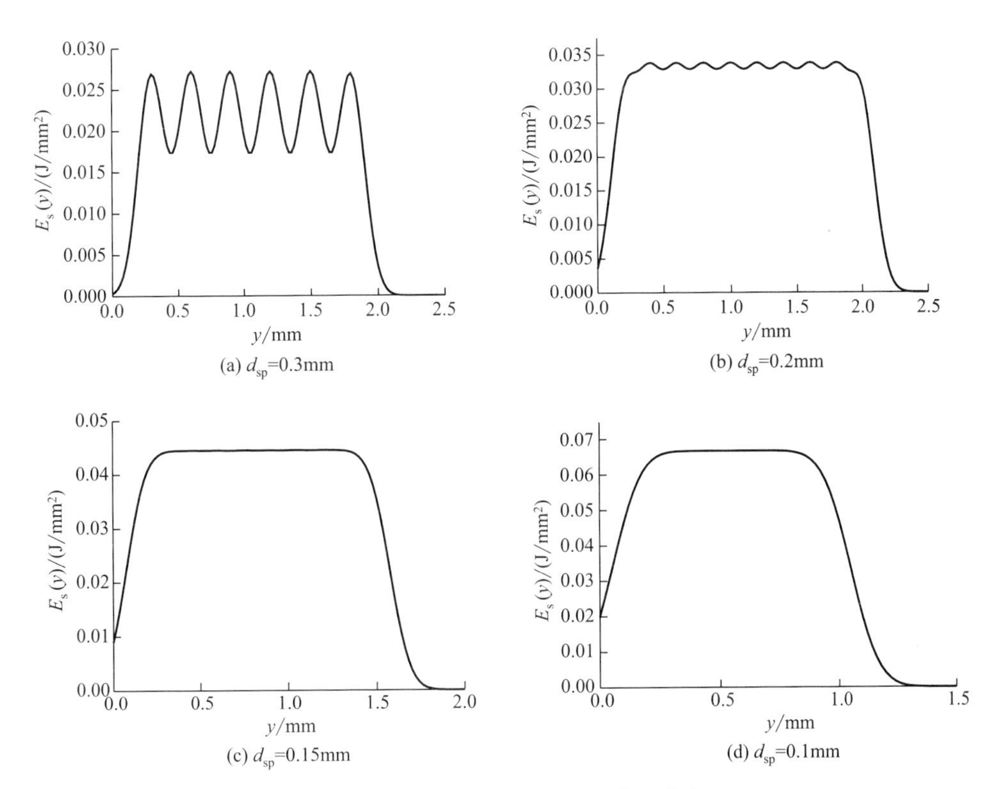

图 2-3　多个重叠扫描线的激光能量分布

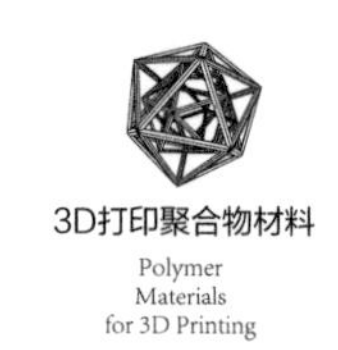

变化。激光能量随扫描间距的减小而增大，对于光斑直径为0.4mm的激光束，当扫描间隔超过0.2mm以后，扫描激光能量分布是极其不均匀的，呈现波峰波谷［见图2-3(a)、(b)］。不均匀的能量分布将导致烧结件质量的不均匀，因此，在激光烧结过程中，扫描间距应小于0.2mm，即扫描间距应小于激光光斑半径。

2.1.1.2 激光与聚合物粉末材料的相互作用

激光入射到粉末材料的表面会发生反射、透射和吸收，在此作用过程中的能量变化遵从能量守恒法则：

$$E=E_{反射}+E_{透过}+E_{吸收} \tag{2-6}$$

式中，E为入射至粉末材料表面的激光能量；$E_{反射}$为被粉末表面反射的能量；$E_{透过}$为激光透过粉末后具有的能量；$E_{吸收}$为被粉末材料吸收的能量。

式(2-6)可以转化为：

$$R+\varepsilon+\alpha_r=1 \tag{2-7}$$

式中，R为反射系数；ε为透过系数；α_r为吸收系数。

对于聚合物粉末，波长为10.6μm的CO_2激光的透过率很低，因此粉末材料吸收激光能量的大小主要由吸收系数和反射系数决定。反射系数大，吸收系数就小，被粉末材料吸收的激光能量小；反之被粉末材料吸收的激光能量大。

材料对激光能量的吸收与激光波长及材料表面状态有关，10.6μm的CO_2激光很容易被聚合物材料吸收。聚合物粉末材料由于表面粗糙度较大，激光束在峰-谷侧壁产生多次反射，甚至还会产生干涉，从而产生强烈吸收，所以聚合物粉末材料对CO_2激光束的吸收系数很大，可达0.95～0.98。

粉末材料表面吸收的激光能量通过激光光子与聚合物材料中的基本能量粒子进行相互碰撞，将能量在瞬间转化为热能，热能以材料温度升高的形式表现出来。随着材料温度的升高，材料表面发生热辐射将能量反馈，即

$$\Delta E=E_{入}-E_{出} \tag{2-8}$$

材料表面温度变化有如下规律：

① 在激光作用时间相同的条件下，ΔE越大，材料升温速度越快。

② 在ΔE相同的条件下，材料的比热容越小，温度越高。

③ 在相同的激光照射条件下，材料热导率越小，激光作用区与其相邻区域之间的温度梯度越大。

聚合物固体材料的热导率为0.2W/(m·K)左右，其粉末的热导率与固体的热导率K_s、空气的热导率K_g以及粉末的空隙率ε等因素有关。

空气的热导率K_g可采用经验公式计算：

$$K_g=0.004372+7.384\times10^{-5}T \tag{2-9}$$

空隙率ε表示粉末中空隙体积的含量，可用粉末密度ρ与材料的固体密度ρ_s表示：

$$\varepsilon=(\rho_s-\rho)/\rho_s \tag{2-10}$$

球形粉末的堆积密度可用式(2-11)计算：

$$\rho=\pi\rho_s/6 \tag{2-11}$$

则粉末材料的相对密度为：

$$\rho_R=\rho/\rho_s=0.523 \tag{2-12}$$

$$空隙率\ \varepsilon=1-\rho_R=0.477 \tag{2-13}$$

不同方法制备的聚合物粉末形状不同，粉末的堆积密度有所差异，但大多数粉末的空隙率 ε 在 0.5 左右。

采用 Yagi-Kun 模型可计算出粉末的热导率 K：

当 $K\leqslant 673\text{K}$ 时 $$K=K_s(1-\varepsilon)/(1+\varphi K_s/K_g) \tag{2-14}$$

式中，$\varphi=0.02\times 10^{2(\varepsilon-0.3)}$。

由式(2-14) 可计算出聚合物粉末材料在室温下的热导率为 0.07W/(m·K) 左右。由于聚合物粉末材料的热导率很低，在激光烧结过程中，激光作用区与其相邻区域之间的温度梯度较大，烧结件容易产生翘曲变形，因此，在激光烧结过程中应对聚合物粉末材料进行适当预热以减小温度梯度，防止产生翘曲变形。

2.1.2 聚合物粉末材料激光选区烧结机理

聚合物材料 SLS 成形的具体物理过程可描述如下：当高强度的激光在计算机的控制下扫描粉床时，被扫描的区域吸收了激光的能量，该区域的粉末颗粒的温度上升，当温度上升到粉末材料的软化点或熔点时，粉末材料的流动使得颗粒之间形成了烧结颈，进而发生凝聚。烧结颈的形成及粉末颗粒凝聚的过程被称为烧结。当激光经过后，扫描区域的热量由于向粉床下传导以及表面上的对流和辐射而逐渐消失，温度随之下降，粉末颗粒也随之固化，被扫描区域的颗粒相互黏结形成单层轮廓。与一般的聚合物材料的加工方法不同的是，SLS 是在零剪切应力下进行的，Ming-shen Martin Sun 运用热力学原理证明了烧结的驱动力为粉末颗粒的表面张力。

2.1.2.1 Frenkel 两液滴模型

绝大多数聚合物材料的黏流活化能低，烧结过程中物质的运动方式主要是黏性流动，因而，黏性流动是聚合物粉末材料的主要烧结机理。黏性流动烧结机理最早是由学者 Frenkel 在 1945 年提出的，此机理认为黏性流动烧结的驱动力为粉末颗粒的表面张力，而粉末颗粒黏度是阻碍其烧结的，并且作用于液滴表面的表面张力 γ 在单位时间内做的功与流体黏性流动造成的能量弥散速率相互平衡，这是 Frenkel 黏性流动烧结机理的理论基础。由于颗粒的形态异常复杂，不可能精确地计算颗粒间的“黏结”速率，因此简化为两球形液滴对心运动来模拟粉末颗粒间的黏结过程。如图 2-4 所示，两个等半径的球形液滴开始点接触 t 时间后，液滴靠近形成一个圆形接触面，而其余部分仍保持为球形。

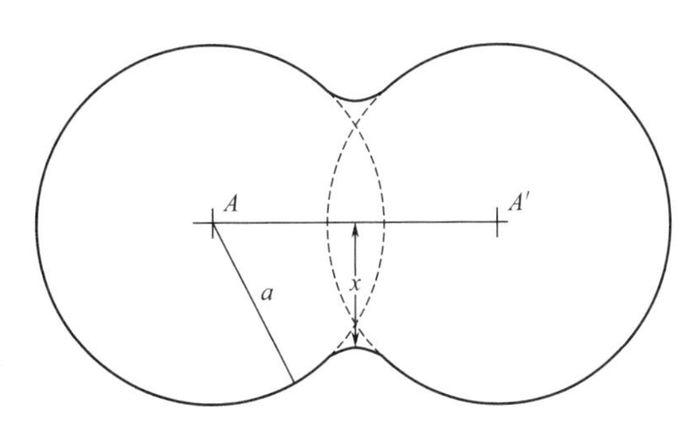

图 2-4 Frenkel 两液滴“黏结”模型

Frenkel 在两球形液滴“黏结”模型基础

上，运用表面张力 γ 在单位时间内做的功与流体黏性流动造成的能量弥散速率相平衡的理论基础，推导得出 Frenkel 烧结颈长方程：

$$\left(\frac{x}{a}\right)^2=\frac{3}{2\pi}\times\frac{\gamma}{a\eta}t \tag{2-15}$$

式中，x 为 t 时间时圆形接触面颈长即烧结颈半径；γ 是材料的表面张力；η 是材料的相对黏度；a 为颗粒半径。

Frenkel 黏性流动机理首先被成功地应用于玻璃和陶瓷材料的烧结中，Kuczynski 等证明了聚合物材料在烧结时，受到零剪切应力，熔体接近牛顿流体，Frenkel 黏性流动机理是适用于聚合物材料烧结的，并得出烧结颈生长速率正比于材料的表面张力，而反比于颗粒半径和熔融黏度的结论。

2.1.2.2 “烧结立方体”模型

由于 Frenkel 模型只是描述两球形液滴烧结过程，而 SLS 是大量粉末颗粒堆积而成的粉末床体的烧结，所以 Frenkel 模型用来描述 SLS 成形过程是有局限性的。Ming-shen Martin Sun 在 Frenkel 假设的基础上提出了“烧结立方体”模型。这个模型认为 SLS 成形系统中粉末堆积与一个立方体堆积粉末床体结构（如图 2-5 所示）较为相似，并有如下假设：

① 立方体堆积粉末是由半径相等（半径为 a）的最初彼此接触的球体组成；

② 致密化过程使得颗粒变形，但是始终保持半径为 r 的球形。这样颗粒之间接触部位为圆形，其半径为$\sqrt{r^2+x^2}$，其中 x 代表两个颗粒之间的距离。

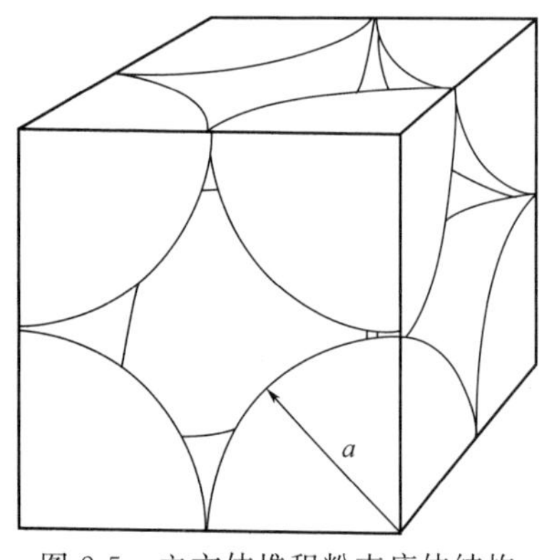

图 2-5 立方体堆积粉末床体结构

单个粉末颗粒的变形过程如图 2-6 所示，“烧结立方体”模型是应用作用于液滴表面的表面张力 γ 在单位时间内做的功与流体黏性流动造成的能量弥散速率相互平衡的原理。能量平衡方程式有如下形式：

$$\gamma\dot{A}+\dot{e}_\varepsilon V=0 \tag{2-16}$$

式中，$\dot{A}$ 为表面积变化率；$\dot{e}_\varepsilon$ 为体积应变能变化率；V 为体积。

对于一个含有黏性材料的粉末床体来说，体积应变能变化率 $\dot{e}_\varepsilon$ 与体积应变率 $\dot{\varepsilon}$ 有如下关系：

$$\dot{e}_\varepsilon=\eta_b\dot{\varepsilon}^2 \tag{2-17}$$

式中，η_b 为多孔性黏性结构的表观黏度，是材料黏度和空隙率的函数。由 Skorohod 模型可知：

$$\eta_b=\frac{4\eta\rho^3}{3(1-\rho)} \tag{2-18}$$

将式(2-17) 带入式(2-16)，能量平衡方程式可以表示为：

$$\gamma\dot{A}+\eta_b\dot{\varepsilon}^2V=0 \tag{2-19}$$

在烧结颈阶段，有如下体积守恒方程：

$$3x^3-9r^2x+4r^3+2a^3=0 \tag{2-20}$$

在这一阶段中的相对密度为0.502～0.965。如果粉末颗粒在所有的六个方向上与其他粉末颗粒进行烧结，颗粒保留的表面积为：

$$A_s=12\pi rx-8\pi r^2 \tag{2-21}$$

式(2-20) 中 r 及 x 满足体积守恒方程式(2-20)，A_s 是粉末相对密度的单调递减函数。

许多SLS或烘箱烧结试验表明，粉末材料在其相对密度达到0.96前就停止致密化了，说明由于某些原因，有的粉末颗粒不会与其他粉末颗粒进行烧结，这些不发生烧结颗粒的总表面积为：

$$A_u=12\pi rx-2\pi r^2-6\pi x^2 \tag{2-22}$$

式中，A_u 是粉末相对密度的单调递减函数。

现在假设粉末床体中有部分粉末颗粒是不烧结的。定义烧结颗粒所占的分数为 ξ，即烧结分数 ξ 在0到1之间变化，代表任意两个粉末颗粒形成一个烧结颈的概率。$\xi=1$ 意味着所有的粉末颗粒都烧结；$\xi=0$ 意味着没有粉末颗粒参加烧结。从式(2-21) 和式(2-22) 得出部分烧结粉末颗粒的表面积 A 为：

$$\begin{aligned}A&=\xi A_s+(1-\xi)A_u\\&=12\pi rx-(6\xi+2)\pi r^2-6(1-\xi)\pi x^2\end{aligned} \tag{2-23}$$

因而，表面积变化率 $\dot{A}$ 为：

$$\dot{A}=12\pi(\dot{r}x+r\dot{x})-2(6\xi+2)\pi r\dot{r}-12(1-\xi)\pi x\dot{x} \tag{2-24}$$

式(2-24) 中 $\dot{r}$ 和 $\dot{x}$ 满足体积守恒方程式的求导式：

$$9x^2\dot{x}-18r\dot{r}x-9r^2\dot{x}+12r^2\dot{r}=0 \tag{2-25}$$

考虑包含一个粉末颗粒的体积单元的变形，如图2-6所示。体积变形 ε 可表示为：

$$\varepsilon=3\left(1-\frac{x}{a}\right) \tag{2-26}$$

式(2-26) 两边求导可得：

$$\dot{\varepsilon}=-\frac{3\dot{x}}{a} \tag{2-27}$$

体积 V 为：

$$V=8x^3 \tag{2-28}$$

将式(2-24)～式(2-28) 代入式(2-19) 可以得出烧结速率方程为：

$$\dot{x}=-\frac{3(1-\rho)\pi\gamma r^2}{24\eta\rho^3x^3}\left\{r-(1-\xi)x+\left[x-\left(\xi+\frac{1}{3}\right)r\right]\frac{9(x^2-r^2)}{18rx-12r^2}\right\} \tag{2-29}$$

烧结速率也可以用粉末相对密度随时间的变化表示为：

$$\dot{\rho}=-\frac{9\gamma}{4\eta a\rho}\left\{p-(1-\xi)+\left[1-\left(\xi+\frac{1}{3}\right)p\right]\frac{9(1-p^2)}{18p-12p^2}\right\} \tag{2-30}$$

式(2-30) 中，$P=r/x$。从烧结速率方程 (2-30) 可以看出普遍的烧结行为，可以发现致密化速率与材料的表面张力 γ 成正比，与材料的黏度 η 和粉末颗粒的半径 a 成反比。

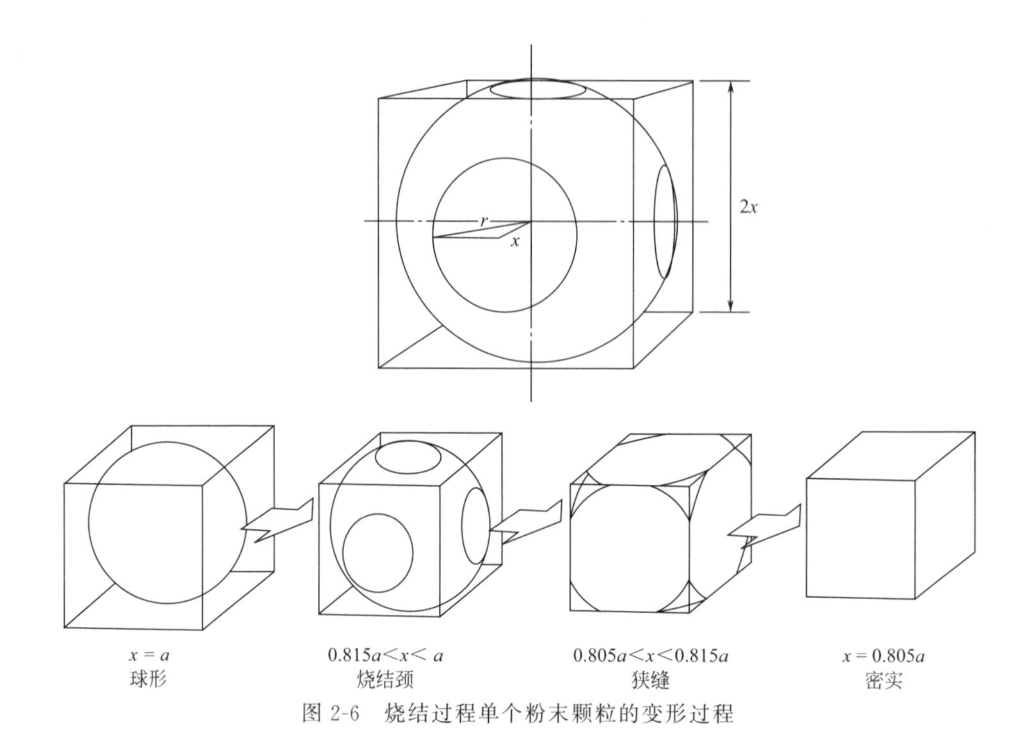

图 2-6　烧结过程单个粉末颗粒的变形过程

2.1.3　聚合物及其复合粉末材料特性对 SLS 成形的影响

烧结材料是 SLS 技术发展的关键环节，它对烧结件的成形速度和精度及其力学性能起着决定性作用。聚合物材料种类繁多，性能各异，可以满足不同场合、用途对材料性能的需求。然而，目前真正能在 SLS 技术中得到广泛应用的聚合物材料很少，这主要是因为 SLS 制件性能强烈依赖于聚合物的某些特性，如果聚合物的这些特性不能满足 SLS 成形工艺要求，那么其 SLS 制件的精度或力学性能较差，不能达到实际使用的要求。因此，有必要对于聚合物材料的特性对 SLS 成形的影响进行研究，从而为 SLS 用聚合物材料的选择及制备提供理论依据。

2.1.3.1　表面张力

(1) 基本原理

在物质表面的分子只受到内部分子的作用力，于是表面分子就沿着表面平行的方向增大分子间的距离，总的结果相当于有一种张力将表面分子之间的距离扩大了，此力称为表面张力，它使得液体的表面总是试图获得最小的面积。表面张力与分子间的作用力大小有关，分子间相互作用力大者表面张力高，相互作用力小者则表面张力低。如聚合物熔体分子间的范德华力较小，则其表面张力较低，范围在 0.03～0.05N/m 之间；而熔融金属液体由于存在较强的金属键，因而它的表面张力非常高，通常在 0.1～3N/m。

悬滴法是测定黏性聚合物的表面张力和界面张力的常用方法，悬滴的外形在静压力和表面张力（或界面张力）达到平衡时是一定的，这时表面张力（或界面张力）和悬滴外形有如下的关系：

$$\gamma = g\Delta\rho\left(\frac{d_e^2}{H}\right) \tag{2-31}$$

式中，γ 为表面张力（或界面张力）；g 为重力加速度；$\Delta\rho$ 为两相密度差；d_e 为悬滴最大的直径；H 为由外形参数因子 $S\left(\frac{d_e}{d_s}\right)$ 所决定的量，而且 $1/H$ 与 S 之间有函数的关系，对应的数值可由相关表查出。d_s 为悬滴的末端处到 d_e 长度处悬滴的直径，故实验上测得 d_s 和 d_e 即可获得 S 值，然后查表得出 $1/H$ 值，将其代入式(2-31) 求得 γ。

(2) 表面张力对激光选区烧结 SLS 成形的影响

在烧结过程中，聚合物粉末由于吸收激光能量而温度上升，当聚合物的温度升高到其结块温度（半晶态聚合物为熔融温度，非晶态聚合物为玻璃化转变温度）后，聚合物分子链或链段开始自由运动。为了减小粉末材料的表面能，粉末颗粒在表面张力的驱动下彼此之间形成烧结颈，甚至融合在一起，因而，表面张力是其烧结成形的驱动力。此外，由“烧结立方体”模型也可以得出烧结速率与材料的表面张力成正比。因此，表面张力是影响聚合物材料 SLS 成形的重要特性。然而，大多数聚合物的表面张力都比较小，且比较相近。因此，表面张力虽然是决定聚合物烧结速率的重要因素，但不是造成聚合物之间烧结速率存在差别的主要因素。

球化效应是在金属激光选区熔化（selective laser melting，SLM）成形过程中经常发生并严重影响烧结件表面精度的问题，主要是由于金属的表面张力非常大，在受热熔融后受到表面张力的作用后，液相烧结线断裂为一系列椭圆球形，以减小表面积，从而形成由一系列半椭圆球形凸起组成的烧结件表面形貌。由以上的讨论可知，聚合物的表面张力比金属要小得多，而且在烧结过程中聚合物熔体黏度也比金属要高得多，因而在聚合物的 SLS 成形过程中，球化效应不是很明显，对烧结件精度的影响常常可以忽略。

2.1.3.2 粒径

(1) 基本原理

当被测颗粒的某种物理特性或物理行为与某一直径的同质球体（或组合）最相近时，就把该球体的直径（或组合）作为被测颗粒的等效粒径（或粒径分布）。当粉末系统的粒径都相等时，可用单一粒径表示其粉末粒径大小。而实际上，常用的粉末材料都是由粒径不等的颗粒组成，其粒径是指粉末材料中所有颗粒粒径的平均值。设粒径为 d 的颗粒有 n 个，则有如下四种（加权）平均粒径的求法。

个数（算数）平均粒径：

$$D_1 = \sum\left(\frac{n}{\sum n}d\right) = \frac{\sum(nd)}{\sum n} \tag{2-32}$$

长度平均粒径：

$$D_2 = \sum\left[\frac{nd}{\sum(nd)}d\right] = \frac{\sum(nd^2)}{\sum(nd)} \tag{2-33}$$

面积平均粒径：

$$D_3=\sum\left[\frac{nd^2}{\sum(nd^2)}d\right]=\frac{\sum(nd^3)}{\sum(nd^2)} \tag{2-34}$$

体积平均粒径：

$$D_1=\sum\left[\frac{nd^3}{\sum(nd^3)}d\right]=\frac{\sum(nd^4)}{\sum(nd^3)} \tag{2-35}$$

目前，已经发展了多种粒径测量方法，其中包括筛分法、沉降法、激光法、小孔通过法等。下面对几种常用测量方法进行简要概述。

① 筛分法　筛分机可分为电磁振动和音波振动两种类型。电磁振动筛分机用于较粗的颗粒（例如大于400目的颗粒），音波振动筛分机用于更细颗粒的筛分。筛分法是一种有效的、简单的粉末粒径分析手段，应用较为广泛，但精度不高，难以测量黏性和成团的材料，如黏土等。

② 沉降法　当一束光通过盛有悬浮液的测量池时，一部分光被反射或吸收，仅有一部分光到达光电传感器，后者将光强转变为电信号。根据 Lambert-Beer 公式，透过光强与悬浮液的浓度或颗粒的投影面积有关。另外，颗粒在力场中沉降，可用斯托克斯定律计算其粒径的大小，从而得出累积粒径分布。

③ 激光法　基本原理为采用同心多元光电探测器测量不同散射角下的散射光强度，然后根据夫琅禾费衍射理论及米氏散射理论等计算出粉末的平均粒径及粒径分布。由于这种方法具有灵敏度高、测量范围宽、测量结果重现性高等优点，因而，成为目前广泛使用的粉末粒度分析方法。

(2) 粒径对 SLS 成形的影响

粉末的粒径会影响到 SLS 制件的表面光洁度、精度、烧结速率及粉床密度等。粉末的粒径通常取决于制粉方法，喷雾干燥法、溶剂沉淀法通常可以得到粒径较小的近球形粉末，而低温粉碎法只能获得粒径较大的不规则粉末。

在 SLS 成形过程中，切片厚度和每层的表面光洁度都是由粉末粒径决定的。切片厚度不能小于粉末粒径，当粉末粒径减小时，SLS 制件就可以在更小的切片厚度下制造，这样就可以减小阶梯效应，提高其成形精度。同时，减小粉末粒径可以减小铺粉后单层粉末的粗糙度，从而可以提高成形件的表面光洁度。因此，SLS 用粉末的平均粒径一般不超过 $100\mu m$，否则成形件会存在非常明显的阶梯效应，而且表面非常粗糙。但平均粒径小于 $10\mu m$ 的粉末同样不适合 SLS 工艺，因为这样的粉末在铺粉过程中由于摩擦产生的静电使粉末吸附在辊筒上，造成铺粉困难。

粒径的大小也会影响聚合物粉末的烧结速率。由“烧结立方体”模型可知烧结速率与粉末颗粒的半径成反比，因而，粉末平均粒径越小，其烧结速率越大。Cutler 和 Henrichsen 也由 Frenkel 模型推断出同样的结论。

粉床密度为铺粉完成后工作腔中粉体的密度，可近似为粉末的堆积密度，它会影响 SLS 制件的致密度、强度及尺寸精度等。一些研究表明，粉床密度越大，SLS 制件的致密度、强度及尺寸精度越高。粉末粒径对堆积密度有较大影响。下面，通过具体的实验来说明粉末粒径对堆积密度的影响。

采用低温粉碎法制备聚苯乙烯（PS）粉末材料，然后通过筛分法将上述粉末分为三种粒径范围的粉末：30～45μm，45～60μm，60～75μm，分别测量这三种粉末的堆积密度。

粉末堆积密度的测量装置如图 2-7 所示。先准确称取量筒（其容积为 100mL）的质量 W_0，精确到 0.1mg，再将粉末烧结材料通过漏斗倒入量筒中，径向轻微振动量筒使粉末填实，用直尺沿接收器口刮平粉末试样，准确称取装满试样的量筒质量 W_1，精确到 0.1mg。堆积密度按式(2-36) 计算：

$$\rho=\frac{W_1-W_0}{V} \tag{2-36}$$

式中，ρ 为堆积密度；W_0、W_1 分别为加有试样和未加试样的量筒质量；V 为量筒容积。

图 2-8 为不同粒径粉末的堆积密度。

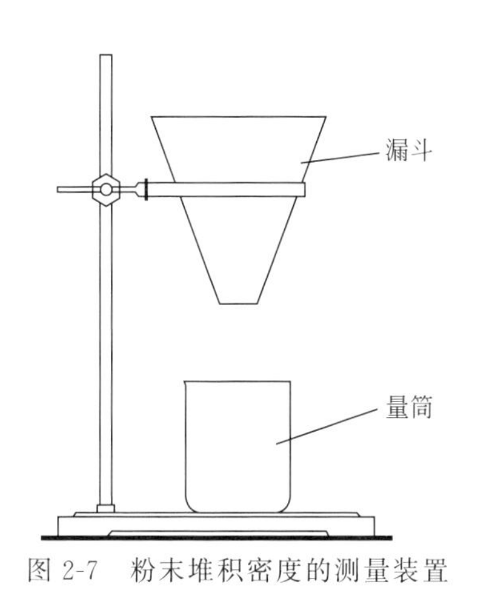

图 2-7　粉末堆积密度的测量装置

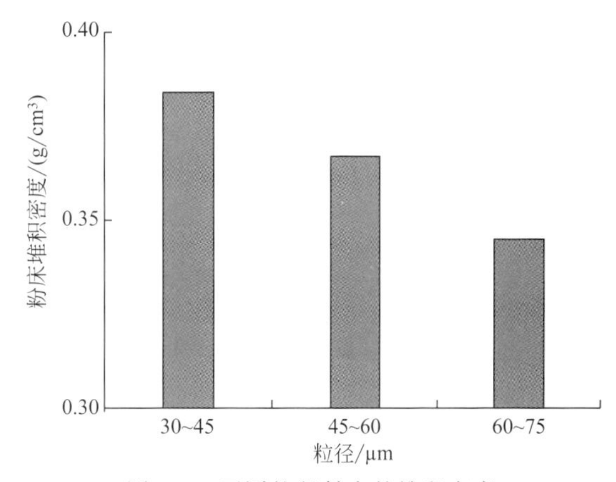

图 2-8　不同粒径粉末的堆积密度

从图 2-8 可以看出，堆积密度随粒径减小而增大。Ho 等在考察聚碳酸酯（PC）粉末的粒径对堆积密度的影响时，得出相同的结论，这可能是由于小粒径颗粒更有利于堆积。但是 McGeary 及 Gray 都认为当粉末的粒径太小时（如纳米级粉末），材料的比表面积显著增大，粉末颗粒间的摩擦力、黏附力以及其他表面作用力变得越来越大，因而影响到粉末颗粒系统的堆积，堆积密度反而会随着粒径的减小而降低。

2.1.3.3　粒径分布

(1) 基本原理

常用粉末的粒径都不是单一的，而是由粒径不等的粉末颗粒组成。粒径分布（particle size distribution），又称为粒度分布，是指用简单的表格、绘图和函数形式表示粉末颗粒群粒径的分布状态。粒径分布常可表示为频率分布和累积分布两种形式。频率分布表示各个粉末粒径相对的颗粒百分含量（微分型），如图 2-9(a) 所示；累积分布表示小于（或大于）某粒径的颗粒占全部颗粒的百分含量与该粒径的关系（积分型），如图 2-9(b) 所示。百分含量的基准可以为颗粒个数、体积、质量等。

(2) 粒径分布对 SLS 成形的影响

粉末粒径分布会影响固体颗粒的堆积，从而影响到粉末堆积密度。一个最佳的堆积相对

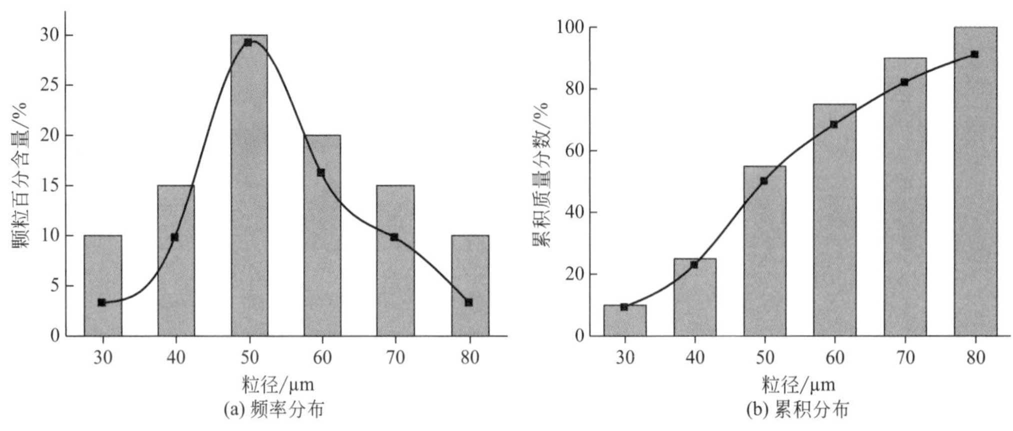

(a) 频率分布　　(b) 累积分布

图 2-9　粉末粒径的频率分布与累积分布

密度是和一个特定的粒径分布相联系的，如将单分布球形颗粒进行正交堆积（图 2-10）时，其堆积相对密度为 60.5%（即孔隙率为 39.5%）。

正交堆积或其他堆积方式的单分布颗粒间存在一定的空隙，如果将更小的颗粒放于这些空隙中，那么堆积结构的孔隙率就会下降，堆积密度就会增加，增加粉床密度的一个方法是将几种不同粒径分布的粉末进行复合。图 2-11(a) 和 (b) 分别为大粒径粉末 A 的单粉末堆积图和大粒径粉末 A 与小粒径粉末 B 的复合堆积。可以看出，单粉末堆积存在较大的孔隙，而在复合粉末堆积中，由于小粒径粉末占据了大粒径粉末堆积中的孔隙，因而其堆积密度得到提高。

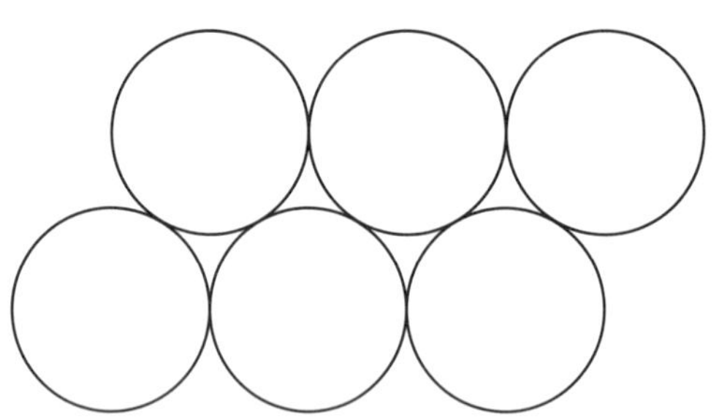

图 2-10　单分布球形颗粒的正交堆积

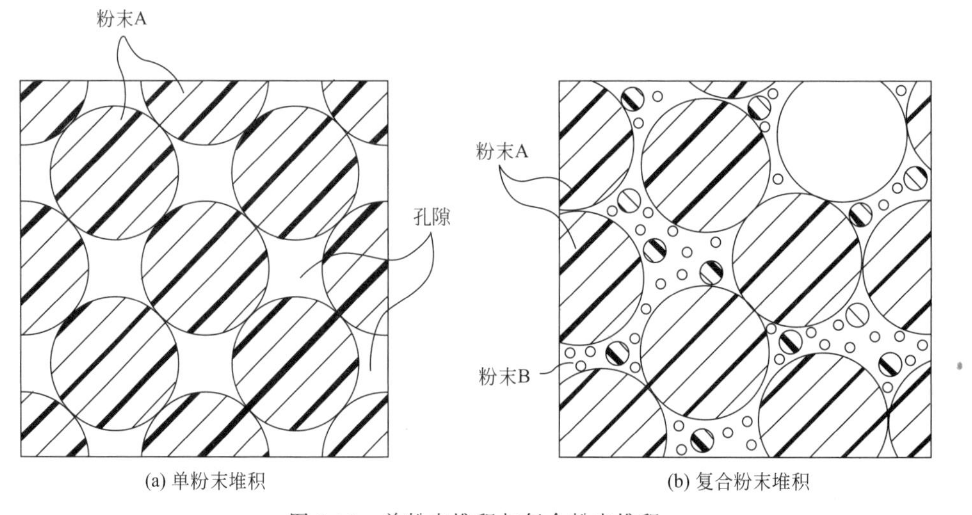

(a) 单粉末堆积　　(b) 复合粉末堆积

图 2-11　单粉末堆积与复合粉末堆积

2.1.3.4 粉末颗粒形状

(1) 基本原理

聚合物粉末的颗粒形状与制备方法有关。一般来说，由喷雾干燥法制备的聚合物粉末为球形，如图 2-12 所示；由溶剂沉淀法制备的粉末为近球形，如图 2-13 所示；而由深冷粉碎法制备的粉末呈不规则形状，如图 2-14 所示。

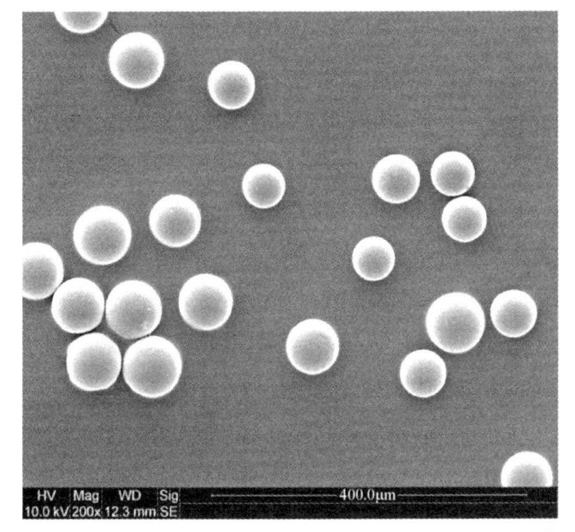

图 2-12 喷雾干燥法制备的 PS 粉末的微观形貌

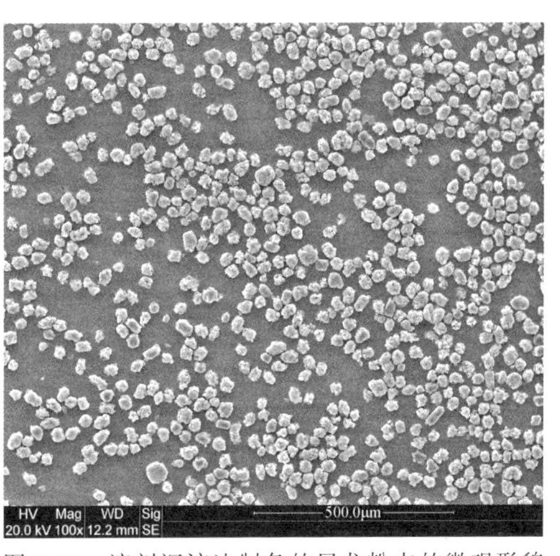

图 2-13 溶剂沉淀法制备的尼龙粉末的微观形貌

(2) 粉末颗粒形状对 SLS 成形的影响

粉末颗粒形状对 SLS 制件的形状精度、铺粉效果及烧结速率都有影响。球形粉末 SLS 制件的形状精度要比不规则粉末的高；由于规则的球形粉末比不规则粉末具有更好的流动性，因而球形粉末的铺粉效果较好，尤其是当温度升高，粉末流动性下降的情况下，这种差别更加明显；Cutler 和 Henrichsen 由实验得出在相同平均粒径的情况下，不规则粉末颗粒的烧结速率是球形粉末的五倍，这可能是因为不规则颗粒间的接触点处的有效半径要比球形颗粒的半径小得多，因而表现出更快的烧结速率。

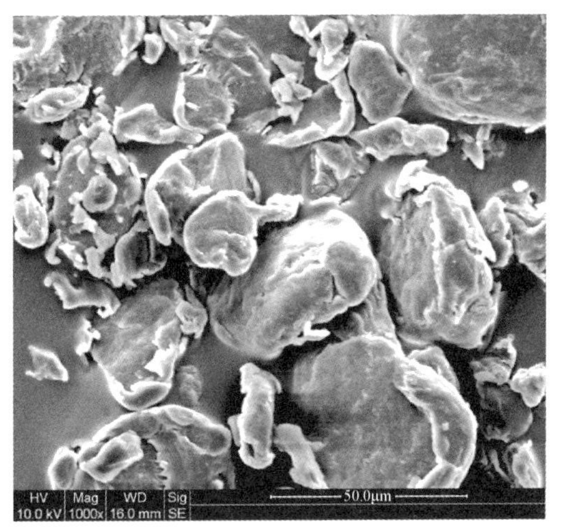

图 2-14 深冷粉碎法制备的 PS 粉末的微观形貌

2.1.3.5 黏度

(1) 基本原理

聚合物熔体属于非牛顿流体，其黏度有剪切速率依赖性。由于 SLS 是在低剪切应力，甚至为零剪切应力下进行的，因而我们更关心聚合物熔体在低剪切速率下的黏度行为。在低剪切速率下，非牛顿流体可以表现为牛顿流体，因此由剪切应力对剪切速率曲线的初始斜率可得到牛顿黏度，亦称为零切黏度，即剪切速率趋于零的黏度，用 η_0 表示。温度和聚合物的分子量对聚合物的黏度有较大影响，下面将讨论这两个关键因素对聚合物黏度的影响。

① 温度　在聚合物的黏流温度以上，黏度与温度的关系符合 Arrhenius 关系式：

$$\eta = A e^{\Delta E_\eta / RT} \tag{2-37}$$

式中，ΔE_η 为表观黏流活化能；T 为热力学温度。随着温度升高，熔体的自由体积增加，聚合物链段的活动能力增加，使聚合物的流动性增大，熔融黏度随温度升高以指数方式降低。

当温度降低到黏流温度以下时，表观黏流活化能 ΔE_η 不再是一常数，而随温度的降低急剧增大，Arrhenius 方程式不再适用。WLF 方程很好地描述了高聚物在 T_g 到 $T_g+100℃$ 范围内黏度与温度的关系。

$$\lg\left[\frac{\eta(T)}{\eta(T_g)}\right] = -\frac{17.44(T-T_g)}{51.6+(T-T_g)} \tag{2-38}$$

大多数非晶态聚合物，T_g 时的黏度 $\eta(T_g)=10^{12}\text{Pa}\cdot\text{s}$，代入式(2-38) 就能计算出聚合物在 T_g 至 $T_g+100℃$ 范围内的黏度。非晶态聚合物的黏度在 T_g 以上随温度的升高而急剧降低，温度越接近 T_g，黏度对温度的敏感性越大。

② 分子量　聚合物的分子量的大小对其黏度影响极大。聚合物熔体的零切黏度 η_0 与重均分子量 $\overline{M}_W$ 之间存在如下经验关系：

$$\eta_0 = K_1 \overline{M}_W \ (\overline{M}_W < M_c) \tag{2-39}$$

$$\eta_0 = K_2 \overline{M}_W^{3.4} \ (\overline{M}_W > M_c) \tag{2-40}$$

式中，K_1、K_2 是经验常数。各种聚合物有各自特征的临界分子量（M_c），分子量小于 M_c 时，聚合物熔体的零切黏度与重均分子量成正比；而当分子量大于 M_c 时，零切黏度随分子量的增加急剧增大，一般与重均分子量的 3.4 次方成正比。

测量聚合物熔体黏度的方法很多，其中熔体流动速率反映了低剪切速率下的熔体黏度，因而熔体流动速率更能反映聚合物在 SLS 过程中的流动性能。熔体流动速率的定义为：在一定温度下，熔融状态的聚合物在一定负荷下，10min 内从规定直径和长度的标准毛细管中流出的质量（g）。熔体流动速率越大，则流动性越好，熔体黏度越低。

(2) 黏度对 SLS 成形的影响

由 Frenkel 两液滴模型以及“烧结立方体”模型可知，聚合物的黏度对烧结速率影响较大，下面通过具体实验来研究聚合物黏度对 SLS 成形的影响。

选用三种具有不同分子量的 PS 粉末，采用乌氏黏度计测定各试样在 30℃的苯溶液中的相对黏度。测试方法如下：称取一定量的试样，配制成一定浓度的苯溶液，用移液管取 10mL 此溶液加入乌氏黏度计中，测出其流出时间，然后依次加入苯 5mL、5mL、10mL、10mL 稀释，分别测出流出时间，再测得纯苯的流出时间。用这些测定值和已知溶液的浓度计算溶液的相对黏度 η_r 和增比黏度 η_{sp}：

$$\eta_r = \frac{t}{t_0} \tag{2-41}$$

$$\eta_{sp}=\eta_r-1=\frac{t-t_0}{t_0} \tag{2-42}$$

由 Huggins 公式：

$$\frac{\eta_{sp}}{c}=[\eta]+K[\eta]^2c \tag{2-43}$$

或 Kraemer 公式：

$$\frac{\ln\eta_r}{c}=[\eta]-\beta[\eta]^2c \tag{2-44}$$

式中，K 与 β 均为常数。当用$\frac{\eta_{sp}}{c}$或$\frac{\ln\eta_r}{c}$对 c 作图并外推至 $c\rightarrow0$，直线在纵坐标上的截距即为特性黏度 $[\eta]$，可以用式(2-45) 表示：

$$[\eta]=\lim_{c\to0}\eta_{sp}/c=\lim_{c\to0}\ln\eta_r/c \tag{2-45}$$

当聚合物的化学组成、溶剂、温度确定后，$[\eta]$ 值只与聚合物的分子量相关，常用两参数的 Mark-Houwink 经验公式表示：

$$[\eta]=KM^a \tag{2-46}$$

PS 在 30℃时，采用苯作溶剂时，K 为 0.99×10^{-2}，a 为 0.74。

PS 粉末的熔体流动速率由熔体流动仪测得，测试前先将试样进行干燥处理。测试条件为：温度 200℃，荷重 5kg。熔体流动速率按式(2-47) 计算：

$$\mathrm{MFR}=\frac{600m}{t} \tag{2-47}$$

式中，MFR 为熔体流动速率，g/10min；m 为切取样条质量算术平均值，g；t 为切样条时间间隔，s。

由实验测得的三种 PS 粉末的黏均分子量及熔体流动速率见表 2-1。

表 2-1　三种 PS 粉末的黏均分子量及熔体流动速率

粉末	PS-1	PS-2	PS-3
黏均分子量	0.75×10^4	1.21×10^4	1.82×10^4
熔体流动速率/(g/10min)	17.5	8.2	3.0

采用华中科技大学快速制造中心研制的 HRPS-Ⅲ型激光烧结系统对三种 PS 粉末材料进行烧结成形。

在粉末烧结之前，为了降低激光能量及烧结件的翘曲变形，要对粉床进行充分预热。PS 为非晶态聚合物，在玻璃化转变温度 T_g 以上，大分子链段运动开始活跃，由于分子链段的扩散运动，PS 粉末颗粒会发生黏结、结块而失去流动性，造成铺粉困难，因此，在 SLS 过程中，其预热温度应保持在 T_g 附近。

PS 的 T_g 可用差热扫描量热法（DSC）来测定，在氩气保护下对 PS 进行 DSC 分析，以 10℃/min 的速率由室温升至 250℃，记录其升温过程的 DSC 曲线。图 2-15 为三种 PS 粉末的 DSC 曲线，图中箭头所指处为 PS 的玻璃化转变温度，相应的 T_g 列于表 2-2 中，根据 T_g 设定的预热温度也列于表 2-2 中。

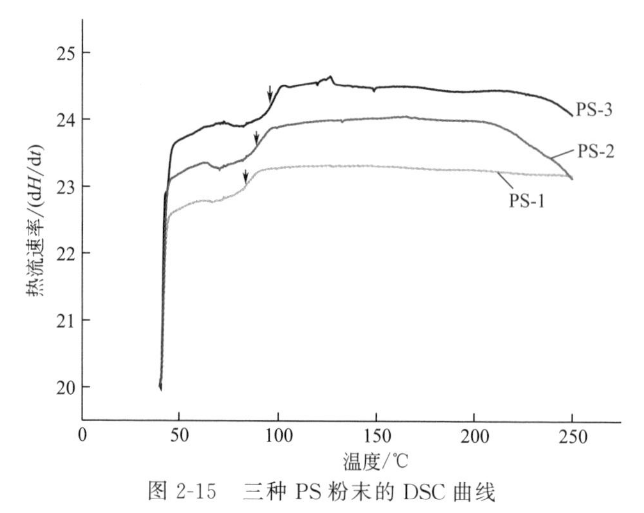

图 2-15　三种 PS 粉末的 DSC 曲线

表 2-2　三种 PS 粉末的玻璃化转变温度及预热温度

温度	PS-1	PS-2	PS-3
玻璃化转变温度/℃	83.7	90.1	96.2
预热温度/℃	80	85	90

采用不同的激光能量密度对 PS 粉末进行烧结成形，激光能量密度定义为单位面积上应用的相对激光能量，可以由式(2-48) 计算：

$$ED=\frac{P}{sv}\quad (J/mm^2) \tag{2-48}$$

式中，ED 为激光能量密度 (energy density)；P 为激光功率 (laser power)，P 设定范围 8～16W；v 为激光扫描速度 (laser beam speed)，将 v 设为 2000mm/s；s 为扫描间距 (scan spacing)，将 s 设为 0.1mm。因而，ED 的变化范围为 0.04～0.08J/mm^2。切片厚度设为 0.1mm。

将 PS 粉末烧结成 4mm×10mm×80mm 的试样，用游标卡尺测量试样长、宽、高分别为 l、w、h，准确测量试样的质量 W，精确到 0.1mg。试样的密度 ρ 可由式(2-49) 计算：

$$\rho=\frac{W}{lwh} \tag{2-49}$$

则试样的致密度可由式(2-50) 计算得到：

$$\rho_r=\frac{\rho}{\rho_0} \tag{2-50}$$

式中，ρ_r 为烧结件的致密度；ρ_0 为 PS 的本体密度 (1.05g/cm^3)。

图 2-16 为三种 PS 粉末烧结件的致密度随激光能量密度的变化曲线。从图中可以看出，这三种 PS 粉末烧结件的致密度都随激光能量密度的增大而增大。这是由于增大激光能量密度可以增大粉末对激光能量的吸收量，从而使粉末的温度得到提高，而温度对 PS 黏度有较大影响，温度升高，其黏度下降，由“烧结立方体”模型可知，材料黏度下降，烧结速率加快，因此，烧结件的致密度也得到提高。

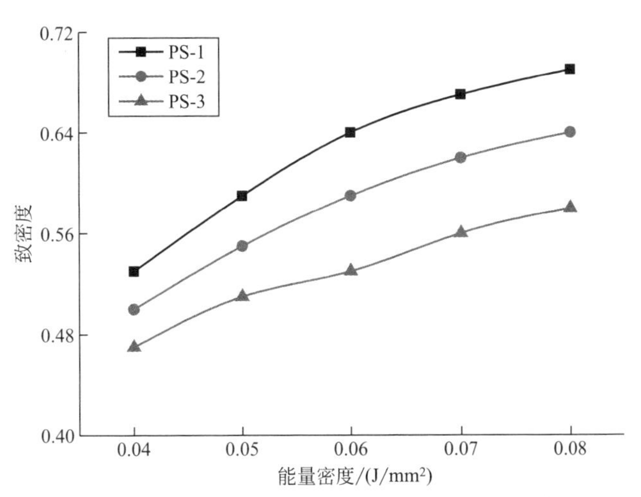

图 2-16　烧结件致密度随激光能量密度的变化曲线

从图 2-16 还可以看出，在相同的激光能量密度下，PS-1、PS-2、PS-3 烧结件的致密度依次下降。由表 2-1 可知，PS-1、PS-2、PS-3 的分子量是依次升高的，而熔体流动速率是依次降低的，也就是说在相同的条件下，PS-1、PS-2、PS-3 的黏度是依次增大的，在相同的激光能量密度下，PS-1、PS-2、PS-3 的烧结速率是依次降低的。因此，PS-1、PS-2、PS-3 烧结件的致密度是依次下降的。

图 2-17(a)、(b) 及 (c) 分别为 PS-3、PS-2 及 PS-1 粉末烧结件断面的微观形貌。从图 2-17(a) 可以看出，PS-3 烧结件中，粉末颗粒棱角分明，没有烧结变圆的现象，颗粒与颗粒之间的黏结非常微弱，烧结件中存在大量孔隙，其致密度最低；从图 2-17(b) 可以看出，PS-2 烧结件中，粉末颗粒已经由于烧结而变圆，颗粒与颗粒之间存在较多的烧结颈，其致密度较 PS-3 烧结件要高；从图 2-17(c) 可以看出，PS-1 烧结件中，部分粉末颗粒已经由于烧结而熔合，其致密度是三者中最高的。

从以上三种 PS 粉末的 SLS 成形实验可以得出，材料黏度越小，烧结速率越大，烧结件致密度越高。在 SLS 过程中，材料温度、分子量等是影响其黏度的主要因素，从而成为影响其烧结速率的主要因素，材料的温度越高，分子量越小，其黏度就越小，因此烧结速率就越快。

2.1.3.6　材料本体强度

多孔性制件的强度是随其相对密度，即 ρ/ρ_0 的变化而变化的，服从以下的关系：

$$\sigma = c\sigma_0 f\left(\frac{\rho}{\rho_0}\right) \tag{2-51}$$

式中，σ 为材料多孔性制件的强度；σ_0 为材料的本体强度；ρ 为多孔性制件的密度；ρ_0 为材料的本体密度；c 是与材料有关的经验常数；$f(\rho/\rho_0)$ 是以相对密度为变量的函数，研究者通过不同形式的 $f(\rho/\rho_0)$ 函数建立了多孔性制件强度与其相对密度的关系，最常用的关系式为：

(a) PS-3

(b) PS-2

(c) PS-1

图 2-17　三种 PS 材料烧结件断面的微观形貌

所用的激光能量密度为 0.06J/mm^2

$$\frac{\sigma}{\sigma_0}=c\left(\frac{\rho}{\rho_0}\right)^m \tag{2-52}$$

通常，聚合物材料的 SLS 烧结件属于多孔性制件，其致密度定义为式(2-50)，其孔隙率定义如下：

$$\varepsilon=1-\rho_r \tag{2-53}$$

式中，ρ_r 为烧结件的致密度；ε 为烧结件的孔隙率。由式(2-52) 可以得出 SLS 烧结件的强度与其本体强度及致密度或孔隙率的关系为：

$$\frac{\sigma}{\sigma_0}=c(\rho_r)^m \tag{2-54}$$

$$\frac{\sigma}{\sigma_0}=c(1-\varepsilon)^m \tag{2-55}$$

式中，σ 为 SLS 烧结件的强度；σ_0 为聚合物材料的本体强度；c、m 为与材料相关的常数。通过用 $\ln(\rho_r)$ 对 $\ln(\sigma/\sigma_0)$ 作图，得到的直线斜率即为常数 m，由截距即可求出常数 c。

由式(2-54) 或式(2-55) 可以看出 SLS 制件的强度与材料本体强度及烧结件致密度是密切相关的，随材料本体强度和烧结件致密度的增大而增大。

2.1.3.7 聚集态结构

SLS 使用的聚合物主要是热塑性聚合物，热塑性聚合物根据其聚集态结构的不同又可分为晶态和非晶态两种。由于晶态和非晶态聚合物的热行为截然不同，造成它们在 SLS 成形过程中的工艺参数设置及成形件性能存在巨大差异。下面将以 SLS 最为常用的非晶态聚合物 PS 及晶态聚合物尼龙 12 为对象，研究聚合物的聚集态结构对其 SLS 成形的影响。

两种聚合物粉末的烧结成形在 HRPS-Ⅲ型激光烧结系统上进行。烧结参数的设定如下：BS 设为 1500mm/s；SCSP 设为 0.1mm；P 设定范围 6～20W；切片厚度设为 0.1mm。

烧结件致密度的测定方法参见式(2-50)，ρ_0 采用产品性能表给出值，PS 的本体密度为 $1.05\mathrm{g/cm^3}$，PA12 的本体密度为 $1.01\mathrm{g/cm^3}$。

图 2-18 为尺寸精度测试件的设计图，由设计模型制造 SLS 测试件，再用游标卡尺测量其尺寸。用尺寸偏差 A 衡量尺寸精度，并按式(2-56) 计算尺寸偏差：

$$A=\frac{D_1-D_0}{D_0}\times 100\% \tag{2-56}$$

式中，A 为尺寸偏差；D_0 为设计尺寸；D_1 为测试件的实际尺寸。

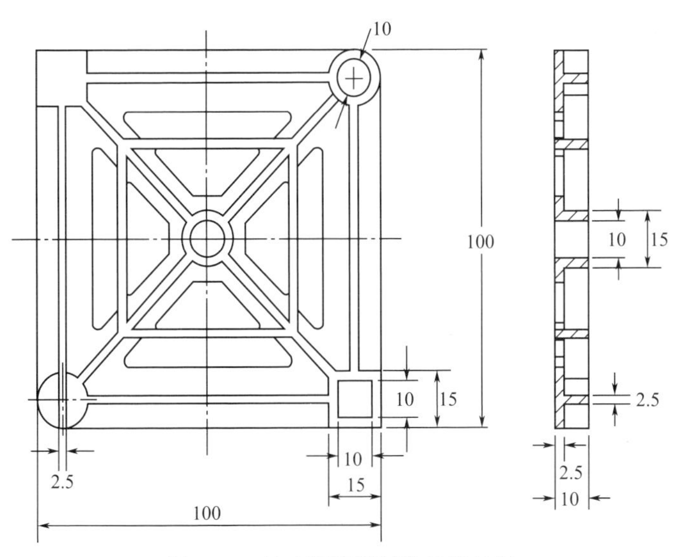

图 2-18 尺寸精度测试件的设计图

单位：mm

(1) 烧结温度窗口

烧结温度窗口是在激光烧结前，为了防止烧结过程中产生翘曲变形而将粉末层的预热温度控制在一定范围内，可表示为 $[T_s, T_c]$，只有将预热温度控制在烧结温度窗口内，才能避免已烧结层的翘曲变形。其中 T_s 为粉末材料的“软化点”，在 T_s 时，粉末颗粒间开始相互粘接而不能自由流动，粉末材料的储能模量（G'）开始急剧下降，由于材料温度在高于 T_s 时，储能模量较小，应力松弛较快，因而已烧结层的收缩应力较小而不会产生翘曲变形；T_c 为粉末材料的“结块温度”，当粉末层的温度达到 T_c 后将完全结块，烧结完成后将无法清粉，因而要控制预热温度不超过 T_c。烧结温度窗口是由材料本身的热性能所决定的，烧结温度窗口越宽，烧结越容易控制，烧结件不容易发生翘曲变形，反之亦然。

非晶态聚合物在玻璃化转变温度（T_g）时，大分子链段运动开始活跃，由于分子链段的扩散运动，其粉末颗粒会发生黏结而使其流动性下降，储能模量（G'）开始急剧下降，因此，对于非晶态聚合物其 T_s 即为 T_g。由于非晶态聚合物在 T_g 以后，其黏度是逐渐下降的，所以其 T_c 不能由一个有确定物理意义的量来确定，只能通过试验观察来确定。PS-3 的 T_g 为 96.2℃，由试验可以观察到 PS 在 116℃时完全结块而不能流动，因而其 T_c 为 116℃，从而得出 PS-3 的烧结温度窗口为［96.2℃，116℃］。

对于晶态聚合物，当温度达到其熔融的起始温度（T_{ms}）时，黏度会急剧下降，粉末层会完全结块，因而晶态聚合物的 T_{ms} 即是 T_c。当晶态聚合物粉末层在完成烧结后，会从熔融状态逐渐冷却，当其温度达到重结晶的起始温度（T_{rs}）时，烧结层开始从液态逐渐转化为固态，由于聚合物烧结层在高于 T_{rs} 时处于液态，收缩应力较小，而且液体不承载应力，因而不会发生翘曲变形，所以对于晶态聚合物，其 T_{rs} 即为 T_s。晶态聚合物的烧结温度窗口可由同一样品的升温 DSC 曲线和随后的降温 DSC 曲线来求得，升温 DSC 曲线上的熔融起始温度 T_{ms} 即是 T_c，而降温 DSC 曲线上的重结晶起始温度 T_{rs} 即为 T_s，因而其烧结温度窗口为［T_{rs}，T_{ms}］。

采用美国 Perkin Elmer DSC27 型差示扫描量热仪，在氩气保护下对 PA12 进行 DSC 分析。先以 10℃/min 的速率由室温升至 200℃，然后再以 5℃/min 速率降到室温，记录升温和降温过程的 DSC 曲线，见图 2-19。曲线 A 为 PA12 的升温 DSC 曲线，箭头所示的温度为 PA12 熔融起始点温度 T_{ms}，约为 172.2℃。曲线 B 为 PA12 的降温 DSC 曲线，箭头所示的温度为 PA12 重结晶起始点温度 T_{rs}，约为 156.9℃。因而 PA12 的烧结温度窗口为［156.9℃，172.2℃］。

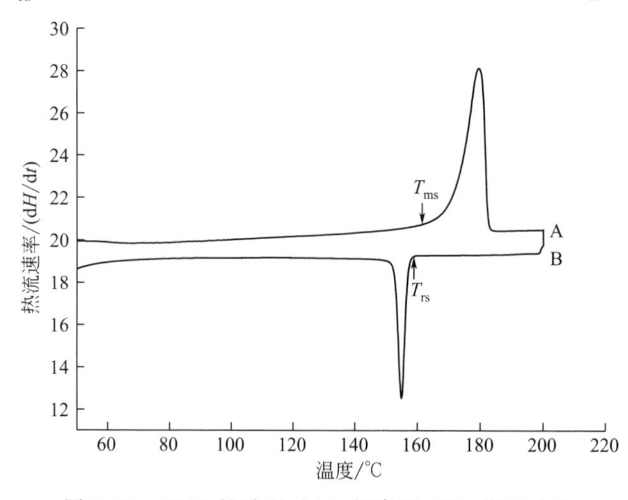

图 2-19　PA12 的升温（A）与降温（B）DSC 曲线

由以上分析可知，PS的烧结温度窗口较宽，粉床的预热温度较低，因而，PS的烧结更容易控制，较易烧结出无翘曲的合格制件；而PA12的烧结温度窗口比PS的窄，粉床的预热温度高，因而，PA12的SLS成形对温度控制要求非常苛刻，烧结件容易产生翘曲变形。

(2) 烧结件致密度

由于非晶态聚合物粉末的烧结温度在 T_g 以上，晶态聚合物的烧结发生在 T_m 以上，而一般情况下，两者在烧结时黏度差别悬殊，如非晶态聚合物在 T_g 时的黏度约为 10^{12}Pa·s，而晶态聚合物在 T_m 时的黏度约在 10^3Pa·s，因而造成两者的烧结速率及烧结件致密度存在巨大差异。图2-20为PS及PA12烧结件的致密度随激光能量密度变化曲线。可以看出，在相同的激光能量密度下，PS烧结件的致密度远小于PA12烧结件的致密度，这就是由于烧结时PS的黏度远大于PA12的黏度，造成PS粉末的烧结速率远低于PA12粉末的烧结速率，因而，PS烧结件的致密度远低于PA12烧结件的致密度。

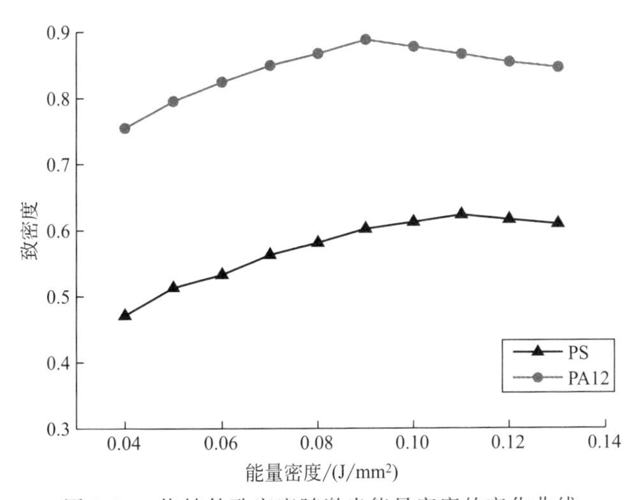

图2-20 烧结件致密度随激光能量密度的变化曲线

理论上，通过提高激光能量密度可以降低非晶态聚合物烧结时的黏度，从而提高烧结件的致密度，得到与晶态聚合物烧结件致密度相似的烧结件，但增加激光能量密度会增加次级烧结（由于热传递而使扫描区域以外粉末发生非理想烧结），当激光能量密度增加到一定程度时，很难通过后处理来清除烧结件外黏附的次级烧结层，使得烧结件作废。此外，当激光能量密度增加到一定程度后，由于高温导致聚合物的热降解加剧使得烧结件的致密度反而下降。这由图2-20可以看出，PS和PA12烧结件的致密度都是先随激光能量密度的增加而增大，当激光能量密度增大到一定值时，致密度达到最大值，之后再增加激光能量密度，烧结件致密度反而减小。这是因为随着激光能量的增大，烧结区域的温度升高，聚合物的黏度下降，烧结速率加快，从而使得烧结件的致密度增大，而当激光能量增大到一定值时，聚合物材料降解加剧，造成烧结件致密度反而下降。总之，非晶态聚合物通过SLS很难得到致密度很高的烧结件。

(3) 烧结件力学性能

由式(2-55)可知，在材料的本体强度一定的条件下，烧结件的强度是由其致密度决定的，由于晶态聚合物烧结件的致密度较高，其强度接近聚合物的本体强度，因而当其本体强度较大时，烧结件可以直接当作功能件使用；而非晶态聚合物烧结件中存在大量孔隙，致密度、强度很低，烧结件不能直接用作功能件。致密度是控制非晶态聚合物烧结件强度的主要因素，只有通过适当的后处理如浸渗环氧树脂，减少烧结件的孔隙，才能在保证精度的情况下使强度获得大幅提升。而塑料工业中常用的增强方法，如添加无机填料，一般不能使非晶态聚合物烧结件的致密度得到提高，因而增强效果不大。

图 2-21 为 PS 及 PA12 烧结件的拉伸强度随激光能量密度变化的曲线，可以看出，PS 烧结件的拉伸强度远小于 PA12 烧结件的拉伸强度，虽然 PS 与 PA12 的本体强度相差不大（PS 的本体强度为 42.5MPa，PA12 的本体拉伸强度为 46MPa)，但由于 PS 烧结件的致密度远小于 PA12 烧结件，使得 PS 烧结件的拉伸强度远低于 PA12 烧结件的拉伸强度。

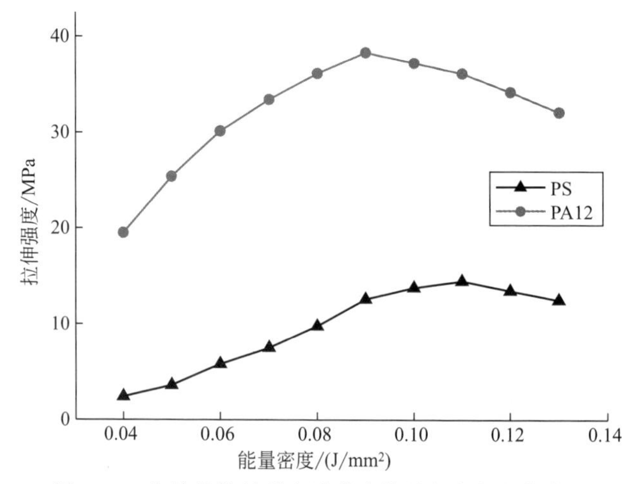

图 2-21 烧结件拉伸强度随激光能量密度的变化曲线

(4) 烧结件断面形貌

非晶态聚合物和晶态聚合物的激光烧结行为有很大的差异，这可从两者烧结件的断面形貌更直观地观察到。将 PS 和 PA12 粉末烧结件冲击断面经喷金处理后，用荷兰 FEI 公司 Quanta200 型环境扫描电子显微镜观察其断面形貌，见图 2-22。

从图 2-22(a) 可以看出，非晶态聚合物烧结件中的粉末颗粒仅在接触部位形成烧结颈，单个粉末粒子仍清晰可辨，颗粒间的相对位置变化不大，烧结件内部存在大量孔隙，致密度很低。这是因为烧结时聚合物黏度很大，烧结速度慢，而激光作用的时间又极短，烧结进行得不完全。从图 2-22(b) 可以看出，晶态聚合物烧结件中粉末颗粒完全熔融，单独的颗粒消失，形成了一个致密的整体，孔隙很少，致密度非常高，因而其强度接近聚合物的本体强度。

(5) 烧结件尺寸精度

在聚合物的 SLS 成形过程中，体积收缩来自两个方面的原因：聚合物由于相变而产生的体积收缩以及由于烧结致密化而产生的体积收缩。图 2-23 为非晶态聚合物与晶态聚合物的比容-温度曲线，从图中可以看出，晶态聚合物在相变点 T_m 时由于晶体的形成会产生较

(a) PS

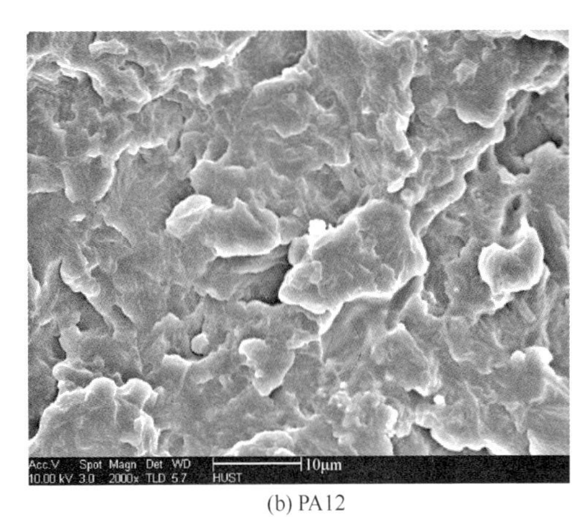

(b) PA12

图 2-22 PS 和 PA12 烧结件断面的微观形貌

大的体积收缩，约为 4%～8%；相反，非晶态聚合物通过相变点 T_g 时只有很小的体积变化。对于一个 T_g 在 110℃的非晶态聚合物，从 150℃到 30℃会表现出 0.8%的线性收缩率；对于一个 T_m 在 150℃的晶态聚合物，在相同的温度范围内将有 3.9%的线性收缩率。在 SLS 过程中，由于非结晶聚合物烧结件中的粉末颗粒在接触部位形成烧结颈，颗粒间的相对位置变化不大，烧结件中存在大量空隙，因而其由于烧结致密化而产生的体积收缩很小；而对于晶态聚合物，由于疏松堆积的粉末在烧结后成为一个致密的整体，因而其烧结致密化产生较大的体积收缩。一般来说，粉末的相对密度在 0.4～0.6 之间，当粉末完全致密化后将产生 13%～20%的线性收缩。总之，晶态聚合物的相变体积收缩及烧结致密化体积收缩都比非晶态聚合物要大得多，因而晶态聚合物烧结件的尺寸精度比非晶态聚合物低。

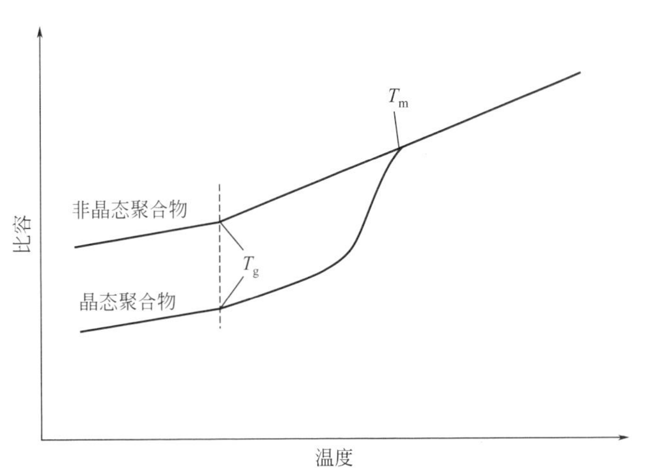

图 2-23 非晶态聚合物与晶态聚合物的比容-温度曲线

表 2-3 中，PS 在 X 方向和 Y 方向的平均尺寸误差为−1.37%，Z 方向的收缩较小，尺寸误差为−0.45%。而 PA12 烧结件在 X、Y 方向的平均尺寸误差为−3.57%，是 PS 的 2.6 倍；在 Z 方向的尺寸误差为−1.75%，为 PS 的 3.9 倍。

表 2-3　PS 及 PA12 烧结件的尺寸偏差

参数		设计尺寸/mm	实际尺寸/mm		尺寸偏差 A/%	
			PS	PA12	PS	PA12
边长	X_1	100	98.54	96.23	−1.46	−3.77
	Y_1	100	98.78	96.10	−1.22	−3.90
高	Z	10	9.95	9.85	−0.5	−1.5
角圆内径	R_1	10	9.82	9.62	−1.8	−3.8
中心圆内径	R_2	10	9.85	9.63	−1.5	−3.7
角方孔内径	X_2	10	9.88	9.63	−1.2	−3.7
	Y_2	10	9.89	9.64	−1.1	−3.6
角方孔外径	X_3	15	14.80	14.55	−1.3	−3.0
	Y_3	15	14.79	14.54	−1.4	−3.1
底板厚	Z_2	2.5	2.49	2.45	−0.4	−2.0

通过以上讨论，可得到如下结论：

① 非晶态聚合物的烧结温度窗口较宽，烧结过程容易控制，烧结件不易翘曲变形；而晶态聚合物的烧结温度窗口一般较窄，SLS 成形对温度控制要求非常苛刻，烧结件容易产生翘曲变形。

② 非晶态聚合物烧结件的致密度很小，因而其强度较差，不能直接用作功能件，只有通过适当的后处理提高其致密度，才能获得足够的强度；而晶态聚合物烧结件的致密度较高，其强度接近聚合物的本体强度，因而当其本体强度较大时，烧结件可以直接当作功能件使用。

③ 非晶态聚合物烧结件中的粉末颗粒在接触部位形成烧结颈，颗粒间的相对位置变化不大，因而其体积收缩很小，尺寸精度高；而晶态聚合物粉末烧结时颗粒完全熔融，形成了一个致密的整体，因而体积收缩较大，烧结件尺寸精度较非晶态聚合物的低。

2.2 聚合物及其复合粉末材料的制备

SLS 技术所用的成形材料为粒径在 100μm 以下的粉末材料，而热塑性树脂的工业化产品一般为粒料，粒状的树脂必须制成粉料，才能用于 SLS 工艺。制备 SLS 聚合物粉末材料通常采用两种方法，一种是低温粉碎法，另一种是溶剂沉淀法。

2.2.1 低温粉碎法

聚合物材料具有黏弹性，在常温下粉碎时，产生的粉碎热会增加其黏弹性，使粉碎困难，同时被粉碎的粒子还会重新黏合而使粉碎效率降低，甚至会出现熔融拉丝现象，因此，采用常规的粉碎方法不能制得适合SLS工艺要求的粉料。

在常温下采用机械粉碎的方法难以制备微米级的聚合物粉末，但在低温下聚合物材料有一脆化温度 T_b，当温度低于 T_b 时，物料变脆，有利于采用冲击式粉碎方式进行粉碎。低温粉碎法正是利用聚合物材料的这种低温脆性来制备粉末材料。常见的聚合物材料如聚苯乙烯（PS）、聚碳酸酯（PC）、聚乙烯（PE）、聚丙烯（PP）、聚甲基丙烯酸酯类、尼龙、ABS、聚酯等都可采用低温粉碎法制备粉末材料，它们的脆化温度见表2-4。

表2-4 热塑性树脂的脆化温度

树脂	PS	PC	PE	PP	尼龙11	尼龙12
脆化温度/℃	−30	−100	−60	−30～−10	−60	−70

低温粉碎法需要使用制冷剂，液氮由于沸点低，蒸发潜热大（在−190℃时潜热为199.4kJ/kg），其性能又是惰性液化气，而且来源丰富，因此通常采用液氮作制冷剂。

制备聚合物粉末材料时，首先将原料用液氮冷冻，将粉碎机内部温度保持在合适的低温状态，加入冷冻好的原料进行粉碎。粉碎温度越低，粉碎效率越高，制得的粉末粒径越小，但制冷剂消耗量大。粉碎温度可根据原料性质而定，对于脆性较大的原料如PS、聚甲基丙烯酸酯类，粉碎温度可以高一些，而对韧性较好的原料如PC、尼龙、ABS等则应保持较低的粉碎温度。

低温粉碎法工艺较简单，能连续化生产，但需专用深冷设备，投资大，能量消耗大，制备的粉末颗粒形状不规则，粒度分布较宽。粉末需经筛分处理，粗颗粒可进行二次粉碎、三次粉碎，直至达到要求的粒径。

制备聚合物复合粉末可采用两种方法，一种方法是先将各种助剂与聚合物材料经过双螺杆挤出机共混挤出造粒，制得粒料，再经低温粉碎制得粉料，这种方法制备的粉末材料分散均匀性好，适合批量生产，但不适合需要经常改变烧结材料配方的场合。实验室研究通常采用第二种方法：将聚合物粉末与各种助剂在三维运动混合机、高速捏合机或其他混合设备中进行机械混合。为了提高助剂的分散均匀性及与聚合物材料的相容性，有些助剂在混合前需要进行预处理。用量较少的助剂如抗氧剂，直接与聚合物粉末混合难以分散均匀，可将抗氧剂溶于适当的溶剂如丙酮中配成适当浓度的溶液，再与聚合物粉末混合，然后干燥、过筛。为了制备方便，抗氧剂、润滑剂等助剂可先与少量聚合物粉末混合配成高浓度的母料，再与其他原料混合。

2.2.2 溶剂沉淀法

溶剂沉淀法是将聚合物溶解在适当的溶剂中，然后采用改变温度或加入第二种非溶剂

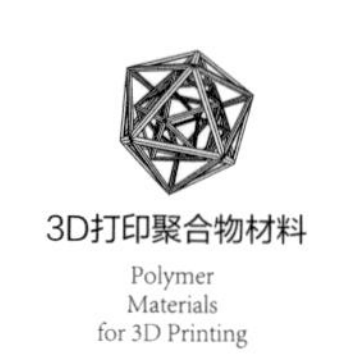

（这种溶剂不能溶解聚合物，但可以和前一种溶剂互溶）等方法使聚合物以粉末状沉淀出来。这种方法特别适合像尼龙一样具有低温柔韧性的聚合物材料，这类材料较难低温粉碎，细粉收率很低。

尼龙是一类具有优异抗溶剂能力的树脂，在常温条件下，很难溶于普通溶剂，尼龙 11 和尼龙 12 尤其如此，但在高温下可溶于适当的溶剂。选用在高温下可溶解尼龙而在低温或常温时溶解度极小的溶剂，在高温下使尼龙溶解，剧烈搅拌的同时冷却溶液，使尼龙以粉末的形式沉淀出来。

采用溶剂沉淀法制备尼龙 12 粉末的工艺流程如图 2-24 所示。

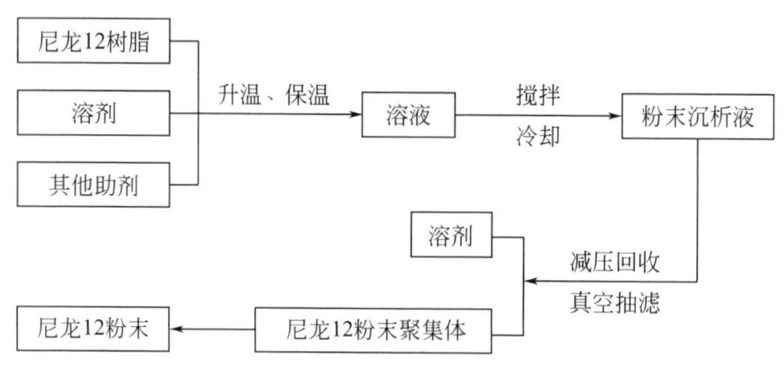

图 2-24　尼龙 12 粉末制备工艺流程

制备尼龙 12 粉末可用乙醇为主溶剂，辅以其他助溶剂、助剂。将尼龙 12 粒料、溶剂和其他助剂投入带夹套的不锈钢压力釜中，利用夹套中的加热油进行加热，缓慢升温至 150℃左右，保温 1～2h，剧烈搅拌，以一定的速度冷却，得到粉末悬浮液。通过真空抽滤和减压回收，对已冷却的悬浮液进行固-液分离。所得固态物为尼龙 12 粉末的聚集体，聚集体经真空干燥后，研磨、过筛，即可得到粒径在 100μm 以下、具有适宜粒度分布的尼龙 12 粉末。

上述方法制备的尼龙 12 粉末，其粒径大小及其分布受溶剂用量、溶解温度、保温时间、搅拌速率、冷却速率等因素的影响，改变这些因素，可以制备不同粒径的粉末材料。一般来说，溶剂的用量越大，粉末粒径越小。提高溶解温度，尼龙 12 溶解完全，粉末粒径小，但由于是封闭容器，温度提高，系统压力也升高，增加了操作的危险性，同时过高的温度会使尼龙 12 发生氧化降解，影响其性能，因此溶解温度不宜过高。增加保温时间也可降低粉末粒径。

溶剂法制备的粉末微粒形状接近于球形，可以通过控制工艺条件生产出所需细度的粉末，为防止尼龙 12 的氧化降解，应加合适的抗氧剂。

除了上述两种主要制备方法外，有些聚合工艺可直接制得聚合物粉末。如采用自由基乳液聚合合成聚丙烯酸酯、PS、ABS 等聚合物时，将聚合物胶乳进行喷雾干燥可得到聚合物粉末，这种方法制备的聚合物粉末形状为球形，流动性很好。当采用界面缩聚生产聚碳酸酯时，也可直接得到聚碳酸酯粉末，但这种方法得到的粉末形状极不规则，堆积密度很低。

2.3 尼龙及其复合粉末材料

2.3.1 尼龙12粉末材料及其SLS成形

尼龙12（PA12）粉末SLS制件具有强度高、韧性好、尺寸稳定、无需后处理等特点，已成为3D打印制造塑料功能件的首选材料，在国际上得到了广泛应用。美国3D Systems公司和德国EOS公司都相继推出了专用的尼龙12激光烧结粉末材料，由于激光烧结对尼龙粉末的要求十分严格，要求具有较小的粒径、窄的粒径分布，粉末表面平整光滑，几何形貌近似球形。因此，用于SLS成形的尼龙粉末价格都十分昂贵，国内用户难以接受。而且由于SLS专用的尼龙粉末为尼龙生产厂商与SLS装备制造公司共同开发，并不对外销售。要实现尼龙粉末直接烧结功能件，自主开发SLS专用的国产尼龙粉末就成为当务之急。湖南华曙高科技有限责任公司（简称华曙高科）是继德国赢创公司和法国阿科玛公司之后世界上第三家能够生产和销售SLS专用尼龙粉末材料的企业。华曙高科自主开发了由尼龙单体聚合制备PA1012尼龙树脂颗粒，再由该尼龙树脂颗粒制备SLS专用尼龙粉末材料的整套技术工艺，打破了该类材料的生产由国外公司垄断的局面，使得SLS专用尼龙12类粉末材料使用成本得到大幅降低。华曙高科开发的SLS专用PA1012粉末材料颗粒大小适宜、粒径分布窄，颗粒近球形，具有优异的粉末流动性，其采用SLS工艺成形的制件性能与国外尼龙12粉末SLS成形的制件性能相近。目前制备SLS专用的尼龙12粉末主要采用溶剂沉淀法。

2.3.2 尼龙12/无机填料复合粉末材料

纯尼龙12的强度、模量、热变形温度等均不太理想，不能满足要求更高的塑料功能件的要求，且收缩率较大，精度不高，激光烧结过程中易发生翘曲变形。为此，国内外从事SLS的研究机构和公司都将尼龙12增强复合材料作为重点研究的方向。通过先制备尼龙12复合粉末，再烧结得到的尼龙复合材料成形件具有某些比纯尼龙12成形件更加突出的性能，从而可以满足不同场合、用途对塑料功能件性能的需求。与非晶态聚合物不同，晶态聚合物的烧结件已接近完全致密，因而致密度不再是影响其性能的主要因素，添加无机填料确实可以大幅度提高其某些方面的性能，如力学性能、耐热性等。目前，常用来增强尼龙12 SLS制件的无机填料和增强材料有玻璃微珠、碳化硅、硅灰石、滑石粉、二氧化钛、羟基磷灰石、层状硅酸盐、碳纤维粉和金属粉末等。

2.3.2.1 尼龙12/钛酸钾晶须复合粉末材料

共混改性方法由于成本低、使用方便，因此在聚合物的增强改性中已得到广泛应用。但由于SLS成形要求粉末的粒径在100μm以下，为保证粉末良好的激光烧结性能，粉末的几何形貌要求球形或近球形。由于以上原因，现有商品化的尼龙复合粉末材料主要是玻璃微珠增强的尼龙粉末，而具有良好增强效果的纤维增强材料在SLS材料中的应用受到限制。

纳米增强材料和晶须增强材料是近年来发展起来的新型增强材料，不仅粒径小，在聚合物中少量添加就可大幅提高材料的力学性能，而且对加工性能的影响也较小。但由于粒径过小，或具有很大的长径比结构，分散困难，传统的共混法也不适合制备SLS复合材料，而溶剂沉淀法制备比较适合制备SLS的复合尼龙粉末。

2.3.2.2 尼龙12/碳纤维复合粉末材料

新型成形粉末材料的开发是促进SLS技术不断发展、完善以及扩大市场应用的关键之一。而碳纤维增强尼龙复合粉末材料有望提供力学性能更加优良的烧结件，从而能够满足一些对力学性能要求较高的应用场合。

通过制备尼龙12包覆的碳纤维复合粉末，可以使得纤维在烧结件基体内均匀分散，从而保证了纤维对基体的增强作用。对所制得的粉末进行研究，可以进一步了解复合粉末的各方面性能以及纤维的加入对粉末的一些性能带来的影响。

碳纤维的加入不仅可以提高烧结件的力学性能，而且可以提高烧结件的热导率、导电性，改善耐磨性，提高热变形温度等。复合材料的成形过程一直都是复合材料研究中的重点，复合材料的成形方法是联系复合材料的成分和实际应用的桥梁，而如何得到复杂形状和结构的复合材料零件一直都是复合材料发展的难题。更重要的是，成形过程对于复合材料的内部结构和分散情况都有非常大的影响，所以选择合适的成形方法也同样对最终的制件性能有着决定性的影响。

2.3.3 尼龙12/金属复合粉末材料

用金属粉末填充尼龙SLS制件，不仅可以提高尼龙SLS制件的强度、模量及硬度等力学性能，而且还可以赋予成形件金属外观、较高的导热性及耐热性等，因而得到较为广泛的关注。

2.3.3.1 尼龙12/覆膜铝复合粉末材料

在SLS材料研发处于世界领先地位的3D Systems公司、EOS公司均推出了商品化的铝粉填充尼龙复合粉末材料。本节提出用一种新的覆膜工艺——溶剂沉淀法来制备尼龙12覆膜铝复合粉末，用于铝粉增强尼龙SLS制件，研究了尼龙12覆膜铝复合粉末的微观形貌、粒径及粒径分布，铝粉对尼龙12热性能、烧结性能等的影响，以及铝粉含量、粒径对尼龙12 SLS制件力学性能、精度等的影响。

将尼龙12、溶剂、铝粉及抗氧剂按比例投入带夹套的不锈钢反应釜中，将反应釜密封，抽真空，通氮气保护。以2℃/min的速度，逐渐升温到150℃，使尼龙12完全溶解于溶剂中，保温保压2h。在剧烈搅拌下，以2℃/min的速度逐渐冷却至室温，使尼龙12逐渐以铝粉颗粒为核，结晶包覆在铝粉颗粒外表面，形成尼龙覆膜金属粉末悬浮液。将覆膜金属粉末悬浮液从反应釜中取出，减压蒸馏，得到粉末聚集体。回收的溶剂可以重复利用。得到的粉末聚集体在 80℃下进行真空干燥 24h 后，在球磨机中以 350r/min 转速球磨 15min、过筛，选择粒径在 100μm 以下的粉末，即得到尼龙覆膜铝复合粉末材料。

图 2-25 为 Al/PA（50/50）的 SEM 照片，从图中可以看出，Al/PA（50/50）的颗粒形状与 Al 较为相似，也呈近球形。尼龙 12 在冷却结晶时，以 Al 粉颗粒为核，逐渐包覆在 Al 粉颗粒的外表面，因而得到的复合粉末与 Al 粉的形状相似。而且此复合粉末中颗粒表面都很粗糙，没有发现具有光滑表面的颗粒，说明 Al 粉颗粒都被尼龙 12 树脂所包覆，无裸露的 Al 颗粒存在。

(a) 600×

(b) 1000×

图 2-25　Al/PA（50/50）的 SEM 照片

2.3.3.2　尼龙 12/Cu 复合粉末材料

通过 SLS 技术将聚合物和金属的复合粉末材料直接制造注塑模具，可以大大缩短制造周期并大幅度降低成本，给企业带来效益。而且这种成形方法不受模具形状复杂的限制，后处理工艺简单，从而省去了机加工模具的许多复杂工序。1998 年，DTM 公司开发了一种适用于 SLS 法快速制造注塑模具的尼龙 12/金属复合材料。该复合材料中铜占 70%（质量分数），尼龙 12 占 30%（质量分数），成形件密度为纯尼龙 12 制件的 3.5 倍，约为 3.45g/cm^3，导热性良好，拉伸强度可达 34MPa，拉伸模量可达 3.4GPa。该种复合材料 SLS 成形制得的模具无需脱脂、渗铜等工艺处理，只要对其进行表面密封、打磨，最后再用金属合金封装即可投入注塑生产。因其价格低廉、工艺简单，在新产品试制及小批量塑料制品生产中得到广泛应用。

尼龙 12/铜复合粉末材料采用两种制备方法：机械混合法和溶剂沉淀覆膜法。

机械混合法制备尼龙 12/铜复合粉末材料的步骤为：首先将作为基体材料的尼龙 12 粉末筛分至 50μm 以内；再按比例加入铜粉，在球磨机内混合 2h。其中铜粉选用的是 200～400 目的电解铜粉，尼龙 12 与铜粉的质量比为 1∶(5～2)，混料球与粉末原料的体积比为 1∶3 左右。

溶剂沉淀覆膜法制备尼龙 12/铜复合粉末材料的工艺与尼龙 12 覆膜铝复合粉末的制备工艺相同。

图 2-26、图 2-27、图 2-28、图 2-29 分别是纯尼龙 12 粉末、电解铜粉、尼龙 12 覆膜铜复合粉末和尼龙 12/铜机械混合粉末的 SEM 照片。

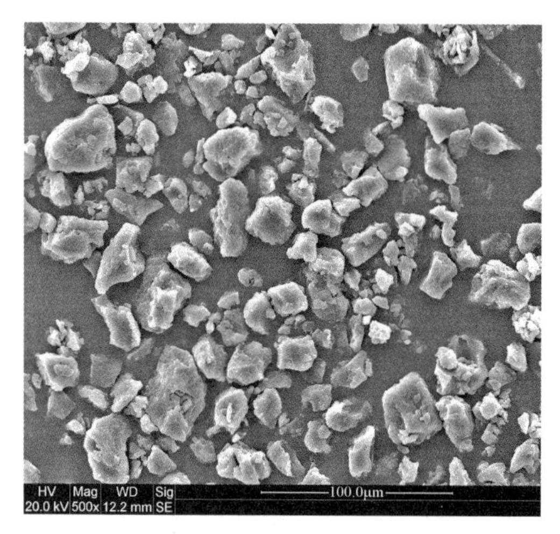

图 2-26 纯尼龙 12 粉末颗粒 SEM 照片

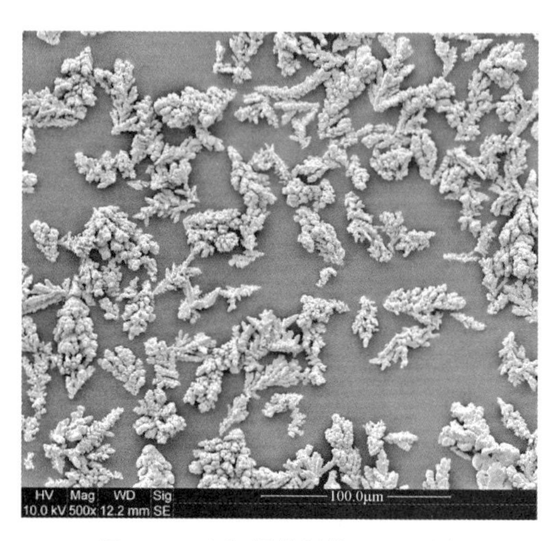

图 2-27 电解铜粉颗粒 SEM 照片

图 2-28 尼龙 12 覆膜铜复合粉末颗粒 SEM 照片

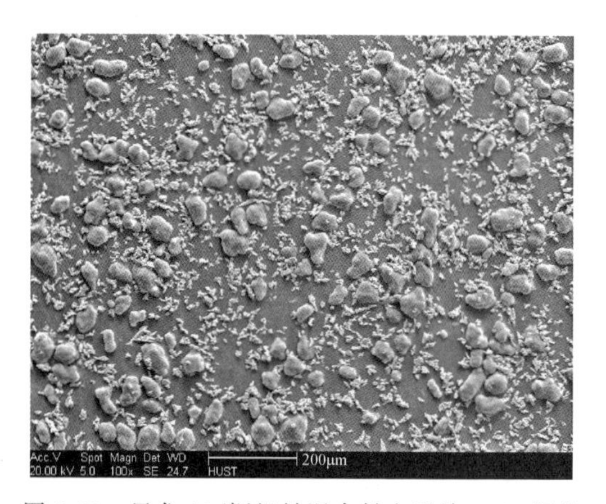

图 2-29 尼龙 12/铜机械混合粉末形貌 SEM 照片

从图 2-26 中可看出尼龙 12 粉末球形颗粒较少，大多数颗粒形状不规则，棱角分明，颗粒大小不均匀，大部分颗粒直径在 40μm，最大颗粒直径可达 50μm。

从图 2-27 中可以看出，电解铜粉的粒径很小但团聚形成穗状形态，团聚体最大尺寸也在 50μm 左右。

在图 2-28 中看不到裸露的铜粉，表明铜粉全部被尼龙 12 包覆，粉末形状比较规则一致，粒径大部分在 30～50μm，最大粒径不超过 100μm。

图 2-29 中大的粉末粒子是尼龙 12 粉末，小粉末粒子主要是铜粉团聚体经球磨分散后形成的，也有少量尼龙 12 细粉，复合粉末的分散状态不是很均匀。

2.3.4 纳米填料/尼龙复合粉末材料

近年来采用纳米粒子制备纳米尼龙复合材料的研究十分活跃，由于纳米材料的表面效应、体积效应和宏观量子隧道效应，使得纳米复合材料的性能优于相同组分常规复合材料的物理力学性能，因此制备纳米复合材料是获得高性能复合材料的重要方法之一。为此，国内外的许多机构和学者对此进行了大量的研究，并开发出了一些高性能纳米尼龙复合材料。但纳米材料的分散困难，如何制备纳米粒子均匀分散的聚合物基纳米复合材料，依然是一项艰难的工作。目前比较成功的是单体的原位聚合和插层聚合，所使用的纳米材料主要是层状的蒙脱土和二氧化硅。

普通的无机填料使尼龙 12 烧结件的冲击强度明显下降，不能用于对冲击强度要求较高的功能件，因此有必要采用其他的增强改性方法，提高烧结件的性能。由于 SLS 所用的成形材料为粒径在 100μm 以下的粉末材料，不能采用玻璃纤维等聚合物材料常用的增强方法增强，甚至于长径比在 15 以上的粉状填料也对 SLS 工艺有不利影响；纳米无机粒子虽对聚合物材料有良好的增强作用，但常规的混合方法不能使其得到纳米尺度上的分散，因而不能发挥纳米粒子的增强作用。近年来出现的聚合物/层状硅酸盐纳米复合材料（PLS）不仅具有优异的物理力学性能，而且制备工艺经济实用，尤其是聚合物熔融插层，工艺简单、灵活、成本低廉、适用性强，为制备高性能的复合烧结材料提供了一个很好的途径。在激光烧结粉末材料中加入层状硅酸盐，若能在烧结过程中实现聚合物与层状硅酸盐的插层复合，则可制备高性能的烧结件。

2.3.4.1 纳米二氧化硅/尼龙 12 复合粉末

机械混合法纳米二氧化硅/尼龙 12 复合粉末（M-Nanosilica/PA12）制备过程如下：将一定质量比的经过表面改性的纳米二氧化硅和 NPA12 进行混合，再将混合物在行星式球磨机中球磨 5h，即得到 M-Nanosilica/PA12，其中纳米二氧化硅的质量分数为 3%。

采用英国 Nalvern Instruments 公司生产的 MAN5004 型激光衍射法粒度分析仪对 NPA 和 D-Nanosilica/PA12 进行了粒径及粒径分布分析。粉末试样经喷金处理后，用荷兰 FEI 公司 Sirion 200 型场扫描电子显微镜观察其微观形貌。

图 2-30(a)、(b) 分别为 D-Nanosilica/PA12 的 SEM 微观照片和粒径分布，从图中可以看出，D-Nanosilica/PA12 具有不规则形状和粗糙的表面，粒径分布在 6～89μm，主要粒径分布在 14～36μm，从激光粒度分析可知其平均粒径为 25.08μm。图 2-31(a)、(b) 分别为 NPA12 的 SEM 微观照片和粒径分布，从图中可以看出，NPA12 也具有不规则形状和粗糙的表面，粒径分布在 10～90μm，主要粒径分布在 31～56μm，从激光粒度分析可知其平均粒径为 37.42μm。从以上实验结果可以发现，虽然这两种粉末都是采用溶剂沉淀法制备的，但是 D-Nanosilica/PA12 的粒径比 NPA12 要小得多，这主要是由于纳米二氧化硅在尼龙 12 结晶过程中充当了成核剂的作用，因而成核中心增加，这样粉末颗粒数量增大，粉末颗粒粒径就减小了。D-Nanosilica/PA12 的小粒径可以使其烧结速率加快，SLS 制件的细节更加清晰、轮廓更加分明。

(a) SEM微观照片 (b) 粒径分布

图 2-30 D-Nanosilica/PA12 的 SEM 微观照片和粒径分布

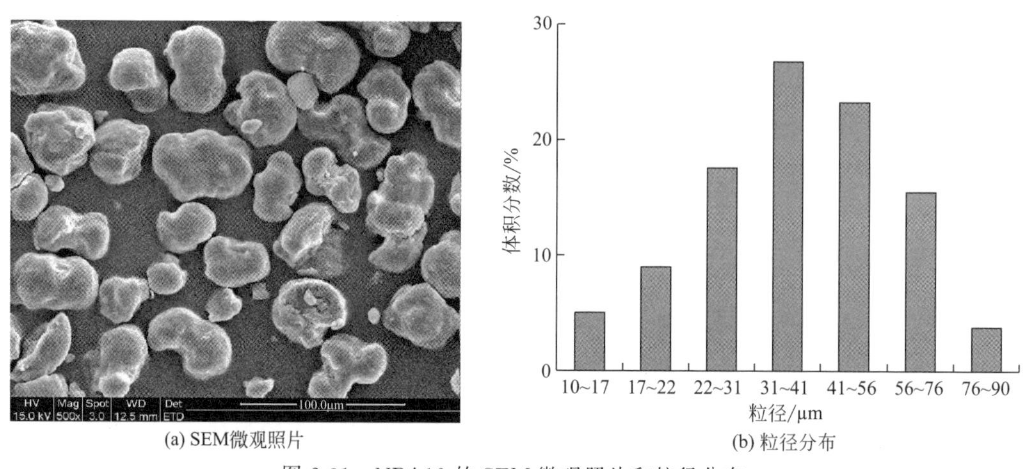

(a) SEM微观照片 (b) 粒径分布

图 2-31 NPA12 的 SEM 微观照片和粒径分布

纳米粒子在基体中的分散程度对复合材料的性能至关重要，如果由于纳米粒子团聚而不能使纳米粒子均匀分散在基体材料中，那么复合材料会表现出与普通微米粒子增强材料相同或更差的性能。图 2-32、图 2-33 是利用荷兰 FEI 公司 Sirion 200 型场扫描电子显微镜观察到的试样低温脆断面的微观形貌。

图 2-32 为 D-Nanosilica/PA12 的 SLS 制件的低温脆断面的 SEM 微观形貌。从图中可以看出，在 D-Nanosilica/PA12 的 SLS 制件的低温脆断面中，大量白色粒子非常均匀地分散在尼龙 12 基体材料中，而通过测量，这些粒子的尺寸在 30～100nm 之间。说明纳米二氧化硅以纳米尺度均匀地分散在尼龙 12 基体中。这主要有以下两方面的原因：首先，通过硅烷偶联剂对纳米二氧化硅进行表面处理，增加纳米二氧化硅与尼龙 12 基体的相容性，从而有利于纳米二氧化硅的分散；更重要的是，在溶剂沉淀法制备复合粉末过程中，纳米二氧化硅首

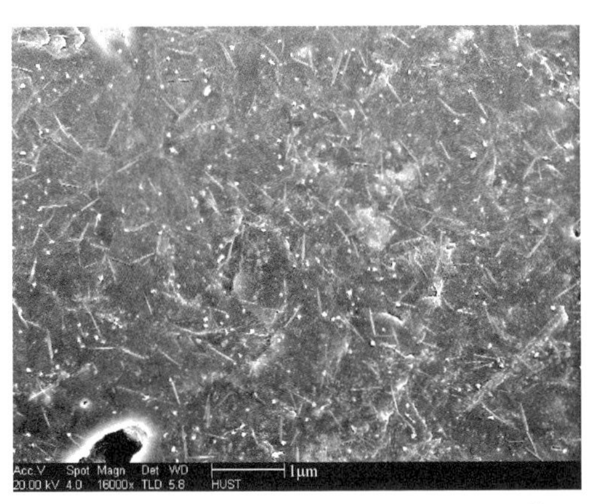

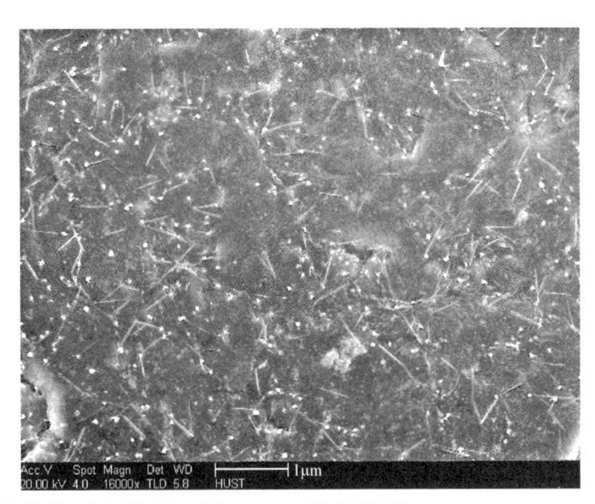

图 2-32　D-Nanosilica/PA12 的 SLS 制件的低温脆断面的 SEM 微观形貌

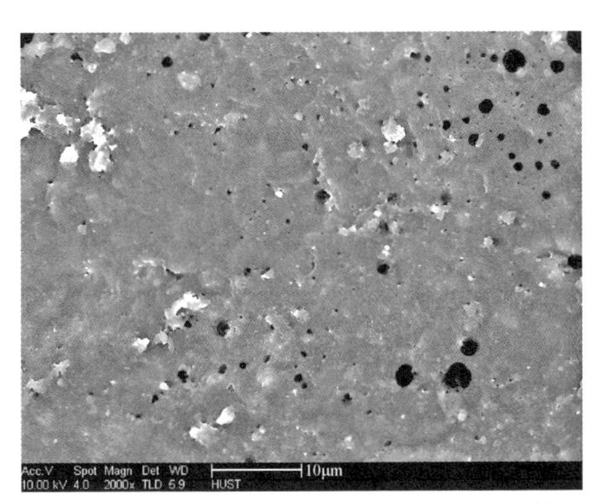

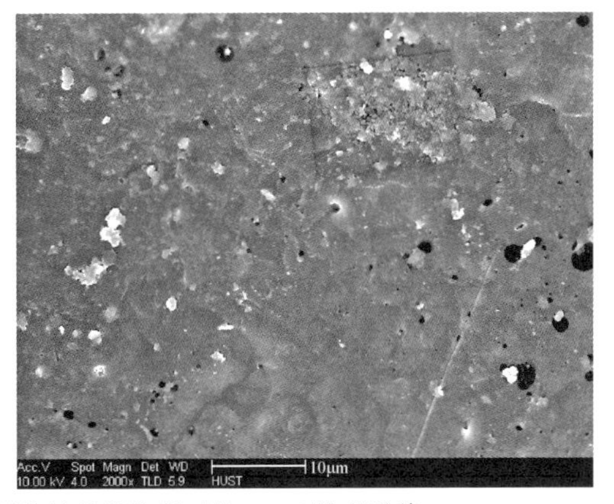

图 2-33　M-Nanosilica/PA12 的 SLS 制件的低温脆断面的 SEM 微观形貌

先被均匀地分散在尼龙 12 的醇溶液中，当将混合液降温时，尼龙 12 以纳米二氧化硅为核结晶，形成粉末材料，这样就将纳米二氧化硅均匀地分散在尼龙 12 基体中。

图 2-33 为 M-Nanosilica/PA12 的 SLS 制件的低温脆断面的 SEM 微观形貌。从图中可以看出，在 M-Nanosilica/PA12 的 SLS 制件的低温脆断面中，存在着大量的纳米二氧化硅的聚集体，而且这些聚集体的分散不均匀，通过测量，这些聚集体的尺寸在 2～10μm。这就说明机械混合法根本不能将极易团聚的纳米材料均匀地分散在尼龙 12 基体中，在 M-Nanosilica/PA12 的 SLS 制件中，纳米二氧化硅以微米级团聚体存在。

2.3.4.2　累托石/尼龙 12 复合粉末材料

累托石（rectorite）是一种易分散成纳米级微片的天然矿物材料，以其发现者 E. W. Rector 名字命名。1981 年国际矿物学会新矿物命名委员会将其定义为“由二八面体云母与二八面体蒙脱石组成的 1∶1 规则间层矿物”。国内已知的累托石产地有十余处，其中湖北钟祥杨榨累托石矿为一大型工业矿床，其矿床储量、品位均为国内外罕见。

累托石属于层状硅酸盐矿物，具有亲水性，在聚合物基体中的分散性不好。但在累托石的蒙脱石层间含有 Ca^{2+}、Mg^{2+}、K^{+}、Na^{+} 等水化阳离子，这些金属阳离子是被很弱的电场力吸附在片层表面，因此很容易被有机阳离子表面活性剂交换出来。用有机阳离子与累托石矿物进行阳离子交换反应，使有机物进入累托石的蒙脱石层间，生成累托石有机复合物。由于有机物进入矿物层间并覆盖其表面，因而使累托石由原来的亲水性变成亲油性，增强了累托石与聚合物之间的亲和性，不仅有利于累托石在聚合物基体中的均匀分散，而且使聚合物分子链更容易插入累托石的片层间。

作为层状硅酸盐黏土，累托石与蒙脱石极为相似但又具有它独特的结构特点。它与蒙脱土一样具有阳离子交换性，层间进入有机阳离子后，可膨胀，可剥离。由于累托石矿物结构中蒙脱石层的层电荷较蒙脱土低，因此，它比蒙脱土更易于分散、插层和剥离。而且累托石的单元结构中 1 个晶层厚度为 2.4～2.5nm，宽度为 300～1000nm，长度为 1～40μm，其长径比远比蒙脱土大，晶层厚度也比蒙脱土大 1nm，这对聚合物的增强效果和阻隔性来说，是长径比小的蒙脱土无法比拟的。另外，由于累托石含有不膨胀的云母层，其热稳定性和耐高温性能优于蒙脱土。因此在制备高性能聚合物/层状硅酸盐纳米复合材料方面，累托石具有更大的优势。

先将累托石进行有机化处理，方法如下：将一定量的钠基累托石放入适量的蒸馏水中，高速搅拌使累托石充分分散，搅拌并升温至 40～50℃，滴加所需量的季铵盐有机处理剂（如三甲基十八烷基铵），搅拌 2h，自然冷却至室温，抽滤，水洗数次得有机累托石（oganic rectorite，OREC）滤饼，将此滤饼在 80℃干燥，碾磨过筛。

在 HRPS-Ⅲ型 SLS 成形机上制备累托石/尼龙 12 复合材料的拉伸、冲击、热变形温度等标准测试试样，试样的制备参数如下：激光功率 8～10W；扫描速度 1500mm/s；烧结间距 0.1mm；烧结层厚 0.15mm；预热温度 168～170℃。

(1) 力学性能

表 2-5 给出了经 SLS 成形的尼龙 12 及累托石/尼龙 12 复合材料的力学性能。

表 2-5　SLS 制件的力学性能

OREC 质量分数/%	0	3	5	10
拉伸强度/MPa	44.0	48.8	50.3	48.5
断裂伸长率/%	20.1	22.8	19.6	18.2
弯曲强度/MPa	50.8	57.8	62.4	58.9
弯曲模量/GPa	1.36	1.44	1.57	1.58
冲击强度/(kJ/m^2)	37.2	40.4	52.2	50.9

从表 2-5 中可以看出复合材料 SLS 制件在拉伸强度、弯曲强度及模量、冲击强度等方面的力学性能均优于纯尼龙 12 制件。随 OREC 用量的增加，复合材料的力学强度呈现先增大后降低的趋势。当 OREC 质量分数为 5%时，制件的力学性能最好，与纯尼龙 12 制件相比，拉伸强度提高了 14.3%，弯曲强度及模量分别提高了 22.8%和 15.4%，冲击强度提高了 40.3%。对复合材料的结构表征已证明，尼龙 12 与 OREC 的复合粉末经激光烧结后实现了

尼龙 12 对 OREC 的插层，形成了纳米复合材料。由于累托石以纳米尺度的片层分散于尼龙 12 基体中，比表面积极大，与尼龙 12 界面结合强，在复合材料断裂时，除了基体材料断裂外，还需将累托石片层从基体材料中拔出或将累托石片层折断，因此明显改善了复合材料的力学性能。尤其是使烧结件的冲击强度得到大幅度提高，这是普通无机填料无法比拟的，因此累托石/尼龙 12 在激光烧结高性能塑料功能件方面具有重要的意义。

(2) 热性能

采用德国 Netzsch 公司制造的综合热分析仪分别对尼龙 12 及烧结后的累托石/尼龙 12 复合材料进行热重分析（TG），在 N_2 保护下，以 10℃/min 的速率由室温升至 450℃，记录升温过程的 TG 曲线，见图 2-34。

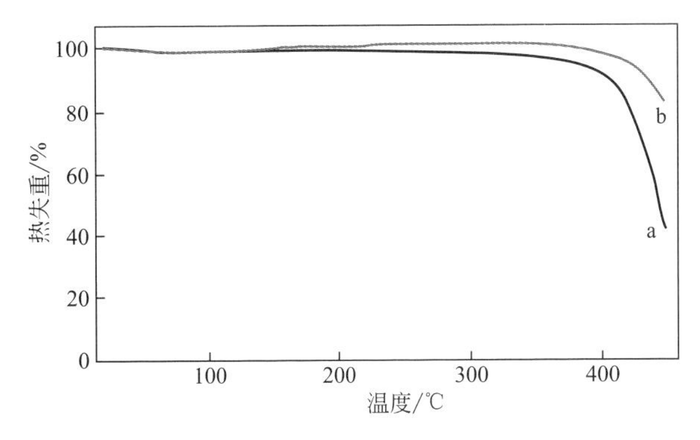

图 2-34　尼龙 12 和烧结后的累托石/尼龙 12 复合材料的 TG 曲线

图 2-34 中的 a、b 曲线分别为尼龙 12 及累托石/尼龙 12 复合材料（OREC 质量分数为 10%）的 TG 曲线，对比这两条曲线可以看出：尼龙 12 的热分解起始温度为 358℃，450℃ 的热失重为 55.77%；而复合材料的热分解起始温度为 385℃，450℃ 的热失重仅为 15.84%，复合材料的热稳定性明显优于尼龙 12。可能是由于以纳米尺度分散的累托石片层具有阻隔挥发性热分解产物扩散的作用，因此复合材料的热分解温度大幅度提高。

表 2-6 是尼龙 12 及累托石/尼龙 12 复合材料 SLS 制件在负荷为 1.85MPa 下的热变形温度。

表 2-6　尼龙 12 及累托石/尼龙 12 复合材料 SLS 制件的热变形温度

累托石质量分数/%	0	3	5	10
热变形温度(1.85MPa)/℃	52	101	>120	>120

由表 2-6 可知，OREC 质量分数仅为 3%时，复合粉末 SLS 制件的热变形温度就达到 101℃，比纯尼龙 12 SLS 制件提高了 46℃，随 OREC 含量的增加，热变形温度进一步提高。由于尼龙 12 分子链与累托石片层有强烈的界面相互作用，因此累托石片层可以有效地帮助基体材料在高温下保持良好的力学稳定性。同时累托石片层对尼龙 12 分子链的限制作用，可以在一定程度上减少由于分子链移动重排而导致的制件变形，提高了复合材料的尺寸稳定性。

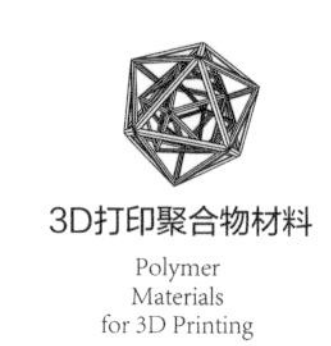

2.4 聚苯乙烯类粉末材料

非晶态聚合物在烧结过程中熔体黏度高，烧结速率慢，因而其烧结件密度较低，这就决定了其力学性能较低，但由于成形收缩小，因而其烧结件具有较高的尺寸精度。非晶态聚合物的SLS制件往往通过浸渗蜡和树脂分别用于熔模铸造蜡模和性能要求不高的功能零件。

2.4.1 聚苯乙烯粉末材料

聚苯乙烯（PS）易于低温粉碎，制粉成本低。PS粉末烧结温度较低，SLS制件精度高，是现今广泛使用的一种SLS材料，主要用于熔模铸造方面。

2.4.2 苯乙烯-丙烯腈共聚物粉末材料

PS成形件强度低、韧性差，在后处理中细薄部件容易折断，造成精度损失。本章将另外一种非晶态聚合物苯乙烯-丙烯腈共聚物（acrylonitrile-styrene copolymer，SAN）用于SLS，研究了SAN粉末的制备、SLS成形及后处理，并将其烧结性能及SLS制件性能等与PS进行了对比。

2.4.2.1 苯乙烯-丙烯腈共聚物粉末的制备与表征

选用镇江奇美实业股份有限公司生产的SAN粒料，其熔体流动速率为3g/10min，密度为1.06g/cm^3，采用低温粉碎法制备SAN粉末，然后使用气流筛分机选择粒径在10～100μm的粉末。

图2-35为SAN粉末的SEM照片。从图2-35中可以看出，SAN粉末颗粒的形状非常不规则、表面极其粗糙。

图2-36为SAN粉末的粒径分布，是由激光粒度分析仪测试得到的。从图2-36可以得出，SAN粉末的粒径分布在10～85μm，粒径在31～65μm范围内的粉末颗粒占大多数，测得的粉末平均粒径为59.08μm。

2.4.2.2 SAN粉末的SLS成形及后处理

使用HRPS-Ⅲ型激光烧结系统对SAN粉末进行烧结成形。烧结参数的设定为：扫描速率2000mm/s；扫描间距0.1mm；激光功率范围8～28W。因而，激光能量密度的变化范围为0.04～0.14J/mm^2，切片厚度0.1mm。

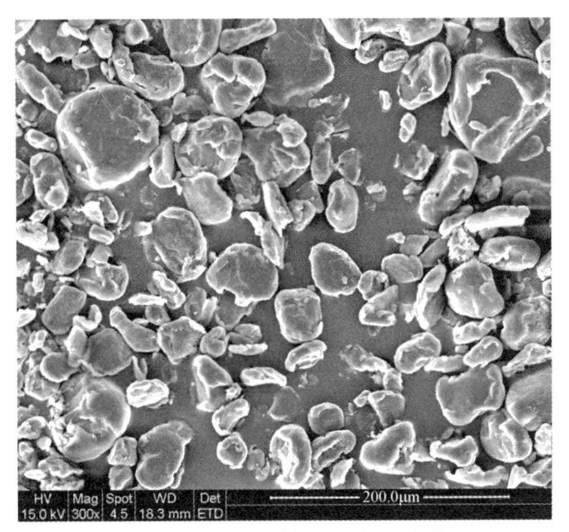

图 2-35　SAN 粉末的微观形貌

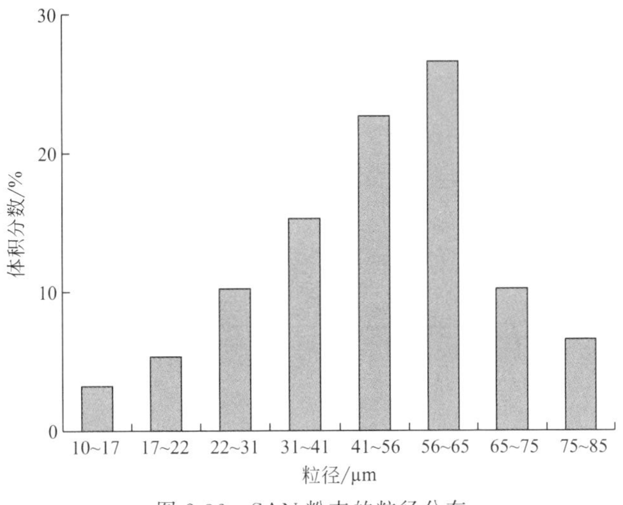

图 2-36　SAN 粉末的粒径分布

由于 SAN 属于非晶态聚合物，其 SLS 制件都为多孔性制件，致密度、强度都很低，为了提高制件强度，采用涂渗环氧树脂的后处理工艺进行增强处理。

SLS 制件涂渗环氧树脂的步骤如下。按质量比 1∶1 准确称量环氧树脂组分 A 和组分 B，并将这两个组分混合均匀；将混合树脂液及 SLS 制件加热到 30℃；使用毛刷分两次进行涂渗环氧树脂。①将 SLS 制件进行第一次环氧树脂的涂渗，直到无法渗入，将 SLS 制件放入温度为 40℃的真空干燥烘箱中，并抽真空 10～20min。②将 SLS 制件从真空烘箱中取出，进行第二次环氧树脂的涂渗，直到无法渗入，并清理成形件表面残留的树脂。最后，将涂渗环氧树脂的 SLS 制件放入烘箱中进行固化，分步固化条件为：40℃固化 10h，再 75℃固化 6h。

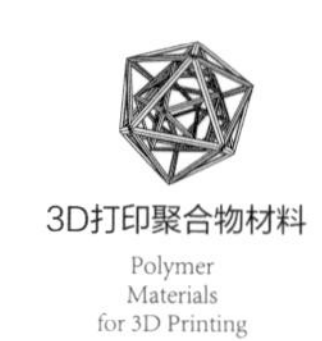

2.4.2.3 SLS制件性能

(1) 力学性能

SAN及PS的SLS制件及涂渗树脂件的弯曲强度、弯曲模量及冲击强度见表2-7。

表2-7 SAN和PS的SLS制件及涂渗树脂件的力学性能

力学性能	SAN		PS	
	SLS制件	涂渗树脂件	SLS制件	涂渗树脂件
弯曲强度/MPa	15.3	35.6	9.8	29.7
弯曲模量/MPa	60.1	2701	33.5	2263
冲击强度/(kJ/m^2)	3.5	12.4	2.4	9.6

从表2-7中可以看出，SAN的SLS制件的力学性能较低，不能直接用作塑料功能件使用，图2-37为SAN的SLS制件断裂面的微观形貌，可以看出，SLS制件中存在大量的孔隙，粉末颗粒之间并没有熔合而是靠烧结颈粘接成形，这就造成SLS制件的力学性能较低。而将SLS制件进行涂渗环氧树脂后处理后，力学性能得到大幅提升，涂渗树脂件的弯曲强度、弯曲模量及冲击强度分别是SLS制件的2.3倍、44.9倍及3.5倍。图2-38为SAN涂渗树脂件断裂面的微观形貌。从图2-38可以看出，成形件中的孔隙完全被环氧树脂所填充，而且SAN树脂与环氧树脂间有良好的界面粘接，因此，SLS制件经过涂渗环氧树脂后，力学性能得到大幅提升，可以用作塑料功能件来使用。

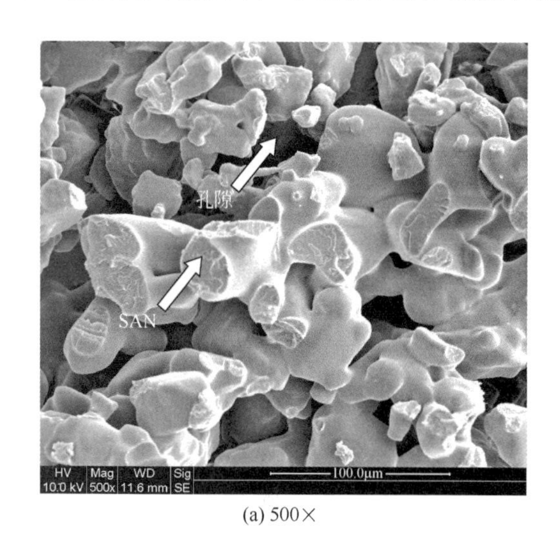

(a) 500×

(b) 1000×

图2-37 SAN的SLS制件断裂面的微观形貌

从表2-7还可以看出，PS涂渗树脂件的力学性能要低于SAN涂渗树脂件，SAN涂渗树脂件的弯曲强度、弯曲模量及冲击强度分别是PS涂渗树脂件的1.2倍、1.2倍及1.3倍，这主要有以下两个方面的原因：首先，PS的SLS制件的力学性能要低于SAN的SLS制件；其次，由于脂肪族二胺固化的环氧树脂中存在大量羟基，而SAN结构式中的氰基氮原子存

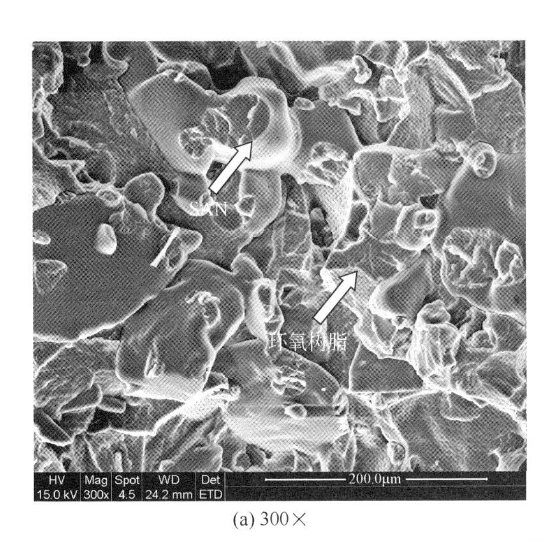

(a) 300×

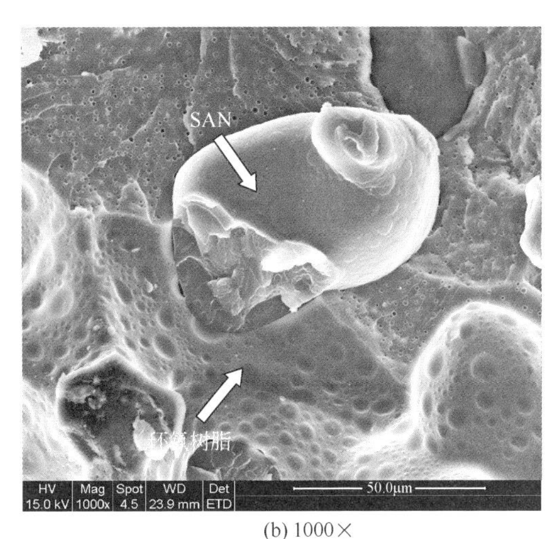

(b) 1000×

图 2-38 SAN 涂渗树脂件断裂面的微观形貌

在孤对电子，能和环氧树脂中的羟基形成氢键（图 2-39），因而，SAN 与环氧树脂可形成良好的界面粘接。而由于 PS 分子结构中没有能和羟基形成氢键的基团，而且 PS 和环氧树脂的极性差别较大，因而 PS 和环氧树脂的界面粘接相对较差。

(2) 尺寸精度

尺寸精度用尺寸偏差来表征，测试件的设计尺寸为 30mm×30mm×15mm，如图 2-40 所示，其制造方向为 Z 轴方向。

$$R{-}NH_2 + H_2C{-}CH{-}\ (\text{环氧基，O}) \longrightarrow RN(H){-}CH_2{-}CH(OH){-}$$

$$\cdots OH \cdots CN{:}\ \ \left[\left(CH_2{-}CH(C_6H_5)\right)_m CH_2{-}C(CN)(H)\right]_n$$

图 2-39 SAN 与环氧树脂的羟基形成氢键的反应式

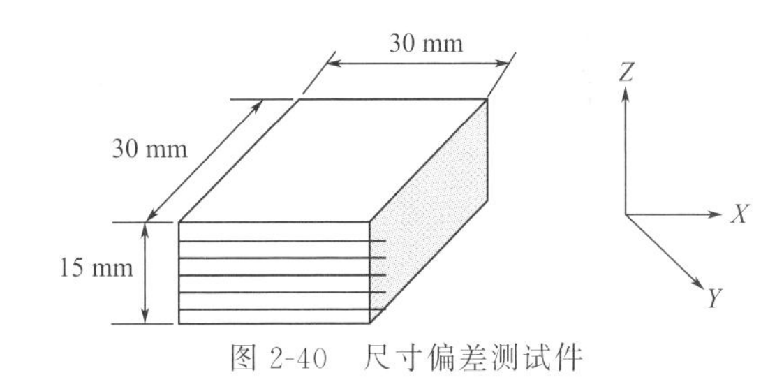

图 2-40 尺寸偏差测试件

表 2-8 列出了 SAN 的 SLS 制件及涂渗树脂件在 X、Y 及 Z 方向上的尺寸偏差，可以看出 SAN 的 SLS 制件及涂渗树脂件在 X、Y 及 Z 方向上的尺寸精度都较高，三个方向上的负偏差都在−1%之下，而且 SLS 制件在涂渗环氧树脂后，三个方向上的负偏差都有所增大，这是由于环氧树脂的固化收缩造成的。

表 2-8 SAN 的 SLS 制件及涂渗树脂件在 X、Y 及 Z 方向上的尺寸偏差

制件类型	尺寸偏差/%		
	X 方向	Y 方向	Z 方向
SLS 制件	−0.64	−0.60	−0.32
涂渗树脂件	−0.75	−0.73	−0.45

2.4.3 高抗冲聚苯乙烯粉末材料

高抗冲聚苯乙烯（high impact polystyrene，HIPS）为PS的冲击改良品种，组分为PS和橡胶。由接枝共聚法生产的HIPS可以克服共混法橡胶相分散不均匀的缺点。HIPS的外观为白色不透明珍珠球状或粒状颗粒，其冲击性能优异，具有PS的大多数优点。

2.4.3.1 HIPS粉末的SLS工艺特性

所用HIPS粉末粒径分布在30～80μm，粉末颗粒呈不规则状。HIPS的线膨胀系数小，选用铺粉层厚为0.10mm，铺粉效果很好。

图2-41所示为PS和HIPS的DSC曲线，由曲线可知PS和HIPS的T_g分别为102℃和97℃，从表2-9的实验可知PS和HIPS的烧结窗口温度分别为92～102℃和88～98℃，虽然两种聚合物的玻璃化转变温度有差异，烧结窗口温度也不一样，但烧结窗口均为10℃，说明两者的烧结性能类似，都具有较好的烧结性能。设置HIPS预热温度为95℃。

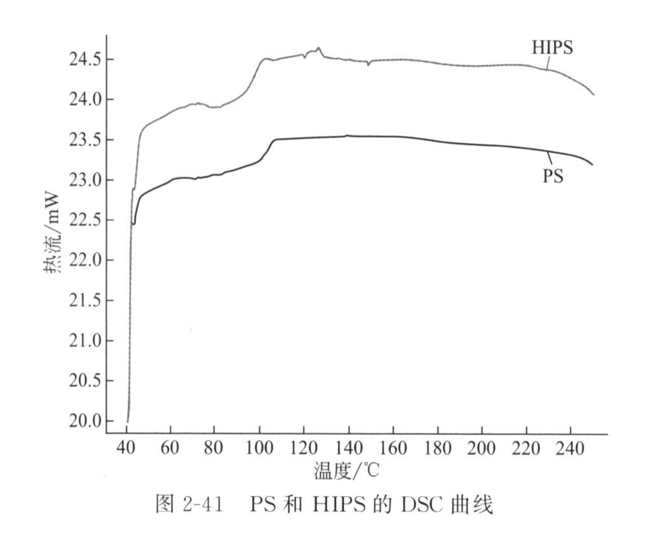

图2-41　PS和HIPS的DSC曲线

表2-9　PS和HIPS的烧结性能

预热温度/℃	86	88	90	92	96	98	100	102
PS	—	—	翘曲	烧结成功				结块
HIPS	翘曲	烧结成功				结块	—	—

注：扫描间距0.10mm；扫描速率2000mm/s；层厚0.1mm；激光功率14W。

烧结扫描速度设置为2000mm/s，单层厚度为0.10mm，激光有效能量P在6.5～8.0W范围内调节。图2-42为激光烧结功率P与扫描区域的粉床温度的关系，其粉床温度系用红外温度计测量所得。扫描速度为2000mm/s，单层厚度为0.10mm。

图2-43是激光功率P为7.5W时的烧结件表面的显微结构。从图2-43中可以看出，激

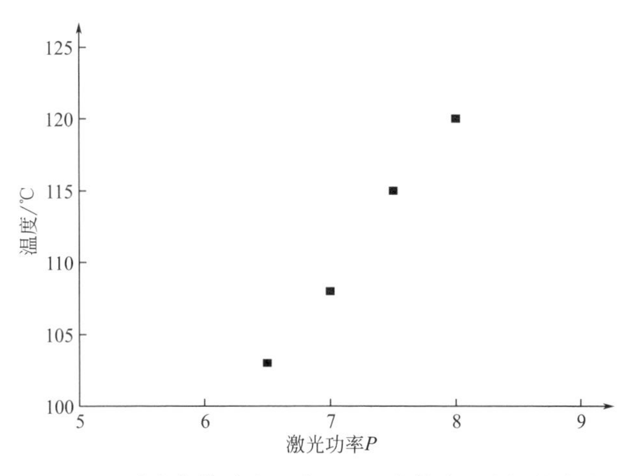

图 2-42　激光烧结功率 P 与 HIPS 的粉末温度间的关系

光功率 P 的变化对烧结温度影响较大。图 2-43(a) 为烧结件（50mm×50mm×5mm）上表面的 SEM 照片，图中烧结层中的粒子熔融粘连均匀，无烧结线与线间的差异，而且粒子间的孔隙很小。图 2-43(b) 为烧结件侧表面的 SEM 照片，烧结中的切片层面已不可分。

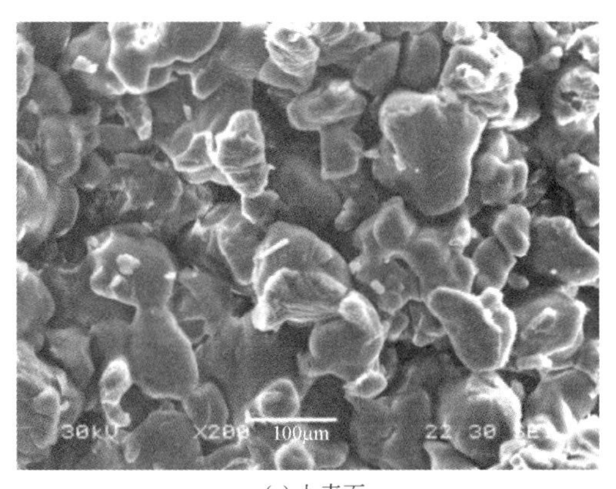

(a) 上表面

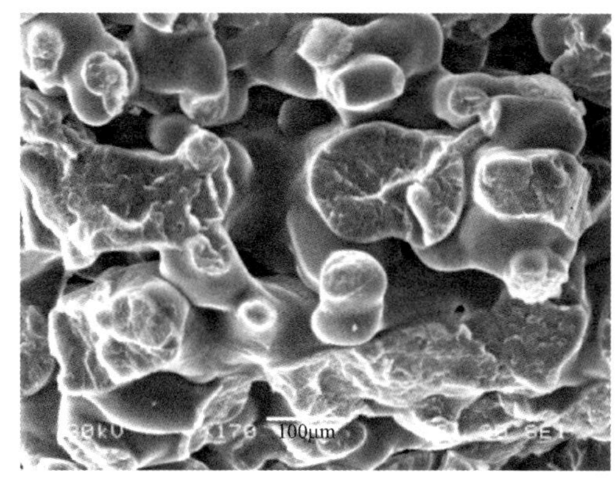

(b) 侧表面

图 2-43　烧结件表面的 SEM 照片

2.4.3.2　SLS 制件性能

PS 和 HIPS 烧结件的力学性能如表 2-10 所示，可见相对于 PS 而言，HIPS 烧结件具有较好的力学性能，这可能是因为 HIPS 中橡胶成分的加入有利于粉末粒子间的黏结，图 2-44 验证了这一推测。

表 2-10　PS 和 HIPS 烧结试样的力学性能

烧结件	拉伸强度/MPa	断裂伸长率/%	杨氏模量/MPa	弯曲强度/MPa	冲击强度/(kJ/m²)
PS	1.57	5.03	9.42	9.8	2.4
HIPS	4.49	5.79	62.25	18.93	3.30

(a) PS

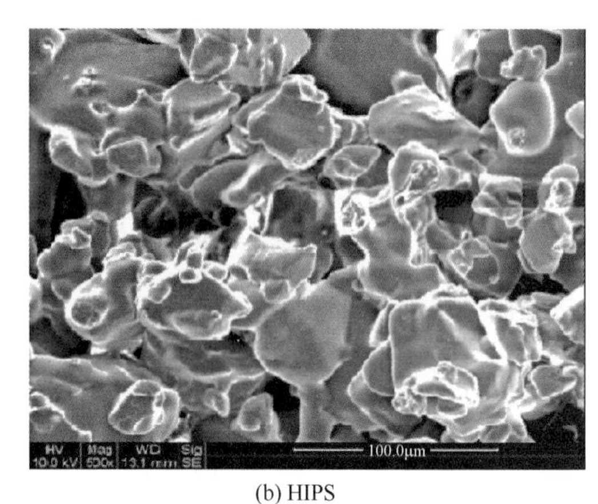

(b) HIPS

图 2-44 烧结件的 SEM 照片

虽然在烧结件的力学性能方面 HIPS 优于 PS，在烧结性能方面两者相似，但 HIPS 中橡胶成分的黏弹性使得烧结成形后清粉相对困难，烧结过程中，橡胶易分解，放出难闻的气味，因此，HIPS 粉末在 SLS 中的应用不如 PS 普遍，比较适合对烧结件力学性能有较高要求的情况，如制作大型薄壁件。

2.4.3.3 SLS 制件的后处理

(1) 增强树脂的选配

将增强树脂的液体渗透到 SLS 制件中，以填满粉末粒子间的空隙，从而达到增强 SLS 制件的目的。从理论上讲，为使制件有较高的力学性能，希望增强树脂与 SLS 本体材料能够很好地结合，即两者要有较好的相容性，只有两者互相扩散，互相渗透，才能达到最佳的增强效果。

材料的相容首先要满足热力学上的可能性，一个过程只有在自由能降低的情况下才可能进行，用公式表示为：

$$\Delta G = \Delta H - T\Delta S \tag{2-57}$$

式中，ΔG 为自由能变化；ΔS 为混合熵；ΔH 为焓变；T 为热力学温度。

只有当自由能 ΔG 小于零时才可能进行，而一般情况下混合熵 ΔS 是增大的，所以，决定相容性的关键是 ΔH，而

$$\Delta H = V\varphi_1\varphi_2(\delta_1 - \delta_2)^2 \tag{2-58}$$

由式(2-58) 可知，相容性的好坏决定于溶解度参数 $|\delta_1 - \delta_2|$ 的大小，溶解度参数 δ_1、δ_2 越接近，两者的相容性越好，增强效果越好，溶解度参数原则与极性原则相结合能够比较准确地判断聚合物的相容性，SLS 所用的 PS 粉末的溶解度参数 δ 为 8.7～9.1，与聚酯类比较接近，而环氧树脂的溶解度参数 δ 为 9.7～10.9，与不同的固化剂和稀释剂配合时溶解度参数有所不同，通过适当的调节既可达到与粉末有较好的相容性，也可达完全不相容。

然而，对用于 SLS 制件后处理的增强树脂来说还必须考虑对制件精度的影响，如 502 胶液虽与 PS 具有较好的相容性，但却因相容性太好，导致后处理过程中，液体增强树脂使本体粉末材料完全溶解，AB 胶、聚酯类也与粉末具有较好的相容性，虽然不会溶解粉末材料，但却使制件变软。

用溶解度参数的原则来衡量环氧树脂与PS和HIPS材料的溶解度参数相差并不是很大；从极性原则上讲，两者的极性相差也不大，适中的相容性和可调性是选择环氧树脂作为后处理材料的重要原因。为使经后处理的制件强度更大，可通过调节固化剂和稀释剂来提高相容性；为减小后处理过程中的变形，则应该降低相容性。PS和HIPS的SLS制件只是靠粉末间的微弱结合连在一起，强度很低，用液体增强树脂渗透时，粉末间的结合很容易被破坏，以至于从渗透树脂到树脂固化这段时间里制件因自身重力等原因而变形。如表2-11为含$C_{12}\sim C_{14}$长链的缩水甘油醚（5748）和含4个碳的丁基缩水甘油醚（660A）作稀释剂时对制件变形性的影响。

表2-11　不同稀释剂对SLS制件变形性的影响

稀释剂	结果
5748	渗入树脂后稍微发软，制样出现一定的弯曲变形
660A	渗入树脂后不发软，制件未观察到弯曲变形

由以上实验可知，由于稀释剂5748带有长链，增加了与PS的相容性，破坏了粉末粒子间的结合，导致了制件在后处理过程中的变形。所以，为了保证制件的精度，增强树脂与粉末的相容性不能太好，但同时相容性也不能太差，以至于不能润湿，既不利于外观的改善，也不利于增强。

增强树脂的溶解度参数由环氧树脂、稀释剂和固化剂共同决定，由于环氧树脂的溶解度参数变化不大，因此增强树脂与粉末的相容性好坏主要由固化剂和稀释剂来决定。然而，环氧树脂固化剂和稀释剂的品种繁多，改性的手段也很多，特别是固化剂多为混合物，无法从手册中查得溶解度参数值，要测量每种固化剂的溶解度参数不可能，也没有必要。所以在进行选择时估算是必要的，再结合极性原则，可初步估算增强树脂与粉末的相容性好坏。溶解度参数的估算公式为：

$$\delta=\frac{\sum F}{M}\rho \tag{2-59}$$

式中　$\sum F$——重复单元中各基团的摩尔引力常数；

M——重复单元的分子量；

ρ——密度。

环氧树脂的溶解度参数δ一般在9.7～10.9，有一定的极性，PS的溶解度参数δ在8.7～9.1，且为非极性材料，因此在固化剂中引入极性大、摩尔引力常数大的基团，如氰基、羟基等；在稀释剂中减小非极性链的长度，可以达到降低相容性的目的，提高制件在操作过程当中的尺寸稳定性；而在固化剂中引入极性小、摩尔引力常数小的基团可增加相容性，稀释剂中引入长链可同时增加柔性和相容性，但却降低了稀释效果。

(2) 后处理对SLS制件性能的影响

表2-12为HIPS粉末烧结件的尺寸测试数据，A_0为烧结测试件的设计尺寸，A为HIPS烧结件尺寸，B、C分别为HIPS烧结件经环氧树脂HC_2、HC_1处理后的尺寸。经树脂处理后的HIPS烧结件尺寸呈现增大趋势，这是由于HIPS粉末材料烧结件的致密度相对较高，造成经树脂处理后的HIPS烧结件的表面树脂层较厚。

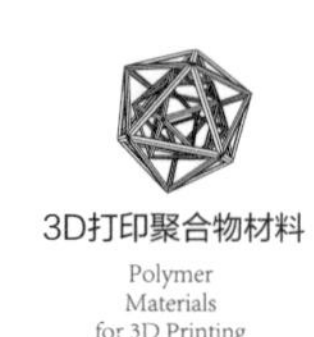

表 2-12　HIPS 粉末烧结件的尺寸精度（50mm×50mm）

测试点	A_0/mm	系列 1		系列 2	
		A/mm	B/mm	A/mm	C/mm
1	50	50.601	51.082	50.842	51.300
2	50	50.804	51.330	50.726	51.422
3	50	50.662	51.264	50.602	51.140

表 2-13 为 HIPS 粉末烧结件经树脂处理前后的力学性能。其中 A 为 HIPS 粉末烧结件，B、C 分别为经环氧树脂 HC_2、HC_1 处理的烧结件。HIPS 粉末烧结件的拉伸强度、弯曲强度分别为 4.49MPa 和 21.80MPa。HIPS 粉末烧结件经环氧树脂处理后的 B 制件和 C 制件的拉伸强度分别增加了 3.7 倍和 4.2 倍，冲击强度提高了 1.8 倍。

表 2-13　HIPS 粉末烧结件经树脂处理前后的力学性能

烧结件	拉伸强度 /MPa	断裂伸长率 /%	拉伸弹性模量 /MPa	弯曲强度 /MPa	弯曲模量 /MPa	冲击强度 /(kJ/m²)
A	4.49	5.79	62.25	21.80	1056.31	2.62
B	16.61	6.68	254.89	28.55	1791.84	4.71
C	18.79	6.25	346.95	31.59	1838.31	4.78

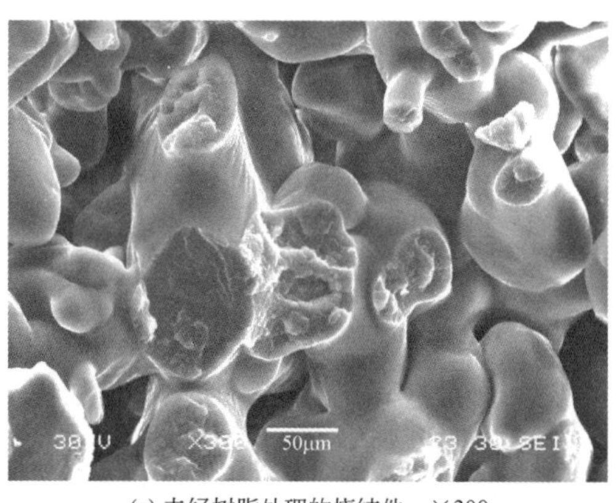

(a) 未经树脂处理的烧结件，×300

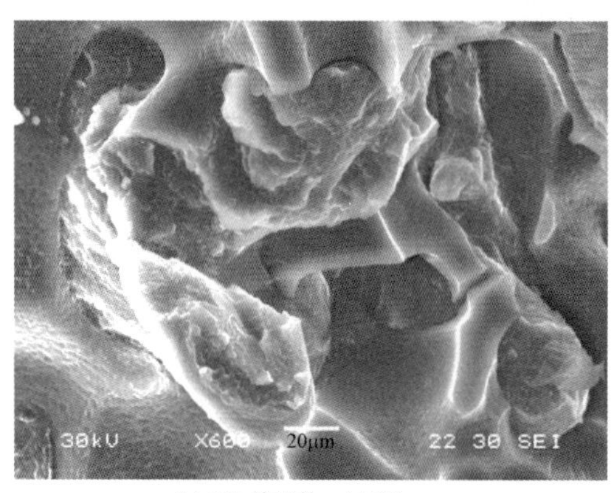

(b) HC_2处理件，×600

(c) HC_1处理件，×800

图 2-45　HIPS 粉末烧结件拉伸断面的 SEM 照片

图 2-45 为 HIPS 粉末烧结件拉伸断面的 SEM 照片。图 2-45(a) 显示 HIPS 粉末烧结件在受到拉伸应力时，断面不光滑，说明 HIPS 材料经橡胶改性后有一定的柔韧性。同时，SEM 还显示 HIPS 粉末烧结件中粒子间的孔隙较小，说明其烧结件是比较致密的。而在图 2-45(b) 和 (c) 中，经树脂处理后的烧结件中孔隙消失，致密度进一步提高。

图 2-46 为 HIPS 粉末烧结件冲击断面的 SEM 照片。由图 2-46(a) 可以清楚看出 HIPS 烧结件的冲击断面相当整齐，粒子间熔合较好，因而其抗弯曲性能好。由图 2-46(b) 和 (c) 可以看出，填充于烧结件孔隙中的环氧树脂虽然增大了烧结件的致密度，但树脂所占比例较小，成为孤立的“岛状”，这就削弱了填充树脂的增强作用。在受到外力作用时，环氧树脂先行断裂，承受应力的主体为 HIPS 树脂。

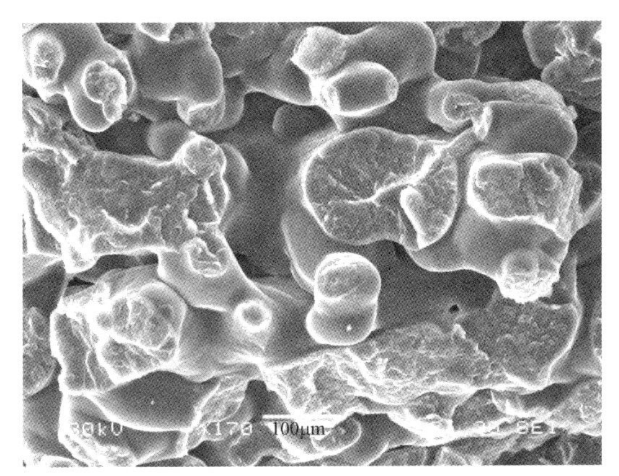

(a) 未经树脂处理的烧结件，×170

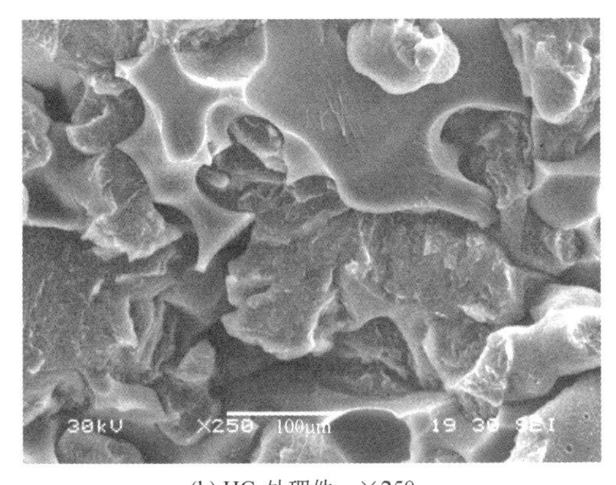

(b) HC_2处理件，×250

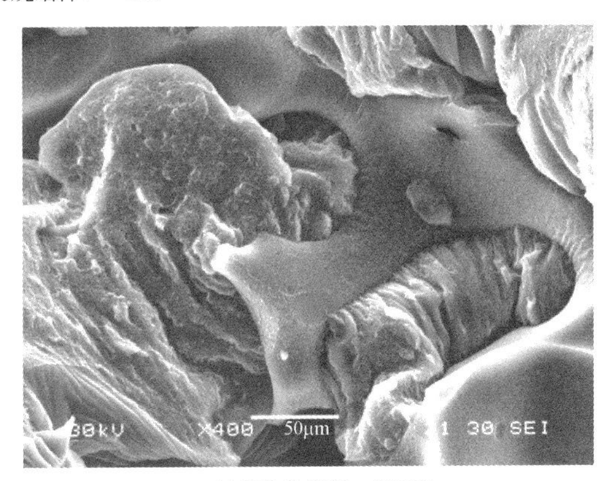

(c) HC_1处理件，×400

图 2-46 HIPS 粉末烧结件冲击断面的 SEM 照片

采用 SLS 工艺制造出的 HIPS 粉末烧结件，可以直接作原型测试件使用，经环氧树脂增强后，也可作为功能件进行装配使用。图 2-47 为用 HIPS 粉末烧结的叶轮，图 2-48 为用 HIPS 烧结件经环氧树脂处理后的增强制件。较之 PS 粉末，HIPS 粉末可以烧结出壁厚为 0.20mm 的薄壁件，在去除浮粉后，可以保持烧结件的完整性。

图 2-47　HIPS 粉末烧结的叶轮

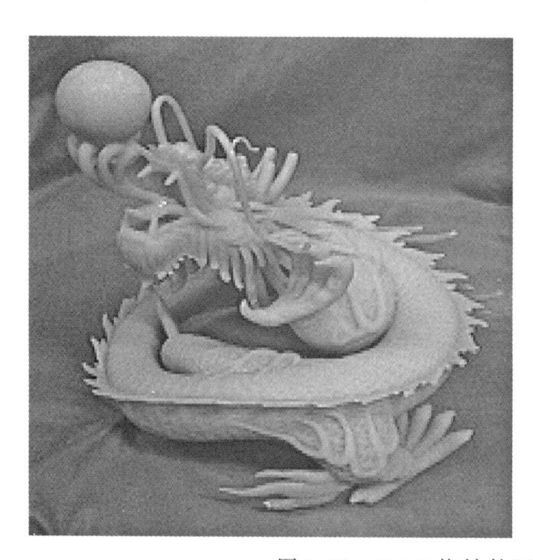

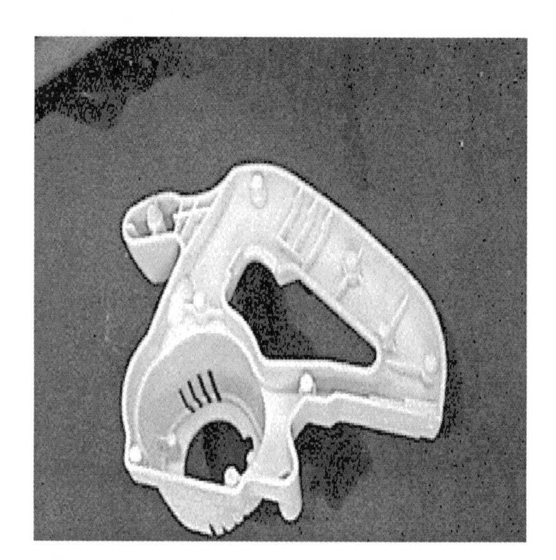

图 2-48　HIPS 烧结件经环氧树脂后处理增强制件

2.5　聚碳酸酯粉末材料

聚碳酸酯（PC）是一种性能优良的工程塑料，具有突出的冲击强度和耐蠕变性，拉伸、弯曲强度较高，并有较高的断裂伸长率和刚性，吸水性低。PC 粉末可由界面缩聚直接得到，是最早商品化的一种 SLS 材料，在原型件和功能件方面都有应用。目前由于烧结性能更好的PS类材料和力学性能更好的可直接烧结尼龙的出现，分别代替了PC在原型件和功能件方面的运用，使PC在SLS领域的重要性有所下降。但PC仍是一种较好的SLS材料，在SLS材料家族中占有一定的位置，因为PC原型件的强度远高于PS，并且对原型件涂渗树脂后，性能十分优良，而烧结工艺也不像尼龙那样严格。

2.5.1 PC粉末的SLS工艺及性能

PC粉末的激光烧结在HRSP-Ⅲ型快速成形机上进行。粉床预热温度控制在138～143℃，当预热温度超过143℃时，中间工作缸的粉末严重结块，铺粉困难。

图2-49是在不同的激光功率下制备的PC烧结件的断面扫描电镜图（SEM）。

当激光功率很低时，如图2-49(a)所示，粉末粒子仅在相互接触的部位轻微地烧结在一起，单个粉末粒子仍保持原来的形状。随激光功率增加，如图2-49(b)所示，粉末粒子的形状发生了较明显变化，粒子从原来的不规则形状变得接近于球形，表面变光滑。因为随激光功率提高，粉末吸收的能量增加，温度升高较多，在T_g温度以上，PC的表观黏度随温度升高迅速降低，大分子链段活动能力增大，在表面张力的作用下，颗粒趋于球形化，表面也变光滑。继续增加激光功率，如图2-49(c)～(e)所示，烧结颈明显增长，小粒子合并成大粒子，孔隙变小，致密度提高。

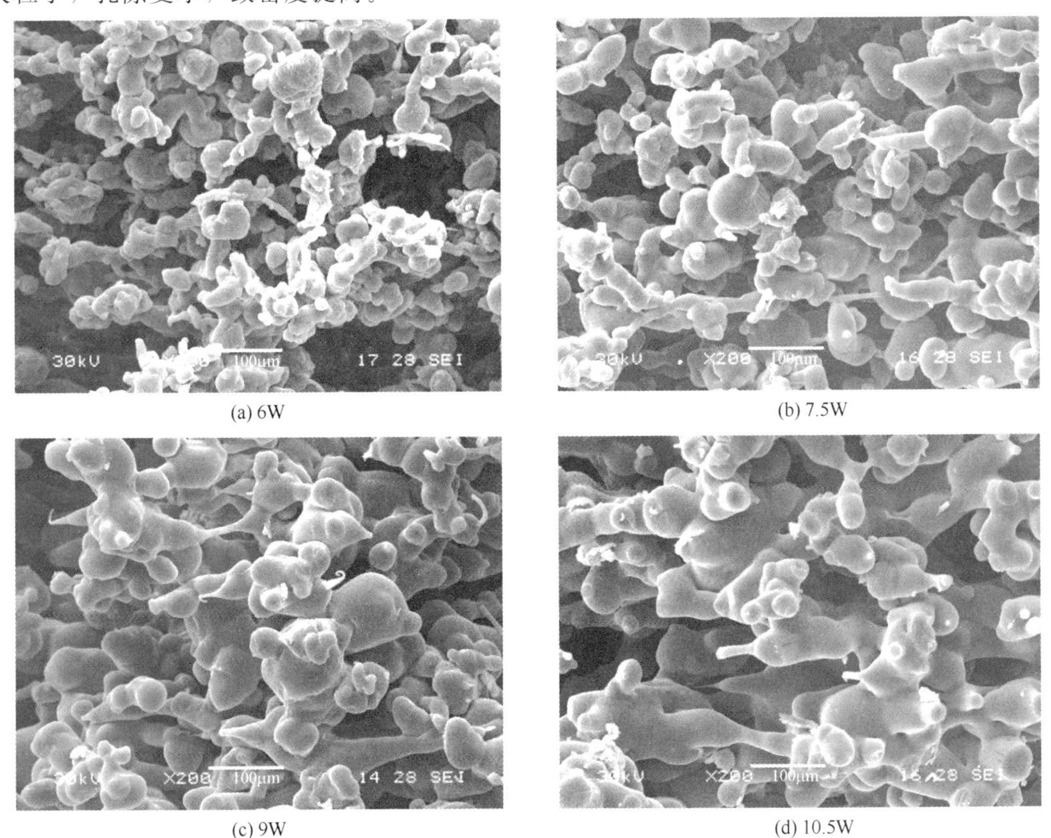

(a) 6W　(b) 7.5W

(c) 9W　(d) 10.5W

图2-49

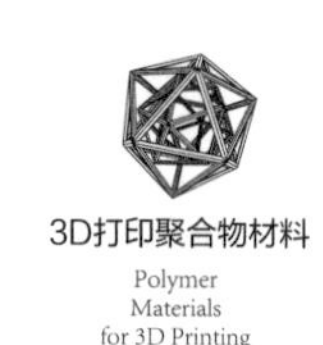

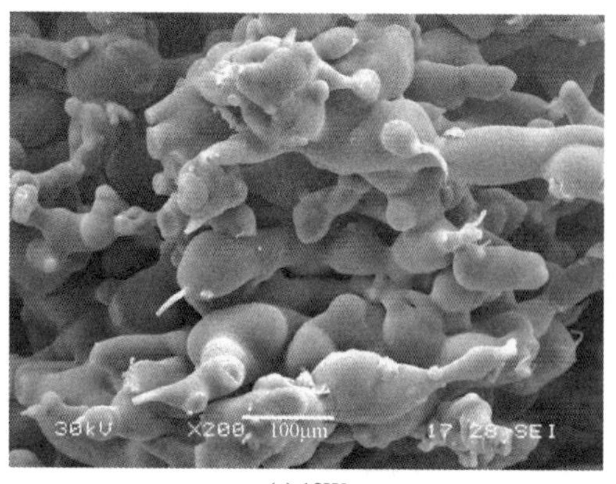

(e) 12W

图 2-49　不同激光功率下的 PC 烧结试样断面 SEM 照片

PC 烧结件的密度和力学性能随激光功率的变化如表 2-14 所示。

表 2-14　PC 烧结件的密度和力学性能随激光功率的变化

激光功率/W	密度/(g/cm^3)	拉伸强度/MPa	断裂伸长率/%	拉伸模量/MPa	冲击强度/(kJ/m^2)
6	0.257	0.39	52.1	2.19	0.92
7.5	0.343	1.32	35.6	7.42	1.37
9	0.384	1.89	32.8	10.62	2.14
10.5	0.416	2.04	31.4	13.24	2.81
12	0.445	2.18	30.7	15.97	2.98
13.5	0.463	2.29	30.1	17.13	3.13

从表 2-14 中可以看出，PC 烧结件的密度、拉伸强度、拉伸模量和冲击强度均随激光功率的增加而增大，断裂伸长率则相反，随激光功率的增加而下降。当激光功率从 6W 增加至 13.5W，PC 烧结件的密度从 0.257g/cm^3 增加至 0.463g/cm^3，拉伸强度从 0.39MPa 增加至 2.29MPa，分别增加了 80%和 487%。尽管如此，与 PC 模塑件的密度 1.18g/cm^3 及拉伸强度 60MPa 相比，PC 烧结件的密度和拉伸强度要低得多，分别只有模塑件的 39%和 3.8%。继续增加激光功率虽然还有可能进一步提高烧结件密度，但当激光功率为 13.5W 时，烧结件颜色已明显变黄，表明 PC 已发生部分降解，不宜继续增加激光功率。

由此可知，PC 烧结件的强度主要受烧结件的孔隙率大小的影响，而与 PC 本体强度关系不大，烧结件的密度越大，其强度越高。加大激光功率可以使 PC 粉末更好地烧结，从而可提高烧结件的密度，但过高的能量输入会使激光束直接照射下的粉末产生过热，带来如下问题：

① 加剧 PC 的热氧化，造成烧结件变色、性能恶化，当局部温度超过 PC 的分解温度时，PC 将产生强烈分解，烧结件性能将进一步恶化。

② 激光照射下的粉末与周围粉末的温度梯度加大，PC 烧结件容易产生翘曲变形。

③ 由于 PC 没有熔融潜热，传热作用导致扫描区域以外的粉末黏附在烧结件上，使烧结

件失去清晰的轮廓，影响成形精度。

因此，优化烧结工艺参数只能在一定程度上提高 PC 烧结件的密度及力学性能，并不能从根本上消除烧结件的孔隙，所以 PC 粉末不能直接烧结功能件。

将 PC 粉末进行激光烧结，制成 50mm×50mm×4mm 方块。烧结件在 X 方向和 Y 方向的尺寸误差随激光功率的变化如图 2-50 所示。

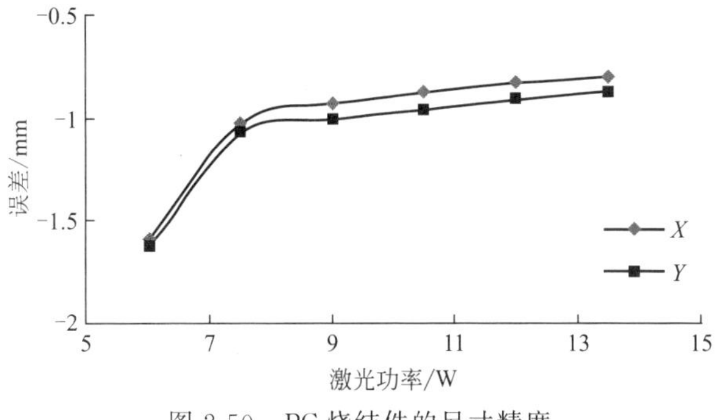

图 2-50　PC 烧结件的尺寸精度

从图 2-50 中可知，PC 烧结件的尺寸误差为负值。当激光功率很小时，烧结件的误差较大，因为过低的激光功率不足以使粉末粒子产生良好的黏结，试样的边缘部位尤其如此，烧结件的尺寸小于激光扫描的范围。随激光功率增加，试样边缘部位的烧结情况得以改善，尺寸误差减小。尺寸误差为负值是由于 PC 粉末在烧结过程中产生收缩引起的。PC 材料的成形收缩率并不大，烧结件产生较大的收缩，与所用的粉末堆积密度过低有关。由于粉末的起始密度很低，烧结时产生相对较大的致密化，因此产生了较大的收缩。Y 方向的尺寸误差稍大于 X 方向，这可能与非球形粉末在沿 X 方向运动的铺粉辊作用下产生定向有关，粉末在 X 方向排列相对较紧密，烧结收缩率较小。

由材料收缩产生的尺寸误差可通过在 SLS 成形设备上调整 X 方向和 Y 方向的比例系数来补偿。

2.5.2　后处理工艺及其对 PC 烧结件性能的影响

2.5.2.1　PC 烧结件后处理工艺

PC 烧结件后处理是用液态环氧树脂体系浸渍多孔的 PC 烧结件，环氧树脂体系由于毛细管作用浸入烧结件内部，填充其中的空隙，然后在一定的温度下使环氧树脂固化，形成致密的制件。

环氧树脂体系由液态的环氧树脂、固化剂和稀释剂组成。环氧树脂宜选用分子量低、黏度小的品种如 CYD-128，以利于对烧结件的浸渍。固化剂的选用较为关键，为避免烧结件在固化时变形，固化温度应低于 PC 的热变形温度，以不超过 120℃为宜，因此只能选用中低温固化剂。但也不宜选用在室温下具有较大活性的固化剂，因为这样的固化体系，固化速度快，适用期短，有可能在浸渍过程中就开始固化，造成不能浸透烧结件的缺陷，严重影响后处理效果。稀释剂的作用是调节环氧树脂的黏度，宜选用含单环氧基、双环氧基的活性稀释剂。因为活性稀释剂可以参加环氧树脂的固化反应，对环氧树脂固化物性能的损害较小，其用量以能使环氧树脂体系浸透烧结件为准，不宜多加。

2.5.2.2 后处理对PC烧结件性能的影响

表2-15是经过环氧树脂体系处理的烧结件的密度和力学性能。

表 2-15 处理后的PC烧结件的密度和力学性能

激光功率/W	密度/(g/cm³)	拉伸强度/MPa	断裂伸长率/%	拉伸模量/MPa	冲击强度/(kJ/m²)
6	1.02	38.87	10.31	385.6	6.47
7.5	1.09	42.19	14.5	581.5	7.93
9	1.12	44.7	15.1	600.6	8.83
10.5	1.08	42.04	15.7	547.2	7.52
12	1.06	41.18	16.2	515.97	7.08
13.5	1.03	39.24	15.9	475.13	6.93

比较表2-14和表2-15可以看出，PC烧结件经过环氧树脂体系处理后，其密度和力学性能均大幅度提高，其中密度提高了2.22～3.97倍，拉伸强度和模量提高的幅度最大，分别提高了17.1～99.7倍和26.7～176倍，冲击强度提高了2.15～7.03倍，断裂伸长率则下降了50%～80%。处理后的烧结件的力学性能仍然与密度有关，密度越大，其拉伸强度、拉伸模量和冲击强度也越大。但处理后的密度并不随处理前的密度的增大而增大，具有中等密度的烧结件处理后的密度最大。这与环氧树脂体系的浸渍情况有关，环氧树脂在密度较大、孔隙率较小的烧结件中渗透速度较慢，不容易渗入所有的空隙，影响了密度的提高。PC烧结件的密度和各力学性能在处理前相差很大，处理后的差距大大缩小，表明后处理对烧结件的性能起着决定性的作用。用9W的激光功率制备的烧结件经环氧树脂处理后的力学性能最佳，其性能指标能满足对冲击强度等性能要求不高的塑料功能件。图2-51是经过后处理的PC烧结件冲击断面的SEM照片。

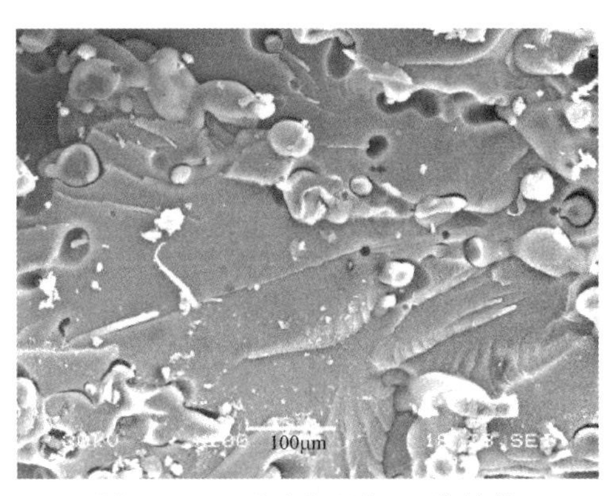

图2-51 经过后处理的PC烧结件冲击断面的SEM照片

从图2-51中可以看出，PC烧结件中的孔隙被环氧树脂填充，形成了致密的材料。当试样受到外力作用时，环氧树脂成为承受外力的主体，大大减少了外力对PC粒子间黏结处的破坏作用，从而使烧结件的力学强度大幅度提高。

将在不同的激光功率下烧结的50mm×50mm×4mm方块，用环氧树脂进行后处理，处理后的各试样在X方向和Y方向的尺寸均略微增加，但增加值均在0.1mm以下，可见，后处理对PC烧结件尺寸精度的影响很小，最终试样的尺寸精度取决于处理前烧结件的精度。

2.6 聚醚醚酮及其复合粉末材料

聚醚醚酮（PEEK）是一种耐热的结晶型的聚合物，熔点为343℃，玻璃化转变温度为143℃，可在260℃温度下连续使用。其分子的组成有醚键、羰基及对位苯环，见图2-52。PEEK具有十分优良的强度和刚度，耐疲劳性能优异，化学稳定性好，耐油耐酸耐腐蚀，在常用的化学试剂中，只有浓硫酸能破坏其结构；具有优良的滑动特性、阻燃性及抗辐射性，还具有良好的生物相容性，是一种广泛应用于航空航天、汽车制造、电子电气、医疗和食品加工等高端制造业领域的特种工程塑料。

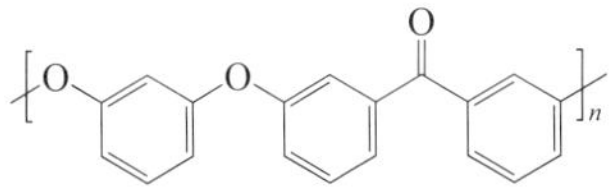

图2-52　PEEK分子结构式

2.6.1 聚醚醚酮粉末材料

PEEK特殊结构使其无法使用溶剂沉淀法制备出粒径规整度好、堆积密度高的粉末，由研磨制得的PEEK粉末堆积密度很低，流动性很差，难以满足SLS工艺的要求。将PEEK粉末在高于其 T_g 60～90℃的条件下进行热处理，利用其链段的运动，使得PEEK粉末粒子不规整的表面逐渐球形化，提高粉末的规整度和堆积密度，热处理效果见表2-16。

表2-16　热处理对PEEK粉末堆积密度的影响

性能	热处理工艺				
	未处理	250℃/1h	250℃/2h	300℃/2h	250℃/6h
堆积密度/(g/cm^3)	0.188	0.272	0.274	0.286	0.275

2.6.2 聚醚醚酮复合粉末材料

2.6.2.1 PEEK/碳纤维复合粉末材料

PEEK与碳纤维复合可提高强度和耐热性，图2-53、图2-54为碳纤维（CF）质量分数对PEEK/碳纤维复合粉末材料力学性能的影响。

从图2-53、图2-54中可以看出，复合材料的拉伸强度、弯曲强度及模量均随碳纤维含

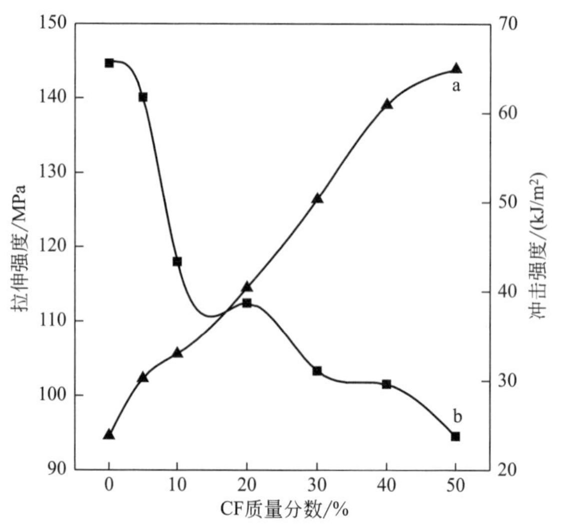

图 2-53 碳纤维质量分数对复合粉末材料拉伸强度和冲击强度的影响
a—拉伸强度；b—冲击强度

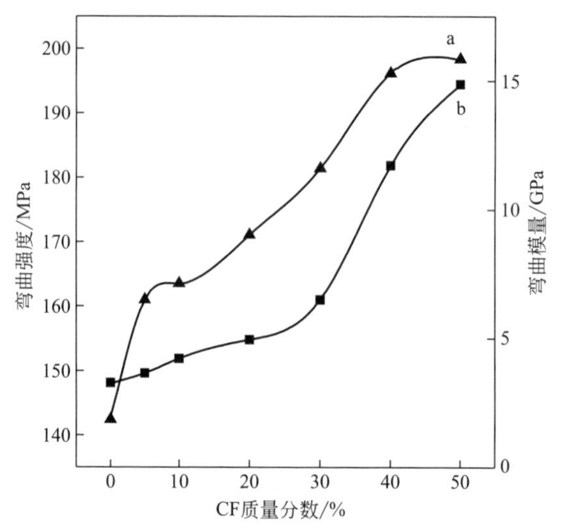

图 2-54 碳纤维质量分数对复合粉末材料弯曲强度和弯曲模量的影响
a—弯曲强度；b—弯曲模量

量的增加而显著增加，但冲击强度下降。当碳纤维质量分数为 50%时，与纯 PEEK 相比，复合材料的拉伸强度提高了 52.1%，弯曲强度提高了 39.3%，弯曲模量是纯 PEEK 的 3.5 倍，但冲击强度只有纯 PEEK 冲击强度的 40%。

表 2-17 为碳纤维质量分数对 PEEK/碳纤维复合粉末材料热变形温度和维卡软化点的影响。随着碳纤维质量分数的增加，复合粉末材料的热变形温度和维卡软化点均逐渐提高，当碳纤维质量分数为 50%时，热变形温度比纯 PEEK 提高了 140.7℃，维卡软化点提高了 16℃。

表 2-17　不同质量分数 CF 对复合粉末材料的热变形温度、维卡软化点的影响

CF 质量分数/%	0	5	10	20	30	40	50
热变形温度/℃	154.9	160.4	157.9	174.1	194.1	264.8	295.6
维卡软化点/℃	319.9	328.6	327.0	330.9	331.3	333.8	335.9

2.6.2.2　PEEK/羟基磷灰石复合粉末材料

采用原位复合法制备 PEEK/纳米羟基磷灰石（HA）复合粉末材料，纳米 HA 均匀地分散在 PEEK 基体中，形成了良好的界面粘接。这种方法制得的 PEEK/纳米 HA 复合粉末材料形态均匀、流动性良好，粒径范围在 10～100μm，非常适合 SLS 成形高性能个性化骨修复体。复合材料中纳米 HA 具有针状形貌，宽为 20～30nm，长约 100～150nm。

2.7　聚丙烯复合粉末材料

随着 SLS 技术应用领域的不断拓展，成形材料种类少、性能低等问题越来越得到重视。目前成功应用于 SLS 技术的材料主要为尼龙 12、尼龙 11 及其复合材料，几乎占据了 SLS 材料市场份额的 95%以上。耐高温的特种工程塑料聚醚醚酮（PEEK）和柔性材料热塑性聚氨酯弹性体（TPU）才刚投入市场。开发用于 SLS 的新型材料成为本领域学者的研究重点。研究人员分别研究了尼龙 6、聚甲醛、聚对苯二甲酸丁二醇酯（PBT）、聚乙烯（PE）、超高分子量聚乙烯（UHMWPE）等材料的 SLS 成形性能，但是由于材料特性、加工条件和价格因素等多方面原因，这些材料目前尚未得到应用。

聚丙烯（PP）是五大通用聚合物之一，由于其适用性广、化学性质稳定且生产成本低，已被广泛用于汽车工业、家用电器、电子仪器工业、纺织工业等领域。近年来，已有一些研究尝试将通用型 PP 用于 SLS 技术中。张坚等人采用深冷粉碎法将市售注塑级 PP 制备成粉末并用于 SLS 成形，结果发现翘曲非常严重。Fiedler 等人评估了多种市售通用型 PP 的 SLS 加工性能，结果表明，它们的结晶度范围在 45%～52%，是尼龙 12（约 22%）的两倍以上。这种较高的结晶度导致 SLS 成形件的收缩变形风险增大，使得该类 PP 材料的 SLS 加工性较差。随后，他们通过添加不同含量的共聚物对 PP 进行共混改性，但是得到的 SLS 成形件的拉伸强度远远低于相应的注塑成形（injection moulding，IM）零件，而且脆性非常大，断裂伸长率在 5%以下。Kleijnen 等人评估了 Diamond Plastic 公司的商品化 PP 粉末

材料 PP CP 22 的 SLS 成形性能，结果表明该材料的性能较差，断裂伸长率不到 1%，而且拉伸强度仅为 12MPa。

因此，本节提供了一种用于 SLS 技术的新型低等规度聚丙烯复合粉末材料及其制备方法。系统评估和分析了该材料的 SLS 成形性能，优化了 SLS 成形工艺，着重对比研究了 SLS 与传统注塑成形两种不同工艺对材料微观结构和力学性能的影响。

2.7.1 聚丙烯复合粉末材料制备及表征

2.7.1.1 粉末材料制备

选用低等规度的聚丙烯粉末，粉末材料由日本神奈川 Trial 公司提供，体积密度为 $0.85g/cm^3$。在原材料的基础上加入质量分数为 0.5%的亚微米级气相二氧化硅，以提高材料的流动性。聚丙烯易老化的缺点使其在室外使用时容易出现变黄、表面龟裂和力学性能下降等现象。特别是在 SLS 加工过程中，在光和氧的作用下，聚丙烯分子链上会产生氢过氧化物，最终导致 C—C 键断裂。因此为了提高聚丙烯粉末的可重复加工性及其产品的耐用性，采用酚类与亚磷酸酯类抗氧剂按质量比 1∶1 组成的复合抗氧剂，对聚丙烯原料进行耐老化改性。这两种抗氧剂复合使用可产生强烈的协同作用，能够有效提高聚丙烯在 SLS 过程中的抗氧化性能，且自身受光和氧作用后不会发生变色，加入质量分数为 0.05%，因此不会对制件的性能造成影响。聚丙烯复合粉末的制备过程如下：将聚丙烯粉末、气相二氧化硅和抗氧剂按照质量比 100∶0.5∶0.05 加入三维运动混合机中，混合时间为 4h。

2.7.1.2 SLS 成形实验设备与方法

采用的 SLS 装备由华中科技大学快速制造中心自主研发，成形空间尺寸为 500mm×500mm×400mm，配备最大功率为 55W 的连续波二氧化碳激光器，波长为 10.6μm，激光束的光斑直径为 0.4mm；采用振镜式扫描系统，最大扫描速度为 5000mm/s；送粉方式为双缸下送粉，采用反向运转的滚轴铺粉辊进行移动铺粉；成形腔内采用红外辐射加热灯管对粉末床进行预热。

SLS 成形时，影响成形件性能的参数主要包括预热温度（T_b）、激光功率（P）、激光扫描速度（v）、激光扫描间距（s）和单层厚度（h）等。为了便于描述 SLS 成形过程中工艺参数对成形件性能的影响规律，可引入激光能量密度（ED）的概念。激光能量密度的定义为单位面积内的激光能量输入，可用以下公式表达：

$$\mathrm{ED}=\frac{P}{sv} \quad (\mathrm{J/mm^2})$$

主要采用实验研究的方法，研究 SLS 工艺中激光功率和激光扫描速度两个最重要的工艺参数对成形件性能的影响。具体的实验设置为：通过单因素实验确定了四个不同水平的激光功率（8.25W、11W、13.75W 和 16.5W）和激光扫描速度（1500mm/s、2000mm/s、2500mm/s、3000mm/s）值，总共 16 组实验。激光扫描间距固定为 0.2mm，为激光光斑直径的一半，确保相邻两条激光扫描线之间的搭接率。粉末的单层厚度设置为 0.15mm，预热温度设置为 105℃。SLS 成形实验的工艺参数设置见表 2-18。

表 2-18 SLS 成形实验的工艺参数设置

加工参数	取值范围			
激光功率 P/W	8.25	11	13.75	16.5
激光扫描速度 v/(mm/s)	1500	2000	25000	3000
激光扫描间距 s/mm	0.2			
单层厚度 h/mm	0.15			
预热温度 T_b/℃	105			

为了对比 SLS 和注塑成形件的宏观和微观性能，采用与 SLS 工艺同一批次的聚丙烯复合粉末材料进行注塑成形。在成形之前，首先将聚丙烯复合粉末材料在 80℃的真空烘箱中干燥 12h，去除粉末中的水分。注塑成形设备为日本制钢所生产的 JSW-180H 型注塑机。注塑之前首先将螺杆中的残料射空，然后加入实验用的聚丙烯粉末清洗设备的料筒，反复清洗几次直至射出的材料转变为均一颜色。优化后的注塑成形工艺参数如下：注射压力为 70MPa，保压压力为 60MPa，料斗至喷嘴的温度设定为 160～200℃，注射速度为 60mm/s。此工艺条件下的成形件外观良好，未见缺料、收缩、气泡、烧焦等缺陷。

2.7.1.3 表征方法与设备

实验表征内容主要包括聚丙烯复合粉末的粒径及其分布、粉末形貌、熔融与结晶特性和热稳定性；SLS 和注塑成形件的致密度、微观组织、热学性能和力学性能等。采用激光粒度仪（Mastersizer 3000，英国 Malvern Instruments）分析聚丙烯复合粉末的粒径及其分布，测试选用湿法模式。使用差示扫描量热仪（DSC，Pyris Diamond，美国 Perkin Elmer）分析聚丙烯复合粉末、SLS 和注塑成形件的熔融与结晶特性，测试方法为在氩气保护下以 10℃/min 的速率从 50℃加热至 200℃，然后以 5℃/min 的速率冷却至室温，记录样品的吸放热曲线。其中，为了比较不同成形工艺对成形件熔融与结晶性能的影响，采用不消除热历史的温度扫描。通过热重分析仪（TGA，Pyris 1，美国 Perkin Elmer）测试聚丙烯复合粉末、SLS 和注塑成形件的热失重曲线，比较两种不同工艺成形件的热稳定性。测试条件为在氮气气氛中以 10℃/min 的加热速率升温至 600℃。采用场发射扫描电子显微镜（FSEM，JSM-7600F，日本 JEOL）观察聚丙烯复合粉末、SLS 和注塑成形件的表面和断面形貌，加速电压为 5kV。SLS 和注塑成形件的密度采用阿基米德排水法测得，所使用的装置为 Mettler Toledo 公司的 AL204 型精密电子天平，该天平集成了密度测试附件，可精确测量不同密度物体的体积密度，每组测试由 5 个试样组成。SLS 和注塑成形件的拉伸性能在万能力学试验机（AG-IC100KN，日本 SHIMADZU）上进行，拉伸试样参照国际标准 ISO 527-2 1B 的形状尺寸进行设计，如图 2-55 所示。拉伸实验在室温下进行，夹头的运动速度为 50mm/min，每组测试由 3 个试样组成。SLS 和注塑成形件的相组成及含量采用 X 射线衍射仪（XRD-7000S，日本 SHIMADZU）进行分析，XRD 检测采用铜靶，衍射角 2θ 的范围为 10°～30°，采样间隔为 0.02°，扫描速度为 3°/min。采用偏光显微镜（polarizing optical microscope，POM）(Axio Scope A1，德国 Ceiss）观察 SLS 和注塑成形件的微观组织。用于 POM 观察的试样为采用超薄切片机（Leica UC7，德国 Leica Microsystems GmbH）从试样中心切取的 3～5μm 厚的薄片，置于载玻片上用于显微镜观察。采用动态力学性能分析仪（Dynamic Mechanical Analysis，DMA）(Diamond DMA，美国 Perkin Elmer）研究 SLS 和注塑成形件的动态力学行为，测试采用三点弯曲模式，测试样品为 40mm×10mm×4mm 的长方体条，测试频率为 1Hz，温度范围为 50～130℃。

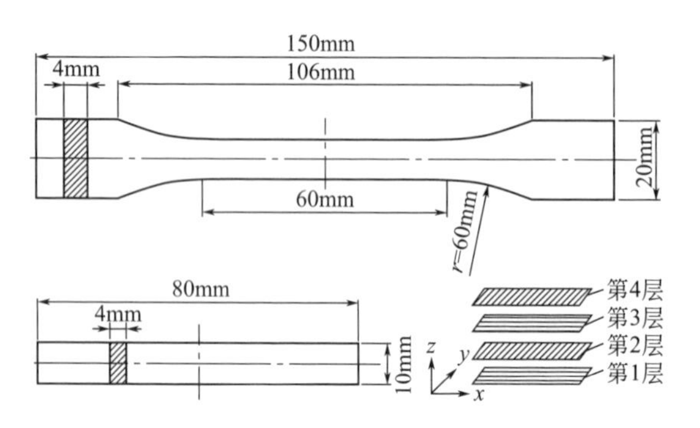

图 2-55　测试件的形状尺寸设计和 SLS 成形的实物

2.7.2 聚丙烯复合粉末激光选区烧结性能

2.7.2.1 粉末形貌及粒径分布

制得的聚丙烯复合粉末形貌及粒径分布如图 2-56 所示。如图 2-56(a) 所示，聚丙烯粉末呈球形或近球形，表面非常光滑，表明该粉末具有良好的流动性能。用于 SLS 的粉末是由不同粒径大小的颗粒组成，粒径分布是指不同粒径范围内所含颗粒的个数或者质量，可以用简单的表格、绘图或者函数形式给出。图 2-56(b) 是该聚丙烯复合粉末的粒径分布曲线，可以看出粉末粒径分布在 20～200μm 范围内，但主要集中在 20～100μm 区间（占 90%以上)。粒径分布中 $D10$、$D50$、$D90$ 分别是指累积分布分数达到 10%、50%和 90%时对应的粒径。其中，$D50$ 称为中位径或中值粒径，有 50%的颗粒粒径超过此值，同时有 50%的

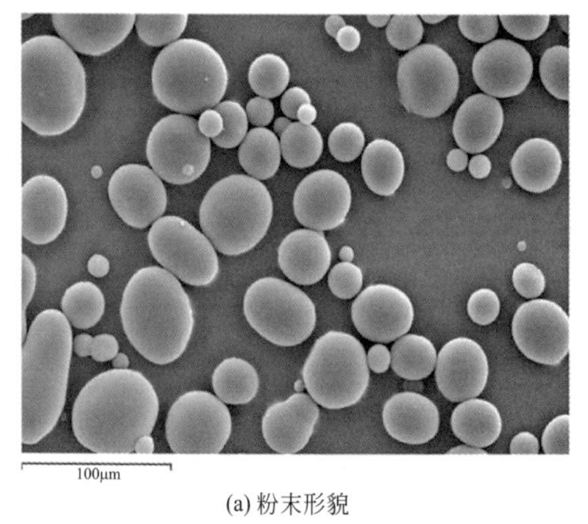

(a) 粉末形貌

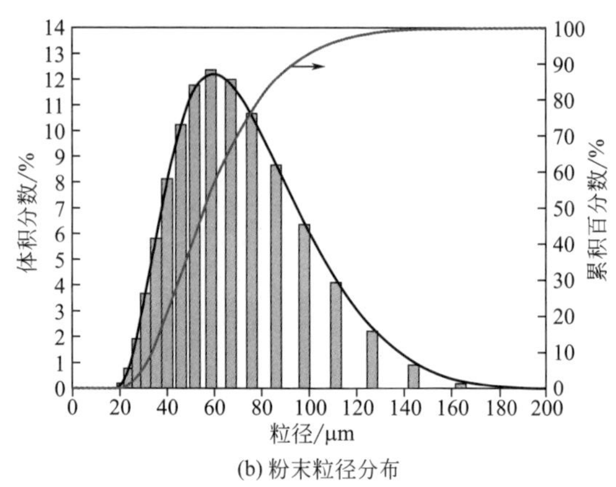

(b) 粉末粒径分布

图 2-56　聚丙烯复合材料粉末

颗粒粒径低于此值；$D10$ 和 $D90$ 分别用来表示粉末的细端和粗端粒径。$D[4,3]$ 表示体积平均径，$D[3,2]$ 为表面积平均径。当 $D[3,2]$ 和 $D[4,3]$ 的值越接近，说明样品颗粒的形状越接近圆球形，粒度分布越集中，它们差值越大，粒度分布越宽。聚丙烯复合粉末的各项粒径分布参数如表 2-19 所示，可以看到粉末的中位径为 63.6μm，体积平均径为 68.4μm，而且 $D[3,2]$ 和 $D[4,3]$ 的值也比较接近。因此从粉末形貌和粒径分布的角度出发，该粉末非常适合 SLS 成形。

表 2-19　聚丙烯复合粉末的粒径分布参数

粒径分布参数	$D10$/μm	$D50$/μm	$D90$/μm	$D[4,3]$/μm	$D[3,2]$/μm
数值	38.1	63.6	106	68.4	59.1

2.7.2.2　熔融与结晶特性

在 SLS 成形聚合物及其复合材料时，需要对粉床进行预热，以减小烧结区域与周围环境之间的温度差异，从而抑制烧结件的收缩与变形，该温度称为预热温度（T_b）。对粉床的温度控制有一个范围，即在此温度范围内，既不会因预热温度过低而导致烧结体产生结晶收缩，也不会因预热温度过高而导致未烧结粉发生软化粘接，这个温度范围就称为烧结窗口。烧结窗口的宽度（T）是衡量某一种材料 SLS 成形性能的重要指标，ΔT 越大，说明对预热温度的控制要求越宽松，材料的 SLS 加工性能越好。对半晶态聚合物而言，烧结窗口的宽度为粉末熔融起始温度 T_{im} 与熔体结晶起始温度 T_{ic} 之间的温度差，可以用式(2-60）进行计算：

$$\Delta T = T_{im} - T_{ic} \tag{2-60}$$

这些特征温度可以通过 DSC 测得。聚丙烯复合粉末材料的 DSC 曲线如图 2-57 所示，具体的熔融与结晶特征参数列于表 2-20 中。从中可以得出，该聚丙烯复合粉末的烧结窗口为[94.66～115.13℃]，ΔT 约为 20.5℃，与最常用的尼龙 12 粉末的范围相近（14～30℃），因此也具有较好的 SLS 成形性能。在确定了材料的烧结窗口之后，还需要在此温度范围内经过逼近实验法才能获得最佳的预热温度值 T_b。经过多次实验优化后，确定该聚丙烯复合

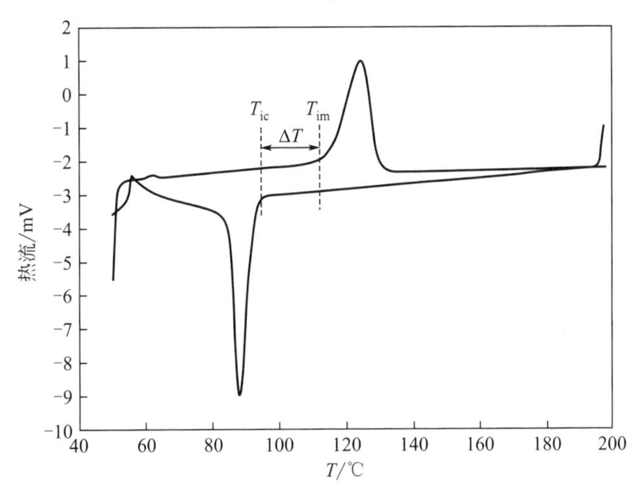

图 2-57　聚丙烯复合粉末材料的 DSC 曲线和烧结窗口

材料的预热温度为105℃。该聚丙烯复合材料的预热温度比常用的PA12（172～178℃）和PEEK（348～354℃）的预热温度低得多，比同等类型的高等规度均聚聚丙烯（iPP）的预热温度（约150～160℃）也低出很多。较低的预热温度有利于提高材料的可重复利用率，同时也降低了对SLS设备预热系统的要求。

表2-20　聚丙烯复合粉末的熔融与结晶特征参数

项目	T_{im}/℃	T_{pm}/℃	T_{ic}/℃	T_{pc}/℃	ΔH_m(J/g)	ΔH_c/(J/g)	X_c/%
聚丙烯复合粉末	115.13	124.43	94.66	91.12	53.87	64.15	30.43

在SLS成形过程中，粉床的温度高于材料的结晶温度，因此被烧结的粉末一直保持熔体状态并与未烧结的粉末维持热平衡。直到整个加工过程结束，SLS成形件才随整个粉床均匀缓慢降温，以减少零件的翘曲变形。半晶态聚合物在结晶时会产生较大的体积收缩，材料的结晶度越高，结晶引起的体积收缩越大，SLS成形件变形的风险越高。聚丙烯聚合物复合材料的结晶度（X_c）可以通过式(2-61)计算：

$$X_c=\frac{\Delta H_m}{\Delta H_m^0}\times 100\% \tag{2-61}$$

式中，ΔH_m是材料的熔融焓；ΔH_m^0是聚丙烯100%结晶时的熔融焓，由文献可知其值为177J/g。

由此可以计算出该聚丙烯复合粉末的结晶度为30.43%，与PA12相当（约22%），远低于大多数通用型PP的结晶度（45%～52%）。由此可见该粉末的收缩变形风险也相对较低。

2.7.2.3　热稳定性分析

在整个SLS成形过程中，聚合物粉末需要经历红外预热、激光加热和自然冷却的热循环过程。在此过程中，材料极易发生老化和降解，因此即使未烧结的粉末可以回收利用，但其SLS制件的性能总是低于新粉SLS制件的性能。从热重分析（TGA）曲线中获得的热分解温度，可用于评价SLS材料的热稳定性。图2-58为聚丙烯复合粉末的TGA曲线和由

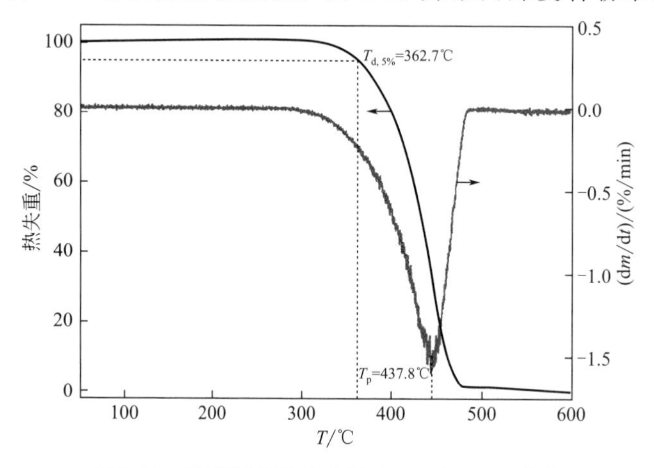

图2-58　聚丙烯复合粉末的TGA和DTG曲线

TGA 曲线经过一次微分得到的微商热重分析（DTG）曲线，DTG 曲线上出现的峰与 TG 曲线上失重台阶之间质量发生变化的部分相对应。从图中可以看出聚丙烯复合粉末的分解为单步反应过程，失重 5%时对应的温度（$T_{d,5\%}$）为 362.7℃，最大热失重速率对应的温度（T_p）为 437.8℃。这两者均比粉床的预热温度 T_b 要高出许多，说明所用的聚丙烯复合材料在 SLS 成形过程中具有较好的热稳定性。

2.8 其他聚合物粉末材料

2.8.1 聚乙烯粉末材料

聚乙烯（PE）是结晶型聚合物，具有良好的耐热、耐寒性，化学稳定性，较高的刚性和韧性，并且产量巨大、价格便宜、应用广泛。PE 主要有三种不同的类型：高密度聚乙烯（HDPE）、低密度聚乙烯（LDPE）和线型低密度聚乙烯（LLDPE），其中 HDPE 较适合用作 SLS 成形材料。

2.8.2 热塑性聚氨酯粉末材料

热塑性聚氨酯弹性体（TPU）具有极佳的弹性性能，硬度范围广，耐磨性好，机械强度高，耐寒性突出，加工性能好，耐油、耐水、耐霉菌，广泛用于汽车机械壳件、管材部件和服装鞋类等领域。

TPU 粉末材料在运动鞋的 3D 打印方面有很好的应用前景，采用轻质拓扑结构的优化与设计，可使运动鞋减重 40%；TPU 粉末材料还可用于手腕和手指矫形器个性化定制等方面。华曙高科联合万华化学共同开发了多款 SLS 专用 TPU 粉末材料，采用 SLS 成形的 TPU 制件具有优异的力学性能，能够满足 TPU 鞋类制品及其他定制化产品的快速、小批量生产需求（图 2-59）。

2.8.3 聚苯硫醚粉末材料

聚苯硫醚（PPS）是一种综合性能优异的热塑性特种工程塑料，其突出的特点是耐高

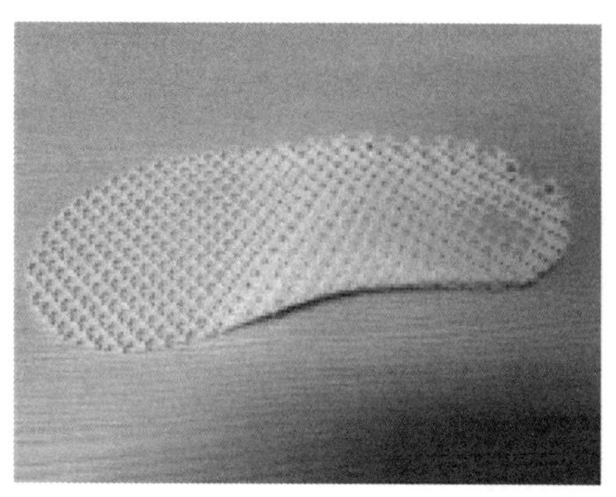

图 2-59　TPU 粉末 SLS 成形的多孔结构鞋垫

温、耐腐蚀、阻燃、绝缘及优异的电性能，适于制作耐热件、绝缘件及化学仪器、光学仪器等零件。

华曙高科与日本东丽合作，在华曙高科超高温 ST252 型设备上开发出 SLS 专用 PPS 粉末材料的成形工艺参数，实现了 PPS 材料的快速成形、小批量制造，为 SLS 技术提供了新的材料选择。

参考文献

[1] 汪艳. 选择性激光烧结高分子材料及其制件性能研究 [D]. 武汉：华中科技大学，2005.

[2] Shi Y S，Li Z C，Sun H X，et al. Development of a polymer alloy of polystyrene（PS）and polyamide（PA）for building functional part based on selective laser sintering（SLS）[J]. Proc Inst Mech Eng Part L：J Mat Des Appl，2004，218：299-306.

[3] Yang J S，Shi Y S，Shen Q W，et al. Selective laser sintering of HIPS and investment casting technology [J]. J Mater Process Tech，2009，209（4）：1901-1908.

[4] Shi Y S，Wang Y，Chen J B，et al. Experimental investigation into the selective laser sintering of high-impact polystyrene [J]. Journal of Applied Polymer Science，2008，108（1）：535-540.

[5] Savalani M M，Hao L，Zhang Y，et al. Fabrication of porous bioactive structures using the selective laser sintering technique [J]. Proceedings of the Institution of Mechanical Engineers Part H：J Engineering in Medicine，2007，22：873-886.

[6] Zhang Y，Hao L，Savalani M M，et al. Characterization and dynamic mechanical analysis of selective laser sintered hydroxyapatite-filled polymeric composites [J]. Journal of Biomedical Materials Research Part A，2008，86A：607-616.

[7] Sun M S M. Physical modeling of the selective laser sintering process [D]. Austin：The University of Texas at Austin，1993.

[8] Frenkel J. Viscous flow of crystalline bodies under the action of surface tension [J]. J Phys（USSR），1945，9：385-396.

[9] 杨劲松. 塑料功能件与复杂铸件用选择性激光烧结材料的研究 [D]. 武汉：华中科技大学，2008.

[10] 朱伟. 非金属复合材料激光选区烧结制备与成形研究：[D]. 武汉：华中科技大学，2018.

[11] 汪艳，史玉升，黄树槐. 激光烧结尼龙 12/累托石复合材料的结构与性能 [J]. 复合材料学报，2005，22 (2)：52-56.

[12] 汪艳，史玉升，黄树槐. 激光烧结制备尼龙 12/累托石纳米复合材料 [J]. 高分子学报，2005 (5)：683-686.

[13] 林柳兰，史玉升，曾繁涤，等. 高分子粉末烧结件的增强后处理的研究 [J]. 功能材料，2003，34 (1)：67-72.

[14] 王从军，李湘生，黄树槐. SLS 成型件的精度分析 [J]. 华中科技大学学报，2001，29 (6)：77-79.

[15] 刘锦辉. 选择性激光烧结间接制造金属零件研究 [D]. 武汉：华中科技大学，2006.

[16] EOS GmbH [EB/OL]. Available from：https：//eos. materialdatacenter. com/eo/.

[17] 闫春泽. 聚合物及其复合粉末的制备与选择性激光烧结成形研究 [D]. 武汉：华中科技大学，2009.

[18] Amado Becker A F. Characterization and prediction of SLS processability of polymer powders with respect to powder flow and part warpage [D]. Zurich：ETH Zurich，2016.

[19] 朱伟. 非金属复合材料激光烧结增材制备与成形研究 [D]. 武汉：华中科技大学，2018.

[20] Goodridge R D，Tuck C J，Hague R J M. Laser sintering of polyamides and other polymers [J]. Progress in Materials Science，2012，57 (2)：229-267.

[21] CRP Technology [EB/OL]. Available from：http：//www. windform. com/windform-technical-datasheets. html.

[22] Zhou W，Wang X，Hu J，et al. Melting process and mechanics on laser sintering of single layer polyamide 6 powder [J]. The International Journal of Advanced Manufacturing Technology，2013，69 (1-4)：901-908.

[23] Verbelen L，Dadbakhsh S，Van den Eynde M，et al. Characterization of polyamide powders for determination of laser sintering processability [J]. Eur Polym J，2016，75：163-174.

[24] Drummer D，Rietzel D，Kühnlein F. Development of a characterization approach for the sintering behavior of new thermoplastics for selective laser sintering [J]. Physics Procedia，2010，5：533-542.

[25] Arai S，Tsunoda S，Kawamura R，et al. Comparison of crystallization characteristics and mechanical properties of poly (butylene terephthalate) processed by laser sintering and injection molding [J]. Materials & Design，2017，113：214-222.

[26] Schmidt J，Sachs M，Zhao M，et al. A novel process for production of spherical PBT powders and their processing behavior during laser beam melting [C]. AIP Conference Proceedings，2016：AIP Publishing.

[27] Schmidt J，Sachs M，Fanselow S，et al. Optimized polybutylene terephthalate powders for selective laser beam melting [J]. Chemical Engineering Science，2016，156：1-10.

[28] Savalani M，Hao L，Harris R A. Evaluation of CO_2 and Nd：YAG lasers for the selective laser sintering of HAPEX® [J]. Proceedings of the Institution of Mechanical Engineers，Part B：Journal of Engineering Manufacture，2006，220 (2)：171-182.

[29] Goodridge R D，Hague R J，Tuck C J. An empirical study into laser sintering of ultra-high molecular weight polyethylene (UHMWPE) [J]. Journal of Materials Processing Technology，2010，210 (1)：72-80.

[30] Khalil Y，Kowalski A，Hopkinson N. Influence of energy density on flexural properties of laser-sintered UHMWPE [J]. Additive Manufacturing，2016，10：67-75.

[31] 安芳成.聚丙烯行业发展现状及市场分析 [J].化工进展，2012，31 (1)：246-251.

[32] 张坚，许勤，徐志锋.选区激光烧结聚丙烯试件翘曲变形研究 [J].塑料，2006，35 (2)：53-56.

[33] Fielder L. Evaluation of polypropylene powder grades in consideration of the laser sintering process ability [J]. Journal of Plastics Technology，2007，3 (4)：34-39.

[34] Fiedler L，Hähndel A，Wutzler A，et al. Development of new polypropylene based blends for laser sintering [C]. Proceedings of the Polymer Processing Society 24th Annual Meeting PPS-24，Salerno (Italien)，Polymer Processing Society，2008.

[35] Kleijnen R G，Schmid M，Wegener K. Nucleation and impact modification of polypropylene laser sintered parts [C]. AIP Conference Proceedings，2016：AIP Publishing.

[36] Tan W S，Chua C K，Chong T H，et al. 3D printing by selective laser sintering of polypropylene feed channel spacers for spiral wound membrane modules for the water industry [J]. Virtual and Physical Prototyping，2016，11 (3)：151-158.

[37] Nelson J C. Selective laser sintering：A definition of the process and an empirical sintering model [D]. Austin：The University of Texas at Austin，1993.

[38] Beaman J J，Barlow J W，Bourell D L，et al. Solid freeform fabrication：A new direction in manufacturing [M]. Boston：Kluwer Academic Publishers，1997.

[39] Ho H C H，Cheung W L，Gibson I. Morphology and properties of selective laser sintered bisphenol-A polycarbonate [J]. Industrial and Engineering Chemistry Research，2003 (9)：1850-1862.

[40] 史玉升，黄树槐，杨劲松，等.一种塑料功能件的快速制造方法：CN1850493A [P]. 2009-03-11.

[41] Bordia R K，Scherer G W. On constrained sintering-I，constitutive model for a sintering body. II，comparison of constitutive models. III，rigid inclusions [J]. Acta Metal，1988，36 (9)：2393-2416.

[42] 吴人洁.高聚物的表面与界面 [M].北京：科学出版社，1998.

[43] Tolochko N K，Mozzharov S E，Yadroitsev I A，et al. Balling process during selective laser treatment of powders [J]. Rapid Prototyping Journal，2004，10 (2)：78-87.

[44] 卢寿慈.粉体加工技术 [M].北京：中国轻工业出版社，1999.

[45] 陆厚根.粉体工程学概论 [M].上海：同济大学科学技术情报站，1987.

[46] Cutler I，Henrichsen R E. Effects of particle shape on the kinetics of sintering of glass [J]. J Am Ceram Soc，1968，51 (10)：604-605.

[47] McGeary R K. Mechanical packing of spherical particles [J]. J Am Ceram Soc，1961，44：513-515.

[48] Gray W A. The packing of solid particles [M]. London：Chapman and Hall LTD，1968.

[49] 何曼君，陈维孝，董西侠.高分子物理：修订版 [M].上海：复旦大学出版社，1990.

[50] 马德柱，何平笙，徐种德，等.高聚物的结构与性能 [M].2版.北京：科学出版社，1995.

[51] Dickens E D，Lee B L，Taylor G A，et al. Sinterable semi-crystalline powder and near-fully dense article formed therewith [P]. US Patent：6136948，2000.

[52] 林柳兰，史玉升，曾繁涤，等.高分子粉末烧结件的增强后处理的研究 [J].功能材料，2003，34 (1)：67-72.

[53] 朱林泉，白培康，朱水森.快速成型与快速制造技术 [M].北京：国防工业出版社，2003.

[54] Nelson J C，Xue S，Barlow J W，et al. Model of the selective laser sintering of bisphenol-A polycarbonate [J]. Industrial & Engineering Chemistry Research，1993，32：2305-2317.

[55] 王家金.激光加工技术 [M].北京：中国计量出版社，1992.

[56] 李湘生，史玉升，黄树槐.粉末激光烧结中的扫描激光能量大小和分布模型 [J].激光技术，2003，27 (2)：143-144.

[57] Beaman J J，Barlow J W，Bourell D L，et al. Solid freeform fabrication：A new direction in manufacturing，kluwer academic publishers [M]. Boston：Massachusetts，1997.

[58] Zhu W，Yan C，Shi Y，et al. Study on the selective laser sintering of a low-isotacticity polypropylene powder [J]. Rapid Prototyping Journal，2016，22 (4)：621-629.

[59] Yan C，Shi Y，Yang J，et al. Preparation and selective laser sintering of nylon-12 coated metal powders and post processing [J]. Journal of Materials Processing Technology，2009，209 (17)：5785-5792.

[60] Chunze Y，Yusheng S，Jinsong Y，et al. A nanosilica/nylon-12 composite powder for selective laser sintering [J]. Journal of Reinforced Plastics and Composites，2009，28 (23)：2889-2902.

[61] Yan C Z，Shi Y S，Yang J S，et al. Preparation and selective laser sintering of nylon-12-coated aluminum powders [J]. Journal of Composite Materials，2009，43 (17)：1835-1851.

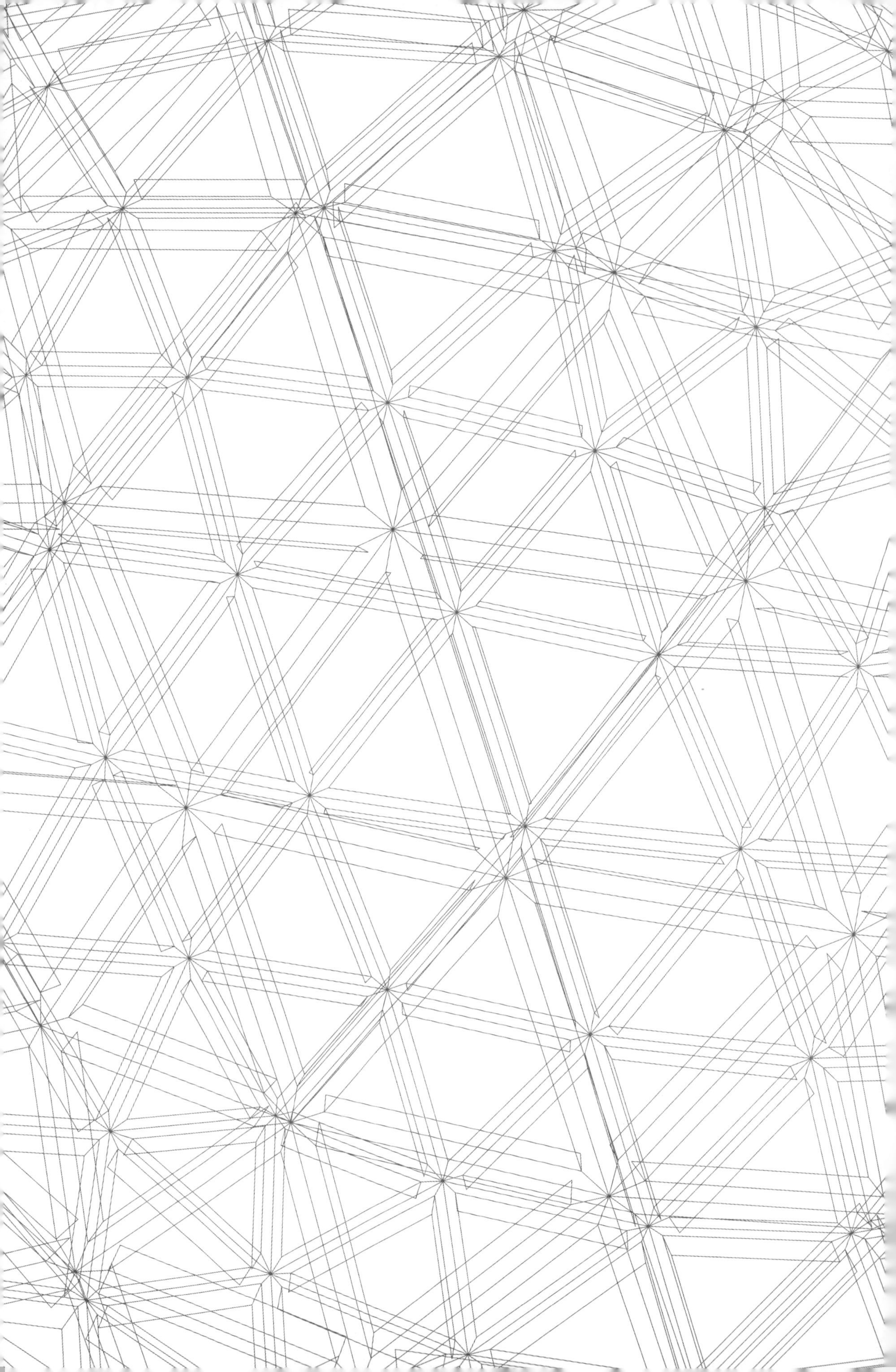

第 3 章
3D 打印聚合物丝状材料

3.1 聚合物丝材熔融沉积成形原理

熔融沉积成形（fused deposition modeling，FDM）工艺由美国学者 Scott Crump 博士于 1988 年率先提出，在获得该项技术的专利后，他于 1989 年建立了 Stratasys 公司。2009 年 FDM 关键技术专利到期，各种基于 FDM 技术的 3D 打印公司开始大量出现，行业迎来快速发展期，相关设备的成本和售价也大幅降低。Stratasys 公司是 FDM 丝材和 FDM 设备研究和生产的领头羊，也是世界上最大的 3D 打印材料公司。

FDM 打印丝材，通常采用热塑性聚合物材料，在一些特殊领域也用到陶瓷和低熔点金属材料。目前，常见的 FDM 打印材料有：丙烯腈-丁二烯-苯乙烯三元共聚物（ABS）、聚乳酸（PLA）、尼龙（PA）、聚碳酸酯（PC）、聚乙烯醇（PVA）、高抗冲聚苯乙烯（HIPS）、热塑性弹性体聚氨酯（TPU）、聚醚醚酮（PEEK）、聚醚酰亚胺（PEI）、聚苯砜（PPSU）等。

FDM 是利用电加热法等热源熔化丝状材料，由三轴控制系统移动熔丝材料，逐层堆积成形三维实体，工艺过程如图 3-1 所示。丝状材料通过送丝机构送进喷头，在喷头内被加热熔化；喷头在计算机控制下沿零件界面轮廓和填充轨迹运动，将熔化的材料挤出，材料挤出后迅速固化，并与周围材料黏结。通过层层堆积成形，最终完成零件制造。初始零件表面较为粗糙，需配合后续抛光等处理。

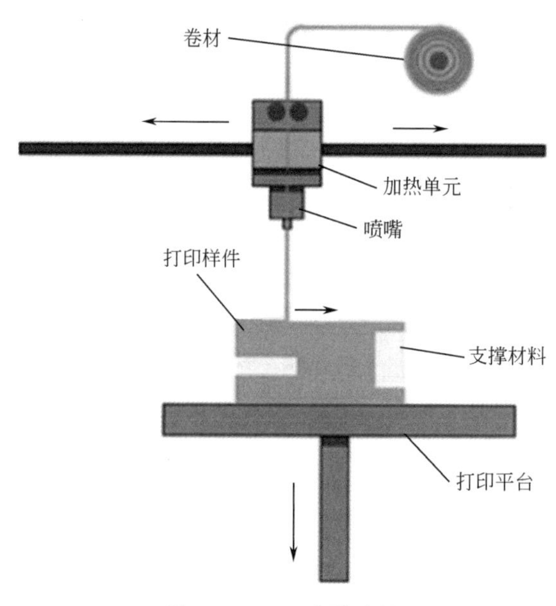

图 3-1　FDM 成形过程

由于 FDM 工艺通过丝材的层层堆积形成制件，随着层数的增加，当遇到打印的制件倾斜弧度较大或在距离较远支撑物间悬空搭层时，出现无支撑的现象而导致的悬空（上层截面大于下层截面），就会使成形截面发生塌陷，进而会降低原型的成形精度，甚至使零件原型不能成形。对于 FDM 成形工艺的后续加工，支撑作为基础尤为重要，支撑的状态直接影响成形成败及加工时间。

FDM 技术作为非激光成形制造系统，其最大优点就是成形材料的广泛性。通常采用热塑性聚合物材料，也有低熔点金属、陶瓷等的丝束材料，理论上所有热塑性聚合物材料都可以作为 FDM 丝材，但实际上很多材料由于成形温度、熔体流动性、热收缩、翘曲性、异相或同相粘接性不同，以及材料成本和应用领域不同而受到限制，不同使用温度的 FDM 丝材如图 3-2 所示。

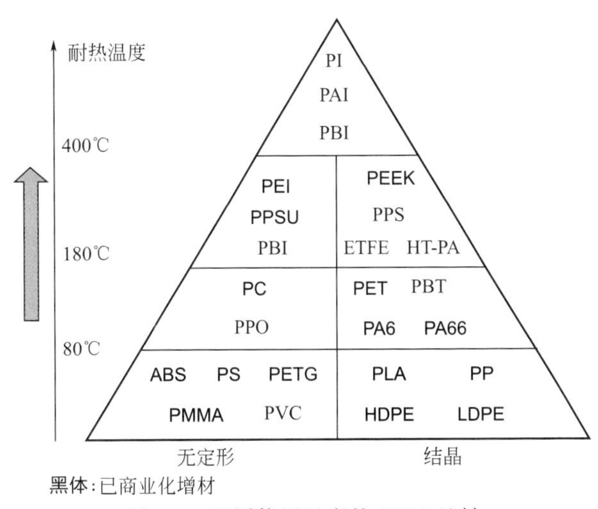

图 3-2 不同使用温度的 FDM 丝材

熔融沉积成形的关键在于对喷头温度的控制，要求控制的喷头温度使材料在挤出时既可以保持一定的形状又有良好的黏结性能。除喷头温度合适外，熔积成形工艺对成形材料的要求还包括以下几个方面。

① 熔融温度低：具有较低熔融温度的材料在相对较低的温度下便可在喷头内挤出，易于加工。

② 黏度适中：材料的黏度低，流动性好，有助于材料顺利挤出，材料的流动性太好或太差，都会影响到材料的成形精度。

③ 收缩率小：成形材料需要在喷头里保持一定的压力才能被顺利挤出，挤出前后材料会发生热胀冷缩，因而材料的收缩率越小越好。

④ 黏结性好：零件成形以后的强度取决于材料之间的黏结性，黏结性过低的材料，会导致成形件的层间出现开裂等缺陷。

⑤ 力学性能：丝材的进料方式要求丝材具有一定的弯曲强度、压缩强度和拉伸强度，这样才不会发生断丝现象。

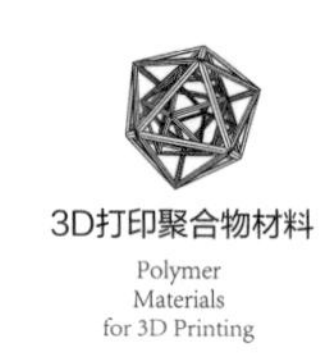

3.2 熔融沉积成形中的支撑材料

3.2.1 FDM支撑材料概述

目前，熔融沉积成形（FDM）工艺有两种材料：一种是沉积实体部分的成形材料；另一种是沉积空腔或悬臂部分的支撑材料。而FDM 3D打印设备目前有两种，一种是单喷头设备，其成形材料和支撑材料属于同种材料，在打印支撑时，喷头的移动速度可大于打印成形材料时的移动速度，使支撑和成形零件的堆积密度不同，以有利于支撑材料的去除。但这种支撑由于和成形材料相同且紧密黏结，去除过程存在一定的难度，且对成形零件的尺寸精度和表面质量造成不良影响。另一种是双喷头设备，在打印支撑时采用双喷头独立加热，一个用来喷出模型材料制造成形零件；另一个用来喷出支撑材料作支撑，两种材料的特性不同，制作完毕后去除支撑相当容易，此时的支撑材料主要分为两种，一种是可剥离性支撑材料，另一种是水溶性支撑材料。

支撑材料的制备需要利用螺杆挤出设备挤出丝材，成品支撑材料在使用时经由FDM设备加热熔融挤出，这意味着支撑材料至少经历了螺杆挤出过程和熔融沉积成形过程两次的热熔成形过程，也就是说，支撑材料需要具备良好的热塑性。

在FDM设备上通过支撑材料与供料辊的摩擦力进行送丝，供料辊的驱动力由电机提供。导向套安装在供料辊和喷头之间，其前端腔体直径恒定，称作加料段。电阻丝加热装置安装在喷头前端，将丝材加热至熔融状态。此时腔体直径变小，丝材受热熔融，此段称作熔化段。熔化段的下方物料全部处于熔融态，这部分为熔融段。利用送料辊提供的压力通过固态丝材传递将熔融物料从喷头中挤出。熔融物料挤出后与工作台或者前期挤出固化的物料接触冷却，完成三维实体的成形。从上述FDM成形过程看，成形材料和支撑材料同样需要具有良好的热熔性。

现今应用于FDM工艺的支撑材料基本上是聚合物。在进行FDM工艺之前，聚合物材料首先要经过螺杆挤出机制成直径约1.75mm的单丝，所以支撑材料要具有良好的成丝性，以满足挤出成形方面的要求。此外，针对FDM的工艺特点，支撑材料还应具备一定的力学性能，适中的熔体流动性，较小的收缩率，良好的化学稳定性和热稳定性。

FDM工艺通过丝材的层层堆积形成制件，随着层数的增加，当遇到打印的制件倾斜弧度较大或在距离较远支撑物间悬空搭层时，出现无支撑的现象而导致的悬空（上层截面大于下层截面），就会使成形截面发生塌陷，进而会降低原型的成形精度，甚至使零件原型不能成形。3D打印支撑材料可以建立基础层，即在工作平台和原型的底层之间建立缓冲层，使原型制作完成后便于与工作平台剥离。此外，支撑还可以给制造过程提供一个基准面。FDM成形工艺中，支撑作为基础尤为重要，支撑的状态直接影响成形成败及加工时间。

Armillotta 等运用 3D 打印法制造出的 ABS 热塑性树脂块状零件为研究对象，研究了该产品的变形翘曲等缺陷与打印工艺相关的几何变量（三个方向的零件尺寸和熔敷层厚度）的关系。他们测量并统计了由上述变量的不同组合制造的零件的几何偏差，以确定影响因素并估计它们对翘曲的个体和相互作用影响。研究结果发现在零件高度的中间值处出现最大变形。其原因可能为两个物理假设：热应力从最后一个沉积支撑层的热传导延伸到多层，弯曲应力出现在材料屈服点以外。为了验证这些影响是否有助于提高翘曲估计的精度，作者用解析方程对这些影响进行了建模。

Boyard 等提出一种可应用于 3D 打印支撑材料的优化设计数值模拟算法。该算法能够满足现有的熔融沉积 3D 打印的设计师和制造商的需求。特别是如果该支撑材料能够回收则为最佳方案。目前，一般的 3D 打印设备分辨率为 250μm。然而，一些 FDM 工艺能够生产精度为 50μm 的零件。因此，作者使用了计算机辅助设计软件改进方法学的分析部分，使之适应机器的分辨率。该方法设计出一种“全”蜂窝状的支撑结构，模拟运算 10min 后即可计算出支撑结构的强度分布，并给出阈值 S（所需支撑体积与最大支撑体积之比）。

3.2.2 剥离性支撑材料

剥离是指将成形过程中产生的废料、支撑结构与成形零件分离，它是后处理的一个主要工序。最终成形打印制品的完整度和美观度很大程度上取决于支撑材料的剥离程度，支撑材料的完美剥离可以提高打印制品的表面光洁度，对于一些支撑部分结构复杂、样式独特同时纹路较浅的打印模型，支撑材料的完美剥离能够更好展现出模型原本的外观结构，避免因剥离不完全造成原本纹路的损坏和缺失。对于很多复杂模型在使用 3D 打印机打印时都需要添加支撑，但支撑的剥离主要存在两个问题：①力度不够，支撑难以去除；②用力过大，会把模型毁掉。目前，FDM 工艺中，对于可剥离性支撑材料宜采取手工剥离或加热剥离的方法。由于支撑材料在最终成形制品中需要去除，所以对剥离材料本身的性能也有一定的特殊要求。

(1) 能承受一定高温

支撑材料要与成形材料在支撑面上接触，所以支撑材料必须能够承受成形材料的高温，在此温度下不产生分解与熔化。由于 FDM 工艺挤出的丝比较细，在空气中能够比较快速地冷却，所以支撑材料要能够承受 100℃以下的温度。

(2) 材料的力学性能

FDM 对支撑材料的力学性能要求不高，要有一定的强度，便于单丝的传送；剥离性的支撑材料需要一定的脆性，便于剥离时折断，同时又需要保证单丝在驱动摩擦轮的牵引和驱动力作用下不可轻易弯折或折断即可。

(3) 黏结性

支撑材料是加工中采取的辅助手段，在加工完毕后必须去除，所以相对成形材料而言，剥离性支撑材料的黏结性可以差一些。

(4) 剥离性

对于剥离性的支撑材料最为关键的性能要求，就是要保证材料能在一定的受力下易于剥离，可方便地从成形材料上去除支撑材料，而不会损坏成形件的表面精度。这样就有利于加工出具有结构复杂、样式独特同时纹路较浅的复杂成形件。

(5) 其他性能

由于支撑材料在最终成形制品中需要去除，所以为了提高3D打印成形速度，可以适当提高支撑部分的打印速度，这就要求支撑材料具有良好的流动性；对于制丝要求方面，支撑材料需要保证制作的线材表面光滑、直径均匀和内部密实等特征，同时为了后期更好剥离，材料需要较好的韧性。1992年，美国Stratasys公司第一次开发出了剥离性支撑材料，与利用成形材料做支撑相比，此种材料剥离简单，对制品表面质量的伤害较小。

3.2.3 水溶性支撑材料

水溶性支撑材料一般由亲水的极性聚合物材料制成，该类材料的分子链上一般含有亲水性基团，如氨基、羟基、羧基、环氧基等，这是树脂材料具有水溶性的基础，除此之外，还需使材料具有打印所要求的流动性、黏结性以及必要的力学性能。现阶段，熔融沉积成形所采用的聚合物材料主要是两大类：丙烯腈-丁二烯-苯乙烯共聚物（ABS）和聚乳酸（PLA）。两者的打印温度都在200℃左右，由于打印制品和支撑材料之间及打印机的两个喷头之间存在热传递效应，所以支撑材料的温度特性也应类似于ABS和PLA。纵观聚合物材料中，能同时满足以上条件的材料主要有聚乙烯醇（PVA）树脂和丙烯酸类共聚物，这也是当下研究热门的两种水溶性支撑材料。

熔融沉积成形过程中需要有具备底切或悬垂特征的支撑结构以支撑所打印的零件，而打印完成后支撑的移除一直是成形后处理的一个重要步骤。如图3-3所示，Park等提出了一种利用过氧化氢氧化降解现象去除FDM产品支撑部分的高效快速的方法。由于过氧化氢在水中的溶解速度是聚乙烯醇材料的两倍，因而在水溶性效果方面能够进一步提升，他们将超

图3-3 物理化学结合法速溶聚乙烯醇材料效果

声波（物理法）与过氧化氢与聚乙烯醇的反应性（化学法）结合，达到两倍速率的溶解性，若外部有支撑则可能达到四倍速率。此外，还从力学强度和形状几何等方面确定了物理化学反应协同法的适用性。这些结果共同表明，该方法有潜力提高支架拆除过程的生产率，克服复杂形状难处理支架的障碍。

3.2.3.1 PVA类水溶性支撑材料

PVA因分子链上大量羟基的存在，使得材料具有了良好的水溶性和黏结性能，再加上材料的力学性能也较好，所以，在此基础上常采用PVA作为水溶性支撑材料。但是PVA分子链上大量的羟基存在也使其内部和分子间易形成氢键，导致结晶趋势增加，材料的熔融温度超过分解温度，进一步加大了在熔融状态下的加工难度，所以要获得良好的成形材料，需要在降低PVA的熔融温度的基础上提高它的稳定性。

聚乙烯醇（PVA）是水溶性聚合物，无毒且具有良好的生物相容性，是一种极安全的可生物完全降解的环保材料，纯PVA在冷水中部分溶解，在80℃的水中完全溶解。有微酸性气味，高温下易分解或脱水碳化，打印温度最好不超过200℃并且打印结束时用其他材质的丝材将喷头中的PVA丝替换，以避免下次使用时喷头堵塞。Kuraray公司调整PVA的醇解度和分子量，开发专用的热塑性PVA，具有吸湿性低、流动性好的特点，适用于PLA、TPU、PETG等材料的支撑。日本三菱旗下的Verbatim公司开发出聚丁烯醇（BVOH）水溶性支撑材料，可采用与PLA同样的速度打印。银禧科技是国内为数不多的水溶性支撑材料生产厂家，他们提出的新型PVA水溶性支撑丝材，解决了制备过程中两项关键技术：①聚乙烯醇共混改性技术，通过添加不同种类及用量的增塑剂、热稳定剂等助剂对PVA进行共混改性，使PVA的熔融加工得以实现；②多段式变螺距双螺旋风冷装置，制备出线径均匀、外观质量良好的PVA水溶性支撑丝材，经FDM打印测试，PVA丝材打印性能良好，在水中溶解速度快，支撑物去除方便，打破了国外对水溶性丝材的垄断。

Stratasys公司2015年推出一款新型可溶性支撑材料SUP706，将3D打印件的后处理过程简化成了两步——浸泡和冲洗，提高了生产效率，并降低了生产成本，为打印具有复杂结构的对象减少了打印难度。

3.2.3.2 丙烯酸类共聚物水溶性支撑材料

丙烯酸类共聚物是以丙烯酸酯和甲基丙烯酸酯为主要原料合成的树脂材料，它的水溶性与其羧基含量直接相关，在合成过程中调整丙烯酸酯和甲基丙烯酸酯的含量即可获得应用于涂料、油墨、金属精饰等方面的产品。目前，丙烯酸类共聚物主要为由溶液聚合和乳液聚合得到的液态产品，固体产品相对较少，且一般用作增稠剂，不能挤出成形。如要将丙烯酸树脂用作3D打印支撑材料，需要调整丙烯酸类共聚物的合成配方和工艺，以改善共聚物的流变性能，使其能够熔融加工成形。

将丙烯酸类共聚物用于3D打印材料是丙烯酸树脂应用的新方向，目前研究较多的有Belland、BASF、Degussa等公司，它们已经推出了一些适于3D打印的水溶性丙烯酸类共聚物，随着3D打印技术的发展，国内外对丙烯酸类共聚物的研究将会更加深入。

3.3 FDM用ABS丝状材料

3.3.1 ABS树脂简介

(1) ABS的结构

ABS (acrylonitrile butadiene styrene copolymers) 是丙烯腈 (A)-丁二烯 (B)-苯乙烯 (S) 的三元共聚物。聚苯乙烯-丙烯腈共聚形成SAN连续相，聚丁二烯橡胶相通过与部分单体接枝以实现与SAN基体间必要的界面黏结并促使橡胶相均匀分散于基体中。丙烯腈赋予ABS树脂化学稳定性、耐候性、耐热性、硬度及拉伸强度；丁二烯组分赋予树脂韧性和耐低温性能；苯乙烯使其具有良好的介电性能，并呈现良好的加工性和表面光泽性等。三种单体比例可以在很大范围内进行调整，一般常用质量比例范围是丙烯腈25%～35%，丁二烯25%～30%，苯乙烯40%～50%。

(2) ABS的主要性能

① 力学性能　根据合成工艺及成分不同，ABS外观在透明-半透明-象牙色之间变化。密度为1.05～1.18g/cm^3，收缩率为0.4%～0.9%，拉伸模量1.93～1.98GPa，泊松比值0.422～0.431。ABS冲击强度较好，室温冲击强度在400J/m左右，在－40℃的极低温度下仍能维持在120J/m以上；ABS的拉伸强度在33～52MPa，断裂伸长率在5%～70%；洛氏硬度在88～112之间；ABS的耐蠕变性比PSF及PC好，但比PA及POM差；ABS的耐磨性较好，虽然不能用作自润滑材料，但由于良好的尺寸稳定性，可用于中等载荷和转速下的轴承。ABS的典型性能如表3-1所示。

表3-1　ABS的典型性能

项目	通用型	中抗冲型	高抗冲型	耐热型	电镀型
相对密度	1.02～1.06	1.01～1.05	1.02～1.04	1.04～1.06	1.04～1.06
拉伸强度/MPa	33～52	41～47	33～44	41～52	38～44
伸长率/%	10～20	15～50	15～70	5～20	10～30
弯曲强度/MPa	68～87	68～80	55～68	68～90	69～80
弯曲弹性模量/GPa	2.0～2.6	2.2～2.5	1.8～2.2	2.1～2.8	2.3～2.7
悬臂梁冲击强度/(J/m)	105～215	215～375	375～440	120～320	265～375
洛氏硬度(R)	100～110	95～105	88～100	100～112	103～110
热变形温度(1.82MPa)/℃	87～96	89～96	91～100	105～121	95～110
线膨胀系数/($\times10^{-5}$℃$^{-1}$)	7.0～8.8	7.8～8.8	9.5～11.0	6.4～9.3	6.5～7.0

② 热学性能　ABS的热变形温度为93～118℃，制品经退火处理后还可提高10℃左右。ABS脆化温度为－7℃，但在－40℃时仍能表现出一定的强度，可在－40～100℃的温度范围内使用。相较其他热塑性材料ABS的线膨胀系数较小，其值在（6.4～11.0）×10^{-5}℃$^{-1}$。熔融温度217～237℃。热分解温度250℃左右，高温分解时产生有毒有害的物质，3D打印ABS时应做好防护措施。未添加阻燃剂的ABS易燃且无自熄性。ABS的熔程较宽，随三种组分含量的不同，在200～250℃范围内变化。ABS的流动特性属非牛顿流体，其熔体黏度与加工温度、剪切速率都有关系，但对剪切速率更为敏感，3D打印过程中即使喷头温度有较小波动时，对其挤出过程的影响也不大。ABS的表观黏度与剪切速率和温度的变化关系如图3-4所示。总体而言，ABS熔体的流动性比PVC和PC好，但比PE、PA及PS差，与POM和HIPS类似。

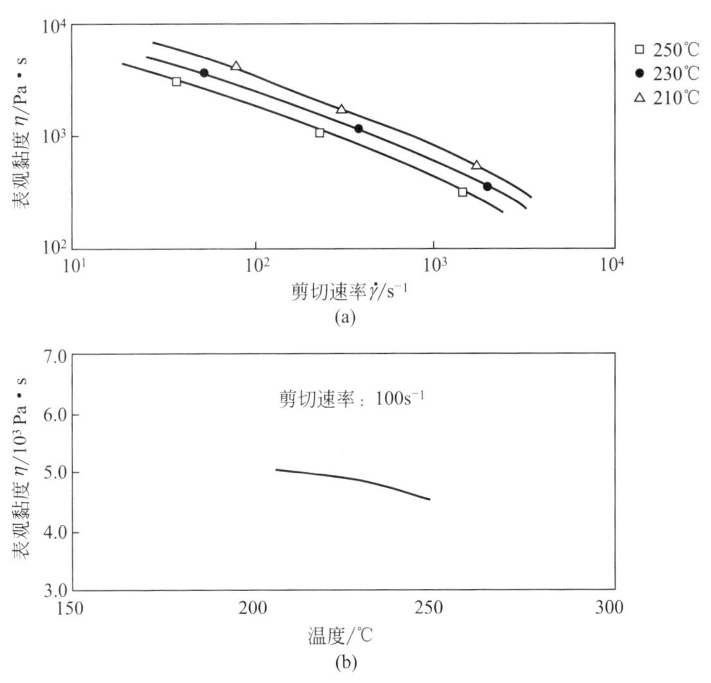

图3-4　ABS表观黏度与剪切速率和温度的变化关系

③ 电学性能　ABS的电绝缘性较好，受温度、湿度和频率的影响较小，可在大多数环境下使用。其电性能数据如表3-2所示。

表3-2　ABS的电性能

项　目	60Hz	10^3Hz	10^6Hz
介电常数(23℃)	3.73～4.01	2.75～2.96	2.44～2.85
介电损耗角正切(23℃)	0.004～0.007	0.006～0.008	0.008～0.010
体积电阻率/Ω・cm		(1.05～3.60)×10^{16}	
耐电弧性/s		66～82	
介电强度/(kV/mm)		14～15	

④ 化学性能　ABS耐化学腐蚀性能较好。几乎不受水、稀酸、稀碱及无机盐的影响，但可溶于酮、醛、酯和氯代烃中；不溶于乙醇等大部分醇，但在甲醇中会浸泡会软化；虽不溶于烃类溶剂，但与烃类溶剂长期接触会发生溶胀。在冰醋酸、植物油等侵蚀下会产生应力开裂；ABS在紫外线的作用，容易变黄且强度降低。

⑤ 安全性　大部分ABS是无味、无毒的；但在部分回收料中，因杂质引入造成ABS分解而产生有毒有害物质。ABS是一种易燃的聚合物材料，其水平燃烧速度很快，约为2.5～5.1cm/min，燃烧时火焰呈黄色并伴有大量黑烟，离火后仍继续燃烧，燃烧后塑料软化、烧焦，但无熔融滴落，有特殊气味。ABS在使用过程中容易受到温度、氧气及机械因素的影响，吸收能量后自身由稳态达到激发态，产生大分子自由基，自由基极易与氧气发生反应生成氧化自由基，过氧化自由基引发树脂进一步反应生成氢过氧化物，而氢过氧化物又会反过来催化ABS的降解，使得自由基链段不断增长。此外，生产过程中使用的催化剂和表面活性剂等加工助剂残余的存在，使得聚丁二烯相的电子从分子链中转移，宏观表现为树脂发生降解老化，制品泛黄褪色，使用寿命大大缩短。

(3) ABS的主要制备方法

目前工业化的ABS树脂生产技术可分为乳液接枝聚合法、乳液接枝掺混法和连续本体聚合法三大类，其中乳液接枝掺混法又细分为乳液接枝-乳液SAN掺混法、乳液接枝-悬浮SAN掺混法和乳液接枝-本体SAN掺混法。这3类ABS树脂工业生产技术综合评价见表3-3。

表3-3　ABS工业生产技术综合评价

项目	乳液接枝聚合法	乳液接枝掺混法			连续本体聚合法
		乳液SAN掺混	悬浮SAN掺混	本体SAN掺混	
技术水平	已落后，仍生产	效益差，仍生产	广泛应用	大力发展	尚不完善
投资	中等	较高	较高	中等	最低
反应控制	较容易	容易	容易	容易	困难
设备要求	聚合简单	聚合简单	后处理复杂	后处理复杂	简单
热交换	容易	容易	容易	较容易	困难
后处理	复杂	复杂	复杂	复杂	简单
环保	差	差	较差	中	最好
发展趋势	淘汰	无发展空间	仍有发展空间	主要方向	前景广阔、有待完善
品种变化	品种可调	品种灵活	品种灵活	品种灵活	品种少
产品质量	含杂质较多	含杂质较多	含一定量杂质	含杂质较少	产品纯净

① 乳液接枝聚合法　此法分为两步：第一步在胶乳聚合釜中制造聚丁二烯胶乳；第二步在接枝聚合釜中时苯乙烯和丙烯腈接枝到橡胶主链上去。

② 乳液接枝掺混法　将制得的聚丁二烯胶乳、水、部分苯乙烯和丙烯腈单体加入接枝聚合釜中进行接枝聚合。然后将所剩的苯乙烯和丙烯腈单体加入另一聚合釜中进行乳液聚合。然后再将上述两种乳液掺混，再经凝聚、离心洗涤、干燥、造粒获得最终产品。因为

ABS 三种成分均可以制备成乳液，因此不同的乳液组合方式进一步衍生出不同乳液接枝掺混方法。

③ 连续本体聚合法　将橡胶溶于苯乙烯、丙烯腈和少量的溶剂中，通过加热，加入引发剂、分子量调节剂进行接枝聚合。苯乙烯和丙烯腈共聚物为连续相，接枝橡胶粒子成为分散相，反应物经脱挥、造粒得到本体 ABS 产品。

(4) ABS 的主要用途

ABS 具有较好的综合性能，广泛应用于汽车、电子电器、机械仪表、体育用品和玩具等领域。

① 汽车领域　汽车内饰件包括仪表板、仪器罩壳、排气口、控制器箱体、车门内衬、工具箱体、调节器手柄、开关、旋钮、导管等等；外装件包括挡泥板、扶手、格栅、灯罩、车轮罩、支架、百叶窗、标牌、镜框，甚至有部分车型的前后保险杠都是 ABS 塑料的。

② 电子电器　电冰箱、电视机、洗衣机、空调器、计算机、复印机和吸尘器等各种大小家用电器的外壳。

③ 机械仪表　ABS 可用于制造机械设备的外壳和部分机械零部件，如电机外壳、仪表箱、水箱外壳、蓄电池槽、齿轮、轴承、泵叶轮、手柄、螺栓、盖板、衬套和紧固件等。

④ 其他　儿童玩具如乐高积木、乐器，行李箱及包装盒，体育用品及农机、农具，建筑管材或板材等。

(5) ABS 的主要成形方法

ABS 具有良好的加工性能，可进行注塑、挤出、吹塑、发泡、热焊接，还可以通过机械加工和黏结成形。注塑和挤出都是将塑料在高温熔化后，通过螺杆挤压输送到模具中形成特定的形状。注塑可以调整模具获得各种复杂形状的物体。挤出成形模具相对简单，多用于管材、片材和棒材等的加工。3D 打印成形也属于挤出成形的一种。3D 打印相对于传统挤出加工而言，挤出设备本身是可以灵活运动的，通过挤出设备与成形平台的相对运动，将原本简单的丝状结构盘绕成复杂的零部件。但其在水平和垂直方向上，成形件的力学性能存在较大的差异。吹塑成形是以高压气体作为驱动力，将熔融态下具有塑性的熔体吹到模具中，一般用于中空产品的制备。发泡是在致密的块体中可控引入一些气孔结构，多用于降低产品重量，提高抗冲击性和减震性能。发泡技术又可以分为物理发泡和化学发泡。热焊接是在高温下，将半熔融的制品通过机械压力连接在一起，根据热源不同，又可以分为红外热焊接和超声波焊接。机械加工主要是通过钻、磨、刨、铣等工艺将大块材料加工成所需的零件，多用于手板加工行业。黏结成形就是采用黏结剂或者溶剂将独立的部件连接成一个整体。根据不同材质、强度和外观需求，可以选择合适的黏结剂。

(6) ABS 的主要厂家及常用牌号

1947 年，美国 United Stades Rubber 公司首先采用机械共混的方法实现了 ABS 的工业化生产。近年来，随着全球产业结构的调整，目前 ABS 的生产重心已经从欧美向亚洲转移。截至 2011 年底，各主流厂商的产能如表 3-4 所示。

国内 ABS 生产起步较晚，但是增速远高于同期其他地区。目前我国主流厂商产能如表 3-5 所示。

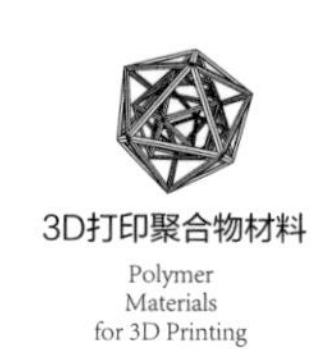

表 3-4　国外主要 ABS 生产厂商及产能

生产企业	产能/(万吨/年)	生产企业	产能/(万吨/年)
朗盛公司	93	陶氏化学公司	34
巴斯夫公司	68	日本 TPC 公司	30
SABIC 公司	65	韩国锦湖公司	30
韩国 LG 公司	60	合计	425
Cheil Industries(三星)公司	45		

表 3-5　我国主要 ABS 生产厂商及产能

生产厂家	生产能力/(万吨/年)	技术来源
LG 甬兴化工有限公司	70	韩国 LG 公司
镇江奇美实业公司	70	台湾奇美实业公司
吉林石化公司	18	JSR 公司
台化塑胶(宁波)有限公司	30	台湾化学公司
天津大沽化工有限公司	20	沙特基础公司
上海高桥石化公司	20	DOW 公司
盘锦乙烯工业公司	19	韩国新湖公司、DOW 公司
大庆石化公司	10	韩国味元公司
新湖(常州)石化公司	7	韩国新湖公司
上海华谊聚合物有限公司	4	
兰州石化公司	2	日本瑞翁公司
台湾奇美实业公司	100	
台塑集团公司	41	
合计	411	

3.3.2　3D 打印 ABS 常用分析检测技术

对于塑料而言，常用的检测项目包括力学性能、老化性能、耐溶液性能、燃烧性能、适用性能、工艺参数和微结构检测等。其中力学性能包括密度、硬度、拉伸性能、冲击性能、撕裂性能、压缩性能、黏合强度、耐磨性能、低温性能、回弹性能等；老化性能包括热老化性能、臭氧老化性能、紫外灯老化性能、盐雾老化性能、氙灯老化性能、碳弧灯老化性能和卤素灯老化性能等；耐液体性能包括耐润滑油、汽油、机油、酸、碱、有机溶剂、水等性能；燃烧性能包括垂直燃烧性能、酒精喷灯燃烧性能、巷道丙烷燃烧性能、烟密度、燃烧速率、有效燃烧热值、总烟释放量；适用性能包括耐液压性能、脉冲试验性能、导电性能、水密性、气密性等；工艺参数包括熔体流动速率、黏度、收缩率、熔融温度、分解温度、结晶温度等；微结构检测包括形貌、成分、功能基团检测等。目前，3D 打印 ABS 关注的重点主要在于工艺参数、力学性能和微结构检测。对于老化、燃烧、适用性等研究相对较少。3D打印ABS常用检测技术如下。

(1) 微观形貌检查

目前3D打印中常用的微观形貌观测工具有两种：光学显微镜和扫描电镜。FDM的打印精度一般在0.1mm左右。采用光学显微镜观测完全能够满足精度要求，光学显微镜观测时制样也比较简单，对样品的导电性也没有特殊要求。形貌观测主要用于研究打印件的孔隙率、层间结合情况、层间相邻丝之间的颈缩程度、打印丝排列情况。通过孔隙率、层间结合以及颈缩程度，可以大致估计打印件的机械强度。从打印丝的排列情况，可以预测打印件的翘曲变形程度。对于复合材料成形，形貌观测主要看各组元的分布、纤维取向、断裂过程中纤维的拉出特征等，通过这些观测，可以推断成形及测试过程中的应力分布情况。

(2) 热分析

热分析是在程序控制温度下，测量物体的物理性质随温度变化规律的一类技术。常用的热分析方法有：差示热分析（DTA)、热重/微商热重分析（TG/DTG)、差示扫描量热分析（DSC)、热机械分析（TMA）和动态热机械分析（DMA）等。在3D打印中，DSC一般用于熔融、结晶温度和玻璃化转变分析，给出加工温度，特别是基板温度的设定范围。TG/DTG一般用于热分解温度过程的研究，对于ABS体系，在有无机添加物时，其分解特征会显著变化。DMA是在一定频率的驱动力下，以一定的升温速率将样品缓慢加热，在这个过程中记录样品的损耗模量和储能模量。高聚物在外力作用下，一般同时具有弹性和黏性运动，其中弹性运动能量是可逆的，类似弹簧在外力作用下拉伸，松开外力后又会自然回弹；黏性运动将机械能转化为内能，能量不可逆。储能模量和损耗模量分别对应弹性应变能和能量耗散。它主要用于评价材料的高温使用特性。

(3) 力学性能检测

在3D打印中，目前力学性能测试集中在拉伸、弯曲和冲击这三项上。通过拉伸试验，可以获得拉伸强度、拉伸-断裂应力、拉伸-屈服应力、拉伸应变、断裂拉伸应变等指标。可以反映出材料的荷载能力、软硬程度等。弯曲试验主要用于测定脆性和低塑性材料的弯曲强度并能反映塑性指标的挠度。冲击测试又称冲击韧性试验，验证测试件在经受外力冲撞或作用时的可靠性和有效性。一般力学性能测试都是多种测试手段综合测量的结果。

(4) 熔体流动速率及流变性能检测

熔体流动速率表示塑胶材料加工时的流动性。它是在一定温度及压力下，熔化后的塑料通过一定直径的圆管所流出的重量与时间的比值。它是3D打印过程中的一个重要指标，熔体流动速率太低，熔体挤出困难，加工效率低且容易造成溢料或堵喷头，打印无法继续。熔体流动速率反映的是一个相对静态的指标。与之对应，流变性能测试主要是测试塑料熔体的剪切黏度随剪切速度的变化规律，它反映的是一个动态变化过程，对3D打印速度的设定具有重要参考意义。

(5) 微结构及成分分析

主要测试方法包括广角X射线衍射分析、红外光谱分析、拉曼光谱分析和核磁共振分析等，主要用于晶态材料的分析和检测，对于ABS这种非晶材料，这些方法多用于复合材料的分析和测试。

3.3.3 ABS常用复合材料体系

(1) PC-ABS复合材料

聚碳酸酯（PC）是一种综合性能优良的热塑性工程塑料，具有耐高温、阻燃性和电绝缘性好、尺寸稳定、无毒无味等特性，广泛应用于汽车、医疗器械、电子电器、光学透镜、光盘制造等行业。但是PC也存在熔体黏度高、流动性差、对缺口敏感、易应力开裂、耐有机化学品性能差、价格偏高等缺点，这限制了它在诸多领域中的应用。

通过将PC和ABS熔融共混制备的PC-ABS复合材料，综合了两种聚合物的优良性能，改善了PC和ABS在某些性能上的不足。与纯PC相比，PC-ABS复合材料流动性提高，加工性能更佳，制品应力敏感度下降；与纯ABS相比，PC-ABS复合材料的力学性能、耐热性、阻燃性能都有显著提高。

(2) PET-ABS复合材料

聚对苯二甲酸乙二酯（PET）具有较好的力学性能和电性能等优点，但也具有许多缺点，比如低温冲击强度较差而ABS不仅有良好的韧性，而且其热变形温度较低，耐有机溶剂性能好，将ABS与PET共混，合成的塑料合金制作成本小，而且还能拥有ABS与PET的优点，达到改性的目的。PET树脂是一种结晶性塑料，它的高拉伸强度、耐化学溶剂和耐热性，正好弥补了ABS树脂的缺点，但两者之间需要进行增容。

(3) PA-ABS复合材料

聚酰胺（尼龙，PA）具有耐磨、耐溶剂、熔体黏度低和使用温度范围宽等优点，但存在吸水性强、低温和干态冲击韧性差等缺点。将PA6和ABS进行共混，可改善聚酰胺韧性，又能保持PA6的耐热和耐油等性能。

(4) PVC-ABS复合材料

PVC虽然刚性好而且强度高、阻燃性好、耐腐蚀、电气绝缘性好，但是加工性能很差，缺口冲击强度和热变形温度低，脆性大，而这些正好可以和ABS树脂相互取长补短，与有较高的冲击强度与表面强度、较高的变形温度、良好的尺寸稳定性的ABS混合，是很受现代工业重视的合金。

(5) ABS-玻璃纤维复合材料

以丙烯腈-丁二烯-苯乙烯共聚物（ABS）及玻璃纤维（GF）为原料，以环氧树脂作为界面相容剂，研究了界面相容剂对玻璃纤维增强ABS复合材料力学性能及界面粘接的影响。结果表明：加入环氧树脂，玻璃纤维增强ABS复合材料的力学性能明显提高；随着玻璃纤维质量分数的增加，复合材料的拉伸强度、弯曲强度、冲击强度均逐渐增加。玻璃纤维质量分数为30%时，GF-ABS-环氧树脂复合材料的拉伸强度比未改性的复合材料的拉伸强度提高了30%，弯曲强度提高了25%，冲击强度也提高了50%。还有研究人员采用无机纳米晶须如硫酸盐晶须和矿物纳米晶须改善ABS的力学性能。

(6) ABS基功能复合材料

ABS良好的综合性能和低廉的价格，使其成为功能复合材料常用基体材料之一。如采用硅烷偶联剂 KH550 改性炭黑（CB），浓硝酸氧化碳纤维（CF），将表面处理前后的炭黑和碳纤维与丙烯腈-丁二烯-苯乙烯（ABS）树脂通过混炼挤出，可制备电磁屏蔽复合材料。或者通过 ABS 中引入 AlN 提高复合材料的导热性能与抗静电性能。目前有机-无机材料复合已经成为 ABS 复合材料制备领域的研究热点之一。

3.3.4 ABS 3D 打印研究进展

(1) 3D 打印用丝状 ABS 材料的制备

3D 打印对材料加工性能有一些特殊的要求。首先，因为 3D 打印的喷嘴直径毕竟小，一般在 0.4mm 左右。为了保证熔体能够顺畅挤出，要求塑料在高温熔化后有较好的流动性，保证材料能够顺利挤出。其次，在 3D 打印过程中，对于外表面和内部，打印速度不一样，而且在跨区打印时，还涉及丝材的回抽。整个打印过程中，速度变化比较明显，为保证打印的一致性，又要求材料在熔融状态下流变特性对剪切频率的依赖程度较低。另外，打印过程中，速度频繁变化，散热与加热一直需动态调整，因此温度会在一定的范围内波动。这就要求打印材料具有较宽的加工温度区间，也就是在一定的温度范围内，材料的流变特性不会发生显著变化。最后，打印过程中，出料比较细，冷却速度比较快，堆积成形过程中，一般为自然冷却过程，对于大型打印件，中心部位和边界部位存在冷却速度不一致的情况，容易出现因收缩不均匀导致的打印件变形甚至打印失败。因此，要求打印材料具有较低的热膨胀系数。

目前，研究 3D 打印领域应用最广的材料是 ABS 和聚乳酸（PLA），聚乳酸打印对环境温度不敏感，打印精度高，打印过程无异味，而且 PLA 生物兼容性比较好，但 PLA 耐温性较低，使用温度一般在 50℃以下，多用于教育和文创产品的打印。相对 PLA 而言，ABS 的耐热性、抗冲击性能、耐化学腐蚀性能、色彩鲜艳度更好，多用于工业产品原型件的 3D 打印加工。但 ABS 在打印过程中，容易出现翘曲变形，导致打印件精度变差，并且当材料本身的收缩变形达到一定程度后还会在打印件中产生较大的内应力，甚至会引起打印制件的开裂。因此，有研究从设备改进、工艺优化和材料改性角度提高成形件的精度和强度。

目前，大部分 FDM 用 3D 打印塑料丝材采用双螺杆混料加双螺杆挤出的形式制备。利用双螺杆高剪切速度的特性，将改性材料与 ABS 充分混合均匀，挤丝、冷却、干燥切粒后再利用单螺杆挤出压力大的特性，将材料通过模具后挤出成丝，然后通过水冷或者风冷的方式快速定型，结合线径仪监控数据实时调整丝材的牵引速度，从而实现小范围内调整丝材直径的目的。

陈涛等对 ABS 本身三种组元的配比对 3D 打印成形的影响进行了深入研究，发现随着 ABS 中聚丁二烯含量的增加，打印制品热收缩率各向异性降低，制品的翘曲变形减小。乔雯钰等分别以无机填料碳酸钙和短切玻璃纤维为改性填料，通过挤出成形制备 ABS 丝材，利用无机填料热膨胀系数小和无机填料的钉扎作用，在降低打印件收缩变形的同时，提高打印件的拉伸或冲击强度。另外还有研究人员采用无机矿物作为填料，作用与此类似。有研究人员在 ABS 中添加高导热的鳞片石墨、纳米碳管、碳纤维、石墨烯或者金属粉体，提高基体的导热性能，降低成形过程中的温度梯度，防止因冷热收缩不均导致内应力集中而产生打印件翘曲变形。该方法不仅可以提高材料的热导率，而且还能提高材料的力学强度和抗静电性能。但是，无机填料的添加会使材料的韧性降低，流动性变差，因此有研究人员通过改变无机填料的形貌，采用球形的玻璃微珠或者球形金属微粉，提高熔体的流动性，但该方法对提高韧性效果甚微。

方禄辉采用热塑性弹性体苯乙烯-丁二烯-苯乙烯塑料（SBS）对ABS进行熔融共混改性，研究了两种不同结构SBS及其用量对ABS/SBS共混物流变性能和力学性能的影响。流变实验结果表明，ABS/SBS共混物的流动性明显变好，流变性能的剪切频率依赖性变弱，低频下熔体强度升高。共混物的韧性、弯曲强度和拉伸强度都有明显提高。采用ABS、苯乙烯-乙烯-丁烯-苯乙烯嵌段共聚物SEBS、超高分子量聚乙烯UHMWPE三元体系，通过配方优化，材料韧性、弯曲强度和拉伸强度较二元共混又有了显著提升。

除了改善3D打印ABS材料的流变特性和热收缩性能外，还有研究人员研究以ABS为基体，制备具有特定功能的复合材料。如在ABS中添加纳米银，形成具有抗菌功能的复合材料。或者通过在ABS上接枝聚乙二醇二甲基丙烯酸酯PEGMA，形成具有表面亲水性和生物相容性的ABS-*g*-PEGMA复合材料。通过与形状记忆合金、聚二甲基硅氧烷PDMS复合，可显示出光敏材料与柔顺材料特性，能实现大的弯曲或扭曲变形。

3D打印件由于力学性能具有各向异性，层间结合力较弱，综合力学性能还有待提高。将ABS与其他高强度塑料复合有望提高成形件的力学性能。目前，在众多复合材料中，PC-ABS是性能较突出的一个系列。Mohamed等研究了不同打印参数对PC/ABS合金动态机械性能的影响，减小空气间隙，成形件动态力学性能显著增强，但PC与ABS的相容性较差。因此，汪艳等采用马来酸酐接枝ABS，提高PC与ABS的相容性。打印件的力学性能，特别是冲击性能获得显著增强。

（2）3D打印ABS成形性能研究

FDM成形过程中，模型设计、成形材料、设备性能、环境、工艺参数等因素都会影响打印件的质量。实际加工过程中，打印路径（光栅方向）、线宽、分层厚度、气隙、壁厚、环境温度、打印头温度、冷却速度、打印速度等参数对成形件的性能影响尤为显著（图3-5）。

S. H. Ahn等研究了工艺参数光栅方向、气隙、分层厚度、模腔温度等因素对打印产品性能的影响。结果表明：栅格角度与气隙是影响拉伸强度的主要因素；当栅格角度为45°/−45°交叉或0°/90°交叉，气隙为−0.003时，打印件具有最优的拉伸强度，并能够达到注塑件的65%～72%。然而，工艺参数对试样压缩强度的影响并不明显。S. Dinesh Kumar等研究了分层厚度、气隙、光栅宽度、线宽、光栅方向等5个工艺参数对打印件表面精度的影响。研究发现，当分层厚度较小时能提高产品表面的精度。姜鑫等研究了环境温度对ABS打印性能的影响，环境温度分别为30℃、60℃、90℃时，环境温度越高，打印件越致密，内部缺陷越少。但环境温度也不能过高，一般不超过塑料的玻璃化转变温度，否则打印件容易变形，精度降低。刘晓军等研究了熔体压力、螺杆转速、打印速度和层高对熔体挤出速率和线宽的影响。研究结果表明：螺杆转速越快，熔体压力越大，熔体挤出速率和线宽越大；打印速度越快，层高越大，线宽越小。乔女采用有限元分析与实验验证相结合，研究了喷头温度、成形时温度和打印速度对打印过程中温场分布及其打印件宏观形貌的影响。正交铺层角度对FDM 3D打印ABS制品力学性能有较大影响。丁士杰等研究发现，等应变率加载下

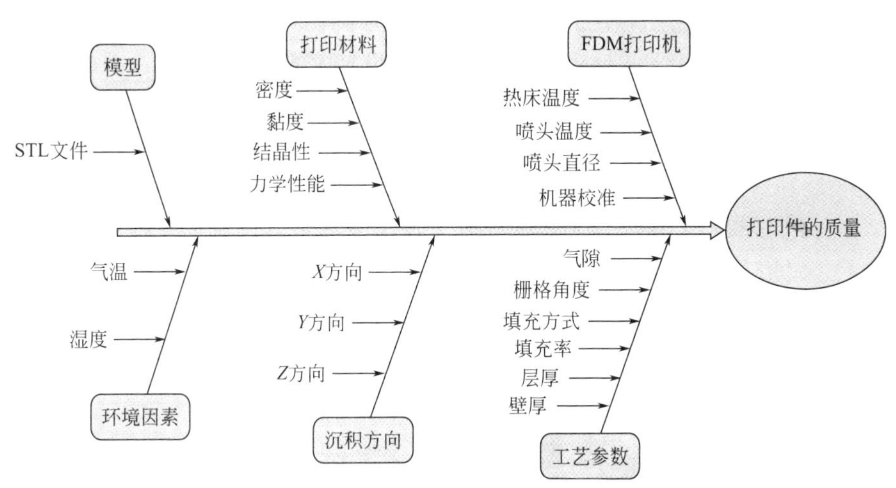

图 3-5　FDM 打印系统的主要影响因素及其参数

正交铺层角度为 15°/－75°时构件弹性模量最大，而不同铺层角的拉伸强度无明显变化；正交铺层角相同时，弹性模量和拉伸强度随着应变率增大而增大。喷头到基板的距离（气隙）显著影响打印件的成形表面粗糙度和层间结合力。王建郸等研究发现，当气隙在 0.083～0.2mm 之间变化时，表面粗糙度先降低后增加，当气隙距离为 0.1mm 时，成形件的表面粗糙度最小；层间结合力随着气隙的增大而减小。

3.4　FDM 用聚乳酸丝状材料

3.4.1　聚乳酸树脂简介

近几十年来，越来越多的传统聚合物材料产品在使用后成为固体废物，降解时间长达几十甚至上百年，使得越来越脆弱的地球生态系统雪上加霜。不仅如此，一些降解未完成的“微塑料”已被证明通过鱼类、水体、塑料包装等多种循环系统回到人体并产生毒副作用。因而亟需开发绿色环保的聚合物材料，不仅可替代传统的聚合物材料，并且能满足现代社会对聚合物材料的应用需求。

聚乳酸，中文别名聚丙交酯，英文名称 polylactic acid（PLA），是由含有一个烃基（—OH）和一个羧基（—COOH）的单一乳酸分子逐个脱水缩合形成的新型高聚合度热塑性聚酯材

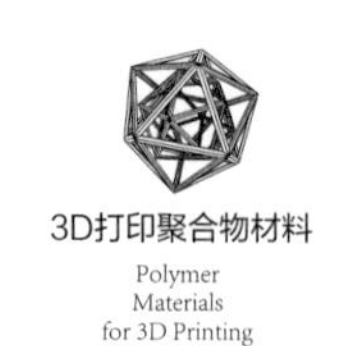

料。它集生物降解性、生物相容性和生物可吸收性等多种特性于一体，因具有较好的力学强度和热成形性而广泛应用于医疗、汽车、包装等领域，被誉为“迄今最有前途的可再生绿色聚合物材料”。无论从来源、制备，以及后续处理来看，聚乳酸都属于一种优良的绿色环保聚合物材料。

由于乳酸是自然界中最普遍的羟基酸，可从广泛存在的淀粉质农作物（例如玉米、稻谷、木薯等）原料中提取，因此聚乳酸的原料来源十分充足且可再生。聚乳酸的成形制备过程不存在污染。目前其制备过程包括直接缩聚法（一步法）、丙交酯开环聚合法（两步法）等。直接缩聚法的原理如图 3-6 所示。在锌化合物、质子酸、对甲苯磺酸、锡化物、卤化物等催化剂的作用下，通常在熔融态或溶液态下，乳酸分子间直接脱水酯化，逐步缩合为聚乳酸。

预聚合　缩聚　直接缩聚

图 3-6　直接缩聚法反应原理

丙交酯开环聚合法是将乳酸单体经过脱水环化合成丙交酯，将其反复提纯重结晶，通过开环聚合反应得到聚乳酸。其反应原理如图 3-7 所示。

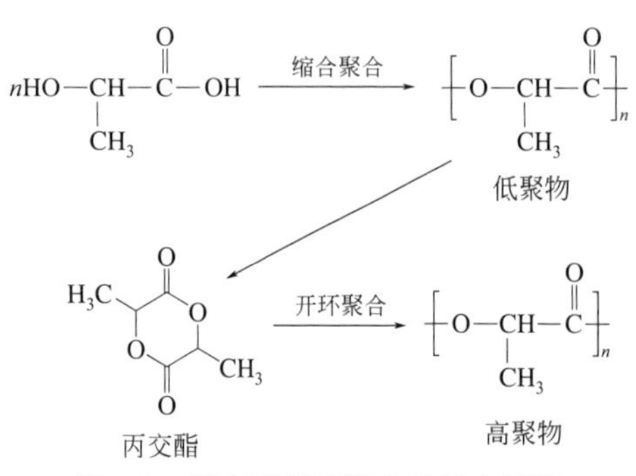

图 3-7　丙交酯开环聚合法反应原理

这两种方法的主要区别在于：直接缩聚法生成的聚乳酸分子量较低，但转化率高，工艺简单且价格低；丙交酯开环聚合法制备的聚乳酸分子量较高，但转化率低，工艺复杂且价格高。

聚乳酸产品能够生物降解，最终可实现全流程的绿色循环，因此是人们心目中理想的绿色环保聚合物。在理想的实验过程中，聚乳酸的生物降解一般遵循以下过程：水解分解与微生物分解。其中，水解分解是由于聚乳酸的结构中酯基键—COOR 容易发生随机断裂而产生羧基，羧基又可催化水解过程生成乳酸单体。尽管此过程并未遵循特定规律与顺序，但其非晶区域的水解比结晶区域的水解更为容易。因而水解过程会使得聚乳酸的结晶度逐渐上升，若希望延长聚乳酸的水解过程，可通过多种手段提升聚乳酸的结晶度。从另外一个角度而言，聚乳酸在水解及其之后分解的过程较为缓慢，因此实际中也可利用微生物（例如酯酶、蛋白酶 K 等）快速实现聚乳酸的快速降解。高佳等发现门多萨假单胞菌 DS04-T 可在 3 天内降解聚乳酸从而产生高达（511±12）mmol/L 的乳酸。在大量制备后乳酸广泛用于聚乳酸的再制备，以及食品、化妆、医药、包装、农产品等行业。图 3-8 所示为聚乳酸酯基键断裂机理。

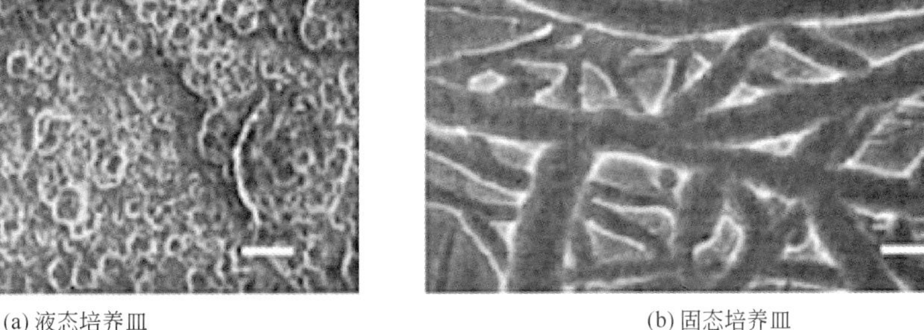

图 3-8　聚乳酸酯基键断裂机理

一般而言，不做特殊处理，在不受控的自然环境下，水解和微生物分解会同时或者交替作用于聚乳酸上，最终将其分解为水和二氧化碳，图 3-9 为聚乳酸在荒漠拟孢囊菌的作用下分解效果的电镜图片，在光合作用下，再次成为淀粉类农作物的成长成分。并且，聚乳酸生产过程中的能耗只有传统石油化工产品的 20%～50%，产生的二氧化碳只有石油化工产品的 50%，因此真正可以被称为是一种可循环利用的绿色环保材料。

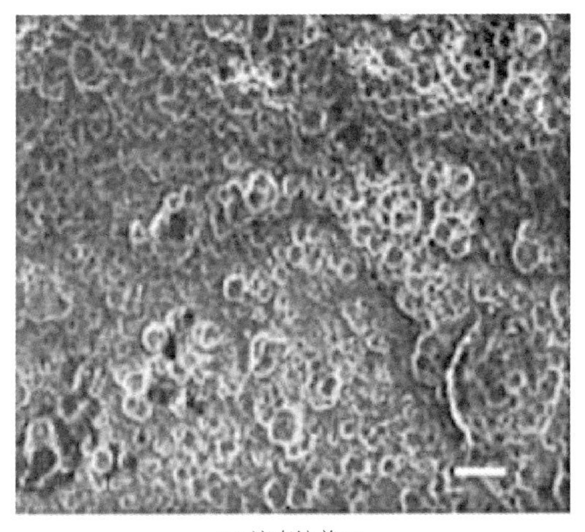

(a) 液态培养皿　　(b) 固态培养皿

图 3-9　聚乳酸薄膜微生物降解后的微观形貌

聚乳酸的生物相容性体现于其可在人体内经由酸或酶分解成乳酸，众所周知，乳酸作为细胞的一种代谢产物，可以被机体内的酶代谢，同样也生成二氧化碳和水。因此，聚乳酸对人体无毒无害无副作用，因此可作为植入人体的生物材料或者药物的缓释剂等。

3.4.2　聚乳酸改性

生产商较为青睐工艺简单、成本较低的直接缩聚法，但此法制备的聚乳酸分子量低，冲击韧性差，室温下呈现玻璃态，耐热性和韧性较差，难以满足实际应用的需求。这些缺陷以及功能化的单一严重地限制了聚乳酸的推广应用，因此国内外学者对其进行了多种改性研究。以下将分别从化学改性、物理改性、复合改性等三方面描述一下近年聚乳酸的改性情况。

3.4.2.1 化学改性

(1) 共聚改性

聚乳酸的共聚改性是通过加入不同含量的单体来提升已有性能，或者是因某种单体的加入使得聚乳酸获得特殊的性能。目前，聚乙二醇（PEG）、聚己内酯（PCL）以及氨基酸类等是常用此类改性方法的材料。

Rosen 等使用一种镁-六甲基二硅胺的复杂配合物在乙醇引发剂的作用下，室温催化活性的乳酸单体与ε-己内酯的聚合物，发现其反应活性异常高，并且能够发生精确共聚，但最终能够生成前所未见的左旋聚乳酸（PLLA）与聚（ε-己内酯)(PCL）立构规整嵌段聚合物。其中包括 PCL-*b*-PLLA-*b*-PDLA、PDLA-*b*-PLLA-*b*-PCL-*b*-PLLA-*b*-PDLA 等结构，都具有独特的热性能。

Poudel 等利用聚乙二醇-*b*-聚乳酸（PEG-*b*-PLA）超分子共聚物水凝胶束与环糊精-*b*-聚乙二醇（α-CD-*b*-PEG）胶束间的主客分子作用制备了配合物结晶型凝胶。通过流变学等方法研究凝胶动力学，发现可通过调节 α-CD 的浓度使得凝胶剪切变稀并能够自愈。可将阿霉素（DOX）封装入水凝胶并在生物体中持续释放，以抵抗海拉（Hela）细胞，其优越的流变性、自愈性以及药物载释效果意味着这种凝胶能够成为一种潜在的注射给药系统，可用于肿瘤治疗。

张文昊将 PEG 与聚乳酸通过熔融共混法制备共聚物，实验结果表明，聚乳酸分子链的移动能力因 PEG 的加入逐渐提高了，进而共聚物的冲击强度提高了 98%，结晶度也从纯聚乳酸时的 4.3%变到现在的 45.1%。同时，玻璃化转变温度也因 PEG 含量的增大向低温方向偏移，且发生的温度范围较宽。

何静以丙交酯、羟脯氨酸为原料，通过溶液-熔融聚合法合成聚乳酸-羟脯氨酸共聚物。研究了反应时的压强、催化剂质量分数以及各原料之间的配比对共聚反应的影响。由结果可知，聚合物获得最大黏度，分子量最高的实验条件是：压强 70Pa，催化剂质量分数为 3%，各原料之间摩尔比为 90∶10。数周后，材料的失重率为 10%，其亲水性和降解性均提高，是因为羟脯氨酸的加入使聚乳酸的接触角降至 32°。

(2) 交联改性

Zhou 等从废棉籽壳中提取纤维素纳米晶（CNCs），将其与过氧化二异丙苯（DCP）原位交联马来酸酐（MA）和聚乳酸（PLA）。实验发现马来酸酐接枝的纤维素纳米晶在聚乳酸中的分散性较好，且原位交联反应进一步为化学键合提供了强有力的连接。如此合成的 PLA/MA-CNCs 复合材料的拉伸强度达到了 56.3MPa，超过未交联的 PLA/CNCs 复合材料 73.2%。动态热机械分析表明，PLA/MA-CNCs 复合材料制备的薄膜无论在玻璃态（30℃）还是在橡胶态（80℃）都具有最高的储能模量。

Liu 等以单宁酸（TA）为绿色硫化剂，将环氧大豆油（ESO）加入聚乳酸中，动态硫化制备出超高硬度的交联 ESO/PLA 共混物。实验结果表明，ESO 与 PLA 间展现出分子效果的相容性，而调整 TA 与 ESO 的摩尔比，也会显著影响复合材料结晶行为。其中一组 10%TA-ESO（基于最终混合物）且含有—OH 基（环氧摩尔比为 0.8）添加入聚乳酸的复合材料，其断裂伸长率（242%）和拉伸韧性（57.4mJ/m^3）分别为单纯 10% ESO/PLA 合金的 7 倍和 4 倍；玻璃化转变温度和热稳定性随着 TA-ESO 交联密度的增加有所提升，但聚乳酸的结晶度略有下降。

顾龙飞等用马来酸酐接枝聚乳酸，探究了反应温度、时间、引发剂用量、马来酸酐用量等对接枝率的影响。结果表明，采用马来酸酐接枝聚乳酸与淀粉共混后，其玻璃化转变温度和吸水率均降低，表明接枝后的聚乳酸与淀粉之间有更好的相容性。这一点也可以从扫描电镜观察到的共混表面形态发现。

(3) 表面改性

张磊等针对强疏水性的聚乳酸纤维，运用聚乙烯吡咯烷酮（PVP）接枝到聚乳酸纤维表面。结果发现：在成功接枝了 PVP 的聚乳酸纤维（碱水解和酸水解）吸水率均有显著提升，分别为改性聚乳酸纤维吸水率的 6.44 倍和 8.97 倍。但是两者的接枝率不尽相同，酸水解的聚乳酸纤维接枝率要高于碱水解的聚乳酸纤维。

吴玲玲将氧化石墨烯/聚乙烯亚胺的多层膜（GO/PEI）沉积到聚乳酸基膜的表面以提高聚乳酸的阻隔性，聚乳酸膜的透氧性能也有效降低。而采用改性后的氧化石墨烯和 PEI 层层自组装到聚乳酸基膜，与原聚乳酸基膜相比，使聚乳酸薄膜的透湿量下降 40.73%。

3.4.2.2 物理改性

(1) 共混改性

颜克福等以 PEG、滑石粉共混改性聚乳酸，通过力学性能、微观结构、结晶性能的研究表明：共混改性后的聚乳酸的结晶度随着 PEG 含量的增加而增加，而薄膜的力学性能却逐渐下降。但是当加入滑石粉后，共混改性后的聚乳酸的结晶度和力学性能都得到改善，其中结晶度显著提高，最高可达 49.32%。

(2) 增塑改性

胡泽宇等以聚对苯甲酰胺（PBA）增塑改性聚乳酸，结果表明：加入 PBA 后能大幅度降低聚乳酸的玻璃化转变温度，从而改善材料的力学性能和加工性能。同时，PBA 与聚乳酸的相容性较好，125℃时的迁移率低于 0.7%。

3.4.2.3 复合改性

复合改性是根据聚乳酸材料本身的一些弱点与其他材料的一些优势进行复合，这样不但可以解决聚乳酸材料本身存在的一些缺陷，而且可以在一定程度上拓宽材料的应用范围，复合后的聚乳酸及其衍生物在生物相容性方面、亲疏水性方面以及拉伸性能方面都有明显的改善。

(1) 纤维复合改性

Araújo 等从废纺织品中提取棉纤维，表面用乙烯基三甲氧基硅烷（VTMS）、氨丙基三乙氧基硅烷（APTS）和三乙氧基硅烷（GPTS）等三种硅烷偶联剂进行交联改性以提高与聚乳酸的相容性。将改性后的棉纤维分别以 5%的质量分数与市售聚乳酸熔融共混。结果表明：酸处理会降低结晶指数，但热稳定性会极大提升，特别是经过两步法酸处理的棉纤维。核磁共振分析证实几种硅烷偶联剂可使纤维硅烷化。拉伸测试表明：相比纯的聚乳酸/棉纤维复合材料，棉纤维的表面硅烷化处理能够增加复合材料的杨氏模量和断裂应变。其原因主要在于硅烷偶联剂改善了棉纤维与聚乳酸的界面黏附性。此实验证明了采用合适的表面改性策略可将废棉织物作为填料在聚合物基复合材料中实现有效回收利用。

陈美玉等制备大麻纤维增强聚乳酸基复合发泡材料，探究了大麻纤维长度、添加量与复合发泡材料的力学性能的关系。结果表明：复合发泡材料的屈服应力大麻纤维长度指数函数的平方和添加量的平方均呈正相关。复合发泡材料的拉伸强度与添加的纤维长度、纤维添加量均呈指数正相关。且随着大麻纤维长度和大麻纤维添加量的增加，复合发泡材料的弹性模量均表现出上升的趋势，但是其断裂伸长率却变化不大。

(2) 无机材料

从可再生资源聚合物和无机材料中获得的生物聚合物复合材料因其具有生物活性、生物降解性等优越性能而拥有很大的潜力。Bindhu 等将质量分数为 0～4%的超声剥离氮化硼（BN）与酸性（PLA）样品通过溶剂浇铸法制备出聚乳酸/氮化硼复合材料薄膜。扫描电镜分析表明，随着 BN 添加量的增加，张力也随之持续增加，其中质量分数为 2%的 BN 复合材料的拉伸强度是纯 PLA 薄膜的 2.3 倍。此后 BN 的团聚导致了拉伸强度的下降。而 BN 的加入导致 PLA 的玻璃化转变温度的下降，原因主要在于添加的 BN 导致 PLA 分子链段运动性增强。由于机械性能的显著提升，此法制备的 PLA/BN 复合薄膜材料已可适用于工业包装。

马祥艳等采用同向旋转双螺杆挤出机制备了聚乳酸/纳米碳酸钙复合材料，研究了不同含量纳米碳酸钙对聚乳酸熔融与结晶行为、晶体形态及其力学性能的影响。结果表明：纳米碳酸钙在改善聚乳酸结晶速率、球晶尺寸分布方面效果明显，同时，冲击强度也有所提高，较纯聚乳酸提高了 13%。但当纳米碳酸钙的添加量超过一定数值时，反而会使复合材料的力学性能下降较多，实验得出纳米碳酸钙质量分数不能超过 5%。

3.4.3 聚乳酸丝材研究现状

3D 打印材料是 3D 打印的物质基础，在 3D 打印技术的进步与发展中起着至关重要的作用，目前，金属材料、陶瓷材料、聚合物和复合材料是 3D 打印材料的主要原材料，关于聚合物材料，其中热塑性树脂约有 77000 种，但可用于 3D 打印的却并不多。聚乳酸材料因其绿色环保的特性，受到国内外广大科研人员的青睐，已在塑料包装、生物医学、生活日用品等行业广泛应用。目前聚乳酸的 3D 打印成形工艺主要是熔融沉积成形（FDM）。打印温度在 180～220℃，可以在较低温度（低于 70℃）的支撑平板上有效成形，打印时不产生异味，具有较好的力学性能、弹性模量及热成形性，它的收缩率极低，即使打印大型零件也不会产生翘曲变形。但聚乳酸材料也存在不少缺陷：玻璃化温度低、脆性大、热稳定性差等。尤其是耐热性能差，限制了该类材料在增材制造领域的进一步推广和应用。为此广大国内外研究者对聚乳酸进行了大量的改性研究工作以致力于提高其可打印性。随着 3D 打印技术和聚乳酸材料的改进，这将会给 3D 打印行业带来巨大进步。

通过对聚乳酸进行增韧和增强改性，广东银禧科技股份有限公司推出 PLA plus 线材，具有低气味、更高的打印分辨率、优异的底板附着力等特征，改善了层间附着力，减少翘曲、卷曲和打印失败率，克服了 PLA 的脆性和不耐高温的缺陷。Polymaker 与美国 3D 打印机制造商 Type A Machines 合作开发出 Pro Matte 材料，较标准 PLA 线材轻 30%，以满足轻型模型的需求。荷兰 Colorfabb 公司将新型纤维增强 PLA 3D 打印材料命名为 Wood Fill Fine 和 Bamboo Fill，与传统的木材相比，其制件有独特的木质外观并减少了传统木材材质及纹理等对设计的限制。

近年来，柔性机器人领域的研究越来越受到人们的关注和发展。刚度调谐是柔性机器人的理想特性，因为它能够自适应地调节承载能力、形状，以及机器人的运动行为。Al-Rubaiai 等提出了一种基于 3D 打印导电聚乳酸（CPLA）材料的调谐方法，并对其进行了实验研究。通过 3D 打印法制备了一个具有刚性和形状（导电聚乳酸材质）的软性气动执行器（SPA）。此材料主要关注于 CPLA 的力学性能、热塑性和电气性能。结果表明：在高温下，材料的杨氏模量从室温下的 1GPa 降低了 98.6%，即 1GPa（25℃）降至 13.6MPa（80℃），但在材料冷却至其初始温度后又完全恢复；其玻璃化转变温度是 55℃，在这个温度下，它的杨氏模量是室温下的 60%。在此物理性能满足条件后，运用有限元模拟法模拟此材料三维堆叠后的软性气动执行器的运行规律，并进行了弯曲验证试验。结果证明 SPA 可有效实现刚度和形状的调整与控制。而一旦压力输入消失，软性气动执行器也可以承受载荷的状态，保持形状不变。

聚乳酸是电气绝缘体，且机械强度低，Wang 等为了拓展聚乳酸的应用场景，通过在聚乳酸中添加石墨烯纳米板（GNPS）制备出复合材料，应用于 3D 打印场景。他们将 GNPS 通过异丙醇（IPA）液态剥离并将其与聚乳酸于液相状态中分散于氯仿。结果发现：相比纯聚乳酸，GNP-PLA 复合材料的拉伸强度提高 44%，最大应变提高 57%，即使在 GNP 阈值质量分数低于 2%时，比如 GNP-PLA 复合材料能在 GNP 阈值质量分数为 1.2%时显示出电导率大于 1mS/cm。即表明其材料在基本不损失聚乳酸材料的力学性能的前提下具有导电性，此实验为 3D 打印技术提供了一个崭新的方向，能够使 3D 打印的设计灵活性更为提高。

Kim 等以聚乳酸为基体，采用 $Bi_{0.5}SB_{1.5}TE_3$（BST）为填充物，挤压成形制备热电复合丝线，用于 3D 打印。在制备过程中还添加了硅烷偶联剂 KH570、增塑剂 ATBC 和导电添加剂多壁碳纳米管（MWCNTs）等。对复合丝线的性能表征说明：KH570 的添加是有必要的，这样可使 BST 的载荷与设计值相同，添加增塑剂 ATBC 大大提升了复合丝的柔韧性。当 BST 载荷的质量分数从 35.8%增加到 87.5%时，弯曲模量从 1684.0MPa 增加到 4379.8MPa；抗弯强度则从 50.1MPa 单调下降到 13.4MPa；复合丝线的功率因数 pF 增大；最大 Seebeck 系数达到 200μV/K。而 MWCNTs 对丝线的导电性提升显著，特别是对于含有质量分数为 81.3%的 BST 和 4%的 MWCNT 丝线，达到了最高的 pF 值：11.3MW/(m·K^2)。在室温下此丝线能够获得 0.011 的热电极优值。这种复合丝线的优良热电性能与力学性能使其成为一种非常有应用前景的 3D 打印材料。

Balani 等研究了 3D 打印参数对聚乳酸材料的 3D 过程稳定性的影响。由于 FDM 的 3D 打印技术，主要是通过使用聚合物线材作为原材料通过 3D 打印机实现自由形式的制造。他们首先通过经验确定了聚乳酸纤维在液化器中的最大入口速度。然后根据工艺参数确定，如进料速度、喷嘴直径和沉积尺寸。数值模拟了聚乳酸的流变行为，包括速度场、剪切速率和黏度等特性在喷嘴内的分布。结果表明：剪切速率随喷嘴直径和入口速度的变化，特别是在高进口速度和较小直径条件下，在内壁附近达到最大值。较高入口速度条件下，挤出物表面

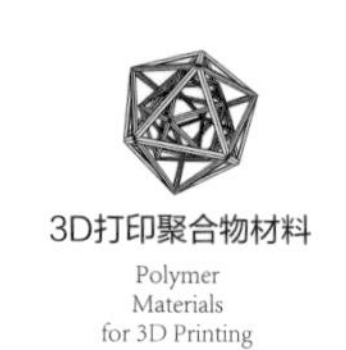

则出现了几个缺陷，当剪切速率达到最高值，挤出物发生严重变形。该实验同时使用光学显微镜验证模拟中的缺陷。这些结果对于选择打印参数（即喷嘴直径、进料速度和层高）非常有益，可以提高制造3D打印零件的质量。

Wang等从3D打印产品质量的角度，研究了七种市售聚乳酸（PLA）牌号的熔体流动速率（MFR），利用熔体流动速率预测商用聚乳酸长丝熔融沉积建模成3D印刷材料的成功率。在相同打印温度（190～220℃）条件下，提出了熔体流动速率为10g/10min（2.16kg，ISO1133）可实现成功打印，可帮助快速、实用地筛选聚乳酸材料。然而，研究结果表明，仅关注熔体流动速率是不够的，因为增塑剂类型和结晶度也在聚合物熔融沉积后起作用。扫描电子显微形态和差示扫描量热法也支持上述结论。特别是与聚羟基丁酸酯（PHB，20%）混合可以控制熔体流动速率和结晶度，而无需退火。

李长恒等利用FDM技术采用碳纤维（CF）来增强聚乳酸复合材料的弯曲强度，研究表明，当CF的添加量为20%时，聚乳酸复合材料的弯曲强度最优，相较于纯聚乳酸提高了94%，不易断丝，更适合于3D打印。陈卫等利用FDM技术，采用Joncryl ARD 4370s为扩链剂改性聚乳酸，发现聚乳酸的力学性能、熔体强度以及耐热性与ARD含量成正比关系，当ARD含量为0.4%时性能最好，适合打印成形。

刘丰丰等利用熔体微分3D打印技术制备了聚乳酸/多壁碳纳米管（MWCNTs）复合材料，研究表明，MWCNTs能增加聚乳酸材料的电导率，当MWCNTs的含量为3%时聚乳酸/MWCNTs复合材料的电导率为2.1×10^{-4}S/cm，电阻率为$4.76\times10^{-5}\Omega\cdot m$，其导电性能可与半导体相媲美，且具有防静电效果，该制品可以达到导电体的性能要求。

3D打印聚乳酸已经在生物医学、工业产品、航天军工等领域取得明显成就。

① 在医学方面：张海峰等利用3D打印技术制备了聚乳酸/HA复合支架材料，研究发现，骨髓基质细胞与聚乳酸/HA复合支架材料相容性良好，能够为细胞生长、组织再生和血管化提供条件，可用作骨组织工程的支架材料。K. V. Niaza等利用3D打印技术制作了聚乳酸/纳米级β-TCP可吸收颈椎器，研究发现具有良好的生物兼容性和机械稳定性。

② 在工业产品方面：Yi等提出了采用3D打印技术建造房屋的概念，其基本理念是基于生物塑料利用3D打印技术制备出仿骨架的纤维结构的若干个组件，再将这些组件进行有效的拼接，最终得到不同层数的建筑。该打印房屋所用材料质轻，拼接过程无需螺栓、焊接，组装房屋用时极短。颜景丹等提出了利用3D打印制作聚乳酸绿色环保汽车内饰的构想并对其改性材料进行了分析和验证。研究发现，CF/聚乳酸复合材料的韧性、弯曲弹性模量和冲击强度明显高于纯聚乳酸材料，其性能达到了工程塑料要求，并且复合材料的耐热性能、清洗剂耐腐蚀性和燃烧性能等都符合要求，可在车内饰中替代PP和ABS等难降解塑料。

③ 在航空航天方面：随着3D打印技术的不断进步以及独特的成形技术，其在航空航天领域也必定会有所作为，目前欧美等发达国家已经加强了3D打印技术在航空航天领域的应用，3D打印技术具有快速生产及时修复的特性，抢修速度是传统成形技术的3倍，可见未来3D打印技术将会成为极其重要的军工装备保障维修手段。伴随着聚乳酸材料不断地突破工程化应用程度与3D打印技术的发展，3D打印聚乳酸将会在航空航天领域崭露头角。

3.5 FDM用聚醚醚酮丝状材料

3.5.1 聚醚醚酮树脂的FDM成形

聚醚醚酮（PEEK）是一种高性能热塑性聚合物，广泛地应用于航空航天、机械制造、生物医学等领域。对PEEK传统的加工方式是挤出成型、注塑成型、模压成型等，优点在于工艺成熟，可用于大批量生产，同时也存在模具的需求带来的高生产成本、产生能源浪费、难实现复杂制件的加工等缺点。最早对PEEK进行3D打印的方式是激光选区烧结(selective laser sintering，SLS)。Schmidt等通过SLS的方式，成功地实现了PEEK的3D加工成形，该加工方式不需要模具，灵活高效，但设备价格昂贵，操作条件严苛，难以实现较大制件的成形加工。FDM克服了SLS加工的缺点，丝状原料利用率高、设备成本低、设备操作和维护简便。

2013年Valentan等开发了高温打印机，最早实现PEEK的FDM加工成形，但同时也显示出PEEK打印制件明显的质量缺陷，如翘曲、分层、气泡等。2015年德国一家FDM技术开发公司将PEEK制备成可供FDM加工成形的线材，实现了PEEK的商用FDM打印耗材。继而，Vaezi等研究了打印过程的热程序和打印环境的热分布对PEEK层间的黏结和结晶行为影响，打印制件中孔隙的存在导致制件力学性能降低。

国内研究人员也对PEEK的FDM 3D成形加工进行了研究。吉林大学Wu等分析了打印机腔体温度和喷头温度对得到打印制件热变形的影响，得到了最小变形下的最优打印温度，并在此温度下成功打印出PEEK制件。西安交通大学赵峰等研究了FDM打印温度对PEEK样条力学性能的影响，包括喷嘴温度、底板温度、成形室温度，最佳温度下PEEK样条最高拉伸强度达77MPa；研究了热处理条件对PEEK制件的结晶行为和力学性能的影响，证实通过热处理可有效调控PEEK的结晶度和力学性能；同时，实现了PEEK肋骨假肢的成形加工，临床实验证明PEEK制件有良好的稳定性和术后表现。此外，中国科学院重庆绿色智能技术研究所Sun等、天津理工大学Deng等、华中科技大学史长春等，也通过调节和优化FDM打印参数提高PEEK制件的力学性能和精度。

上述研究表明，通过FDM成形的PEEK制件虽然有许多优势，但该打印方式带来的较弱局部强度、分层现象和明显孔隙存在，均对PEEK制件的力学性能带来负面影响。同时，成形过程中温差大造成制件收缩，易翘曲变形，影响了PEEK打印制件的质量。

为了进一步提高制件的力学性能，中国科学院化学研究所徐坚等在FDM打印装置上添加激光［图3-10(a)］，利用激光跟随打印头辐照打印区域，增强层间的黏结力以提高打印制件力学性能。利用该装置，发现相同打印参数下，经过激光辐射得到的PEEK打印制件的力学性能明显提高［图3-10(b)］。力学性能的提升主要归因于激光对沉积层的预热和打印层的熔平作用，使得丝条之间、层与层之间熔并程度提高；另外，激光辐照可以部分消除热历史。近期，西安交通大学 Luo 等也进行了激光辅助 FDM 加工 PEEK，使得 PEEK 层间剪切强度提高了近 45%。激光辅助 FDM 成形方法为提高制件的力学性能提供了新思路。

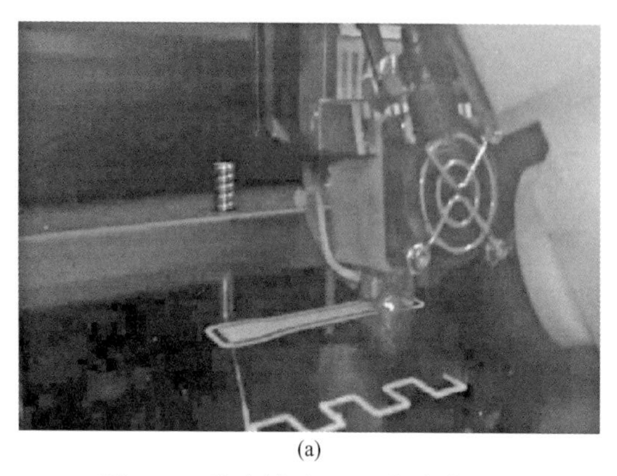
(a)

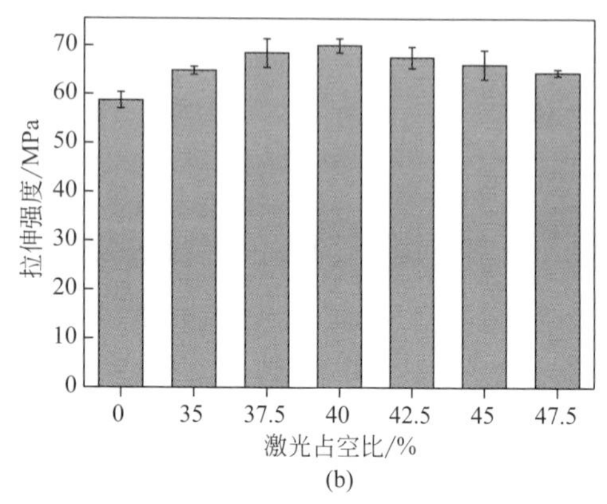

(b)

图 3-10　激光辅助 FDM 打印装置照片（a）和激光占空比对制件力学性能的影响（b）

3.5.2 PEEK 树脂复合材料的 FDM 成形

在 PEEK 基体中添加增强材料也可显著提高制件的力学性能。2017 年 Berretta 等通过熔融共混的方式得到碳纳米管（CNTs）填充的 PEEK/CNTs 复合丝材，并通过 FDM 加工成形（图 3-11）。但是由于 PEEK/CNTs 丝材韧性差，导致打印出来的复合材料制件力学性能并没有太明显的提高。Jordana 等通过熔融共混的方式得到了多壁碳纳米管（MWCNT）和石墨纳米片（GnP）掺杂的 PEEK/MWCNT/GnP 三元复合材料。纳米材料的添加提高了 PEEK 基体的热加工性，保持了 PEEK 自身的电导率，减小了其摩擦系数，通过 3D 打印成形得到的制件的杨氏模量、极限拉伸强度和断裂伸长率明显高于纯 PEEK 制件。Stepashkin 等成功打印了碳纤维增强 PEEK 复合丝材，长碳纤维的添加有望提高打印制件的力学性能和取向热性能。Li 等研究表明，碳纤维的加入有利于 PEEK 在 3D 打印过程中的均匀成核。Luo 等使用连续碳纤维增强 PEEK 制件的强度，层间剪切强度可达 35MPa，弯曲强度达

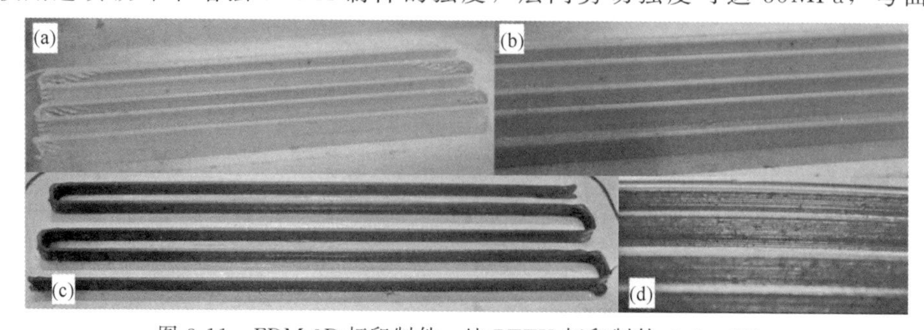

图 3-11　FDM 3D 打印制件：纯 PEEK 打印制件（a）、(b)；
1% CNTs 增强的 PEEK/CNTs 复合材料打印制件（c）、(d)

480MPa，显示了 PEEK 复合材料替代金属材料应用于航空航天领域的潜力。虽然目前对 PEEK 复合材料的 FDM 成形研究相对较少，但其发展前景广阔，对拓展 PEEK 在工业和生物医学等领域的应用有着重要意义。

3.6 FDM 用热塑性聚氨酯丝状材料

3.6.1 热塑性聚氨酯材料概述

3.6.1.1 热塑性聚氨酯材料简介

热塑性聚氨酯弹性体（TPU）是指在大分子主链上含有重复的氨基甲酸酯基官能团（$-NH-\overset{O}{\overset{\|}{C}}-O-$）的一类弹性体聚合物。通常以低聚物多元醇、二元或多元异氰酸酯、扩链剂/交联剂以及少量助剂制得。从分子结构上看，聚氨酯弹性体是一种嵌段聚合物，一般由低聚物多元醇（聚酯或聚醚）构成软段，以二异氰酸酯及扩链剂构成硬段，硬段和软段交替排列，形成重复结构单元。除含有氨酯基团外，聚氨酯分子内及分子间可形成氢键，软段和硬段可形成微相区并产生微观相分离。这种分子结构，使聚氨酯弹性体成为一种性能介于一般橡胶与塑料之间的聚合物合成材料，既有橡胶的高弹性，又有塑料的高硬度和高强度。

与通用塑料相比，热塑性聚氨酯弹性体具有自己独特的优势。其性能取决于硬段和软段共聚物的选择，采用不同品种的二异氰酸酯、多元醇和扩链剂可合成出品种多样、性能各异、工艺复杂、用途广泛的各种 TPU 制品，同时，其耐磨性、撕裂强度、拉伸强度、断裂伸长率等性能较之于同类产品均属优异。此外，热塑性聚氨酯弹性体能抵抗多种酸碱和有机溶剂的腐蚀，产品环保无污染，生物相容性好。表 3-6 为热塑性聚氨酯弹性体复合材料与其他常见复合材料的性能比较。

3.6.1.2 TPU 材料的产业现状

20 世纪 90 年代末至 21 世纪初，多条用于生产密封元件、衬垫、制鞋行业的热塑性聚氨酯弹性体生产线被引入国内。我国的 TPU 同其他的聚合物材料一样，市场和应用领域不断扩大，发展迅速，取得了骄人的成绩，但 TPU 的品质和生产工艺及设备与国外大公司相比，还存在一定的差距。目前巴斯夫、亨兹曼、拜耳等在聚氨酯行业有所建树的公司都在国内兴建大规模的热塑性聚氨酯弹性体生产装置。

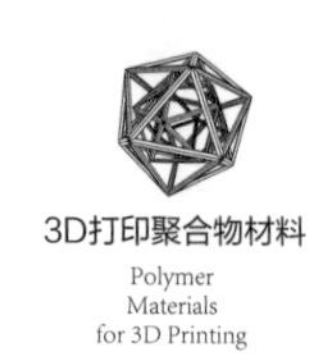

表 3-6　热塑性聚氨酯弹性体复合材料与其他复合材料性能比较

材料品种	TPU 热塑性聚氨酯	NR 天然橡胶	HR 丁基橡胶	CR 氯丁橡胶	PVC 聚氯乙烯
邵氏硬度	30A～80D	30A～95A	20A～90A	20A～90A	40A～90A
密度/(g/cm^3)	1.1～1.25	0.9～1.5	0.91～0.93	1.23	1.3～1.4
拉伸强度/MPa	29.4～55	6.89～27.56	6.89～20.76	6.89～27.56	9.8～10.6
断裂伸长率/%	300～800	100～700	100～700	100～700	200～400
耐磨性	优	一般	良	一般	一般
耐低温曲挠性	优	优	良	良	差
耐油性	优	差	差	良	一般
耐水性	良	良	优	良	良
耐天候性	优	差	优	优	一般

3.6.1.3　TPU 材料的研究进展

TPU 既具有高强度、高弹性、高耐磨性和高曲挠性等优良力学性能，又具有耐油、耐溶剂和耐一般化学品的性能。由此决定了 TPU 的多用途特性。目前，耐高温聚氨酯弹性体是一个研究热点。

美瑞新材料针对可穿戴智能设备开发了有机硅改性的 TPU 牌号 V175。V175 具有硅橡胶细腻的触感；优异的耐水解性和耐酒精性；良好的生物相容性、抗菌性、回弹性，硬度范围广（邵氏硬度 60A～90A)；优异的耐黄变性、不含增塑剂、不沾灰尘；透湿透气，适合贴肤使用；加工性能好，易脱模，比国外同类产品价格低，性价比高，产品竞争力强。

烟台万华开发了线缆级 TPU 产品，包括 Wanthane® 基础 TPU 树脂和 Wan Blend® 功能性 TPU 树脂。该树脂广泛用于汽车、自动化、能源以及众多民用线缆领域。Wanthane® 品牌旗下线缆级聚醚型 TPU 和聚酯型 TPU 系列产品，以高耐磨性、高力学性能、耐酸碱介质和极易加工为特色。巴斯夫提升了其在上海 TPU 的产能，附加的三条新的生产线主要生产用于汽车减噪和减震的 Cellasto 聚氨酯弹性体部件。

随着我国聚氨酯工业的进步以及聚氨酯应用领域的拓展，高品质 TPU（如挤出级、压延级和吹塑级）的合成工艺以及相应设备的配套和完善以及高端 TPU 产品的应用开发，对 TPU 改性及改性方法的研究必将显得越来越重要。

3.6.2　TPU 材料耐热性分析

TPU 具有力学性能好、耐磨耗、耐油、耐撕裂、耐化学腐蚀、耐射线辐射、粘接性好等优异性能，但是 TPU 耐热性比较差，很大程度上限制了其应用范围。TPU 的耐热性能可用它的软化温度和热分解温度来衡量，一般其长期使用温度不超过 80℃，100℃以上材料会软化变形，机械性能明显减弱，短期使用温度不超过 120℃。TPU 的软化温度和热分解温度主要取决于各基团的热稳定性。这是因为除氨酯基外聚氨酯中还含有酯、醚、脲等极性基团，正是由于极性基团的存在，使 TPU 分子内和分子间都会形成氢键。随着温度升高，链段开始进行热运动，链段以及分子间距离增大，导致氢键减弱甚至会消失，故普通的聚氨酯不耐高温。

由于聚氨酯弹性体复杂的结构性，影响其耐热变形的因素有很多，如原料、软硬段结构、催化剂、分子量、内部交联结构等。选择适宜的原料，可以用来提高聚氨酯弹性体的耐热性能；或通过物理和化学改性方法来提高聚氨酯的耐热性能，前者是向材料中添加有机或无机填料，后者是向主链加入热稳定性更好的基团或聚合物。目前，使用化学改性方法较多。

3.6.2.1 原材料提高 TPU 耐热性

聚氨酯弹性体原料的制备大致可以分为三大类：低聚物多元醇、异氰酸酯以及扩链剂等的选择。

(1) 低聚物多元醇

聚合物多元醇构成聚氨酯弹性体的软链段，主要分为聚酯型和聚醚型，还有一些聚烯烃多元醇和低聚物多元醇。不同种类、结构的多元醇和耐热解温度不同的基团，均对聚氨酯弹性体耐热性有所影响。一般来说，结构越规整的聚合物多元醇和耐热解温度高的基团，都可以提高弹性体热稳定性。不同结构的低聚物多元醇与相同异氰酸酯反应生成的氨基甲酸酯，其热分解温度相差很大，伯醇最高，叔醇最低，这是由于靠近叔碳原子和季碳原子的键最容易断裂的缘故。由于酯基的热稳定性比较好，而醚基的 α-碳原子上的氢容易被氧化，一般认为，聚酯型聚氨酯耐热性能优于聚醚型聚氨酯。

赵雨花等用不同结构的多元醇制备出一系列耐热性不同的浇注型聚氨酯弹性体，研究发现其热稳定性顺序为：聚己内酯二醇（PCL）＞聚己二酸-1,4-丁二醇酯二醇（CMA-44）≈聚碳酸酯二醇（PCD）＞聚四亚甲基醚二醇（PTMG）。从弹性体质量损失 50％的温度来看，PCL、PTMG＞CMA-44＞PCD。由弹性体在不同阶段失重速率不同，可以看出醚键的耐热性要低于酯键，但如果分子极性较低，使得软、硬段微相分离程度高，也会表现出较好的耐热性。

刘瑾等的研究结果表明，处于相同硬段时，材料的热稳定性与软段自身长短、热降解性和链段的规整性有很大的关系。用二步法合成不同软段的聚氨酯弹性体嵌段共聚物，其热稳定性大小顺序依次为：聚己二酸乙二醇丙二醇酯（PEPA)-聚氨酯/聚酰亚胺（PUI）＞聚乙二醇（PEG)-PUI＞聚-2,6-二甲苯-1,4-苯醚（PPO)-PUI。

(2) 异氰酸酯

不同结构的异氰酸酯对材料的热分解速率和初始热分解温度均有显著的影响，由异氰酸酯构成的硬段是影响聚氨酯弹性体耐热性能的主要因素。硬段的刚性、规整性、对称性越好，其弹性体的热稳定性亦越高。硬段质量分数增加，形成较多的硬段有序结构和次晶结构，使两相发生逆转，硬段相成为连续相，软段相分散在硬段相中，从而提高了高温下弹性体的拉伸强度和耐热性。不同结构异氰酸酯耐热顺序为：4-环己烷二异氰酸酯（CHDI）＞对苯二异氰酸酯（PPDI）＞六亚甲基二异氰酸酯（HDI）＞二苯基甲烷二异氰酸酯（MDI）＞甲苯二异氰酸酯（TDI）。一般情况下，异氰酸酯纯度越高，异构体越少，生成的聚氨酯弹性体规整度、对称性越高，耐热性越好。结构规整的异氰酸酯形成的硬段极易聚集，提高了微相分离程度，硬段间的极性基团产生氢键，形成硬段相的结晶区，使整个结构具有较高的熔点。

如1,5-萘二异氰酸酯（NDI）由于具有芳香族的萘环结构，分子链高度规整，合成的弹性体具有优异的性能。由对苯二异氰酸酯（PPDI）制备的PPDI型弹性体，由于PPDI的结构规整性、耐热性比MDI、TDI型弹性体优数倍。而1,4-环己烷二异氰酸酯（CHDI）也由于其分子结构简洁、高度对称和规整，结晶性强，制成的弹性体具有极好的相分离度。通过将CHDI型聚氨酯弹性体与MDI、PPDI、亚甲基二环己基-4,4′-二异氰酸酯（HMDI）制成的聚氨酯弹性体的主要物性进行了对比。结果表明，CHDI型聚氨酯弹性体在较低的硬段含量下就具有较高的硬度，比MDI型、HMDI型，甚至比PPDI型弹性体具有更好的高温力学性能。

(3) 扩链剂

TPU常用的扩链剂主要有醇类和胺类两种，扩链剂会影响到TPU的硬段结构，对弹性体的耐热性也有很大的影响。扩链剂对耐热性的影响与其对称性、规整性、刚性有关，一般来说，扩链剂的对称性越好、规整性越高、刚性越大，TPU的耐热性能就越好。对苯二酚二羟乙基醚（HQEE）和1,4-丁二醇（BDO）具有对称规整的刚性结构，其熔点高、结晶性强，用它们作扩链剂所制得的TPU比3,3′-二氯-4,4′-二氨基二苯基甲烷（MOCA）制得的TPU的耐热性能更好。

(4) 其他助剂

TPU合成过程中根据工艺和产品最终性能的不同，还会加入催化剂、交联剂等其他助剂，不同助剂的选择也会对耐热性的提高有影响。脂环族异氰酸酯反应活性较低，反应体系须加催化剂，以促进反应按预期的方向和速度进行。采用复合催化剂异辛酸亚锡及其助催化剂K，由于助催化剂K能够吸收NCO基与水反应放出的CO_2和有利于交联键的形成，因而制备的聚氨酯弹性体具有较好的综合力学性能和优良的热稳定性；聚氨酯弹性体的优良特性与其物理交联和化学交联结构密切相关。物理交联指的是硬段间及硬软段间形成的氢键作用；化学交联指的是交联剂所形成的分子间的共价交联键。张晓华等采用一步法以异佛尔酮二异氰酸酯、聚氧四亚甲基二醇、1,4-丁二醇和聚氧化丙烯三醇（N3010）为原料合成了透明聚氨酯弹性体，研究发现加入交联剂三元醇N3010，聚氨酯弹性体在硬段间形成交联，透光率、热稳定性和力学性能与未加交联剂的聚氨酯弹性体相比有明显提高。

3.6.2.2 聚合工艺条件提高TPU耐热性

脲基和氨基甲酸酯基的热稳定性大于脲基甲酸酯和缩二脲的热稳定性，这说明增加弹性体分子中脲基和氨基甲酸酯基的摩尔分数，减少脲基甲酸酯基、缩二脲基团的摩尔分数，可以提高弹性体的热稳定性，即严格控制工艺条件，特别是反应物的用量和纯度，使反应尽可能多生成脲基和氨基甲酸酯基，对改善弹性体的耐热性具有重要意义。用二胺扩链硫化生成脲基、控制NCO基与脲基反应生成缩二脲及使用芳香族二异氰酸酯等可以有效地提高聚氨酯弹性体耐热性。

聚氨酯的反应一般有一步法、预聚法和半预聚法等。一步法比较简单，但产物分子结构往往不规整，性能较差，预聚法和半预聚法要好一些。

德国专利报道采用半预聚法制得软化温度为147℃的聚氨酯弹性体。另外，120℃左右的温度下4h以上的后硫化条件也可提高聚氨酯弹性体浇注胶的耐热形变性能。

3.6.2.3 改性提高TPU耐热性

(1) 有机硅改性对TPU耐热性影响

有机硅材料是一种功能独特、性能优异的化工新材料，具有耐老化、耐化学腐蚀、耐燃、耐高/低温等优异性能，因而应用很广泛。有机硅改性聚氨酯弹性体具有较高的耐热性，其热变形温度可达190℃。其耐热性好的原因，一方面是由于SiO_2键热稳定性好，另一方面是以硅氧烷为主体的软段有很好的柔顺性，对微相分离有利。

采用有机硅改性聚氨酯主要有两种方式：第一种方式是利用聚氨酯的侧链中含有活性基团与有机硅进行接枝共聚反应将有机硅引入到聚氨酯的侧链中；第二种方式是利用聚氨酯主链上的活性基团与有机硅的活性端基形成嵌段共聚物将有机硅引入聚氨酯的主链中。崔璐娟合成并研究了聚氨酯与硅烷的共聚物，结果表明，随着聚氨酯中硅烷含量的增加，改性后的聚氨酯的耐热性也随之提高。Wang等在聚氨酯中引入聚二甲基硅氧烷改性形成嵌段共聚物，其耐热性和耐水性得到很大提高。

(2) 引入分子内基团对TPU耐热性影响

TPU的热分解温度主要取决于大分子结构中各种基团的耐热性。在TPU大分子链上引入热稳定性较好的有机杂环基团（如异氰脲酸酯环、聚酰亚胺环、噁唑烷酮环等），因其拥有较大的空间位阻，能够阻碍大分子链段在受热过程中的相对运动，所以能显著提高聚氨酯弹性体的耐热性能。软链段中如有双键，会降低弹性体的耐热性能，而引入异氰脲酸酯环和无机元素可提高聚氨酯弹性体的耐热性能。

脂肪族或芳香族多异氰酸酯的三聚体含有异氰脲酸酯环，该环具有优良的耐热性和尺寸稳定性，其制品可以在150℃下长期使用。二羧酸酐和二异氰酸酯反应生成的聚酰亚胺具有不溶、耐高温特性，在PU中引入聚酰亚胺环可以提高聚氨酯弹性体的耐热性和机械稳定性。环氧基与异氰酸酯在催化剂存在下反应生成的噁唑烷酮化合物热稳定性好，热分解温度超过300℃，玻璃化转变温度达150℃以上，明显高于普通聚氨酯弹性体的玻璃化转变温度。

(3) 与纳米粒子和填料复合对TPU耐热性的影响

纳米粒子指的是粒径范围在1～100nm内且具有体积效应或表面效应的颗粒。纳米粒子具有表面界面效应、小尺寸效应、介电限域效应、量子隧道效应以及可以与聚合物强的界面相互作用产生光、电、磁等性质，因此对于制备高性能复合材料有重要影响。纳米粒子因独特的性能，与热塑性聚氨酯弹性体复合使其耐热性能得到明显提高，而且可以增加弹性体的耐热性和抗老化等功能特性。J. W. Gilman等通过对聚氨酯-蒙脱土纳米复合材料X射线衍射结果表明，蒙脱土以平均层间距不小于415nm的宽分布分散在聚氨酯基体中，蒙脱土中的硅酸盐起到了隔热作用，可以有效提高复合材料的耐热性。

碳酸钙、炭黑、石英石、碳纤维、玻璃纤维、尼龙、固化树脂颗粒等填料也可提高聚氨酯弹性体的耐热形变性能。针对不同无机类填料对聚氨酯弹性体机械性能和耐热性能的影响研究结果表明，微米级无机填料改性聚氨酯弹性体的力学性能和耐热性能要明显优于普通聚氨酯弹性体。

3.6.2.4 形成互穿网络提高 TPU 耐热性

互穿网络结构是指由两种或两种以上聚合物相互贯穿而形成的聚合物网络体系，参与互穿的聚合物之间并未发生化学反应，仅仅相互交叉渗透，机械缠结，起到“强迫互溶”和“协同效应”的作用。这种网络结构可以明显地改善体系的分散性、界面亲和性，从而提高相稳定性，实现聚合物性能互补，达到改善材料热稳定性的目的。TPU 预聚体易于与其他耐热降解性能优异的单体或聚合物混合，进行互不干扰的平行反应，得到耐热聚氨酯互穿网络材料。Jaisankar 等合成并研究了聚氯乙烯与聚氨酯合成的 IPN 结构聚合物，结果表明，形成 IPN 结构后的聚合物比未形成 IPN 结构的聚合物热稳定性得到显著的提高。

3.6.2.5 配方设计提高 TPU 耐热性

改善聚氨酯弹性体耐热形变性能的方法多种多样，在实际应用中要根据产品性能指标和工艺要求进行合理选择，确定可行工艺路线。虽然改善聚氨酯弹性体耐热性一直是聚氨酯弹性体领域十分活跃的课题，并且已经进行了大量的研究，但耐热性能和力学性能等综合性能优越的聚氨酯弹性体仍较少，而且总体水平还处在实验室研制阶段。开拓新的改性体系，加强成果的产业化仍是聚氨酯领域近期的主要研究课题。

耐热性好的有 PPDI、NDI、TODI 和 CHDI，如果要做成预聚体的话，NDI 活性过高，目前不太现实（据说伯雷拜耳的预聚体研究所成功合成了存储稳定性好的 NDI 预聚体），其余的还好。一般来说要求热稳定性的和黄变性的，CHDI 好一些；要求耐热和动态力学性能的，PPDI 好一些；TODI 用胺类扩链的话性能和 NDI 很接近了。

3.6.3 TPU 结构对打印工艺的影响

3D 打印制造技术改变了传统制造工业的方式和原理，是对传统制造模式的一种补充，具有广阔的发展前景。由于我国 3D 打印产业起步晚，对 FDM 丝材的研发时间短，材料成为制约 3D 打印发展的主要瓶颈。目前满足 FDM 技术成形工艺本身对材料提出了较高要求且实际应用也对材料性能有不同要求，这就需要我国研发人员针对 FDM 应用优势领域不断寻找满足 FDM 工艺的高性能材料。不同行业对材料提出了不同要求，而 FDM 技术本身对材料熔体流动性、黏结性、成形件翘曲性等已经做了要求，材料性能同时满足 FDM 技术和特定应用领域两者的材料有限，很多高性能聚合物不能满足 FDM 的打印要求。

TPU 材料是一种性能介于一般橡胶与塑料之间的聚合物合成材料，既有橡胶的高弹性，又有塑料的高硬度和高强度。因具有热塑性，材料易于加工，可通过挤出、吹塑、注塑等热塑性塑料的加工方式成形，为 FDM 技术打印软质弹性材料提供了便利。然而，由于 TPU 具有柔软性，致使弹性体的 3D 打印工艺与其他材料有所不同，当前常用的 3D 打印装置在制备弹性体材料方面具有一定的限制。目前的 FDM 设备基本都采用双滚轮结构设计，通过两轮带动使丝料前进并建立挤出压力。而软物质材料由于本身性质，当双轮工作时，软物质丝料会发生弯曲，无法建立背压，材料也不会挤出，这是柔性丝材作为耗材最常见的故障形式

(图 3-12)。TPU 材料的硬度主要由 TPU 结构中的硬段（异氰酸酯和扩链剂）的含量来决定，硬段含量越高，TPU 的硬度就会随之上升。而随着硬度的增加，其产品仍保持良好的弹性和耐磨性。硬度越低，对 3D 打印机的要求越高。同时 TPU 材料的流动性对打印过程的稳定性有很大的影响，流动性越好，越有利于 TPU 线材从 FDM 打印机喷嘴顺利挤出。而影响 TPU 材料流动性的因素主要有打印温度和材料本身的分子量，但降低分子量会使得材料本身性能的下降，所以为满足最终 3D 打印制品的性能，提高打印温度是一个相对适合的方法。

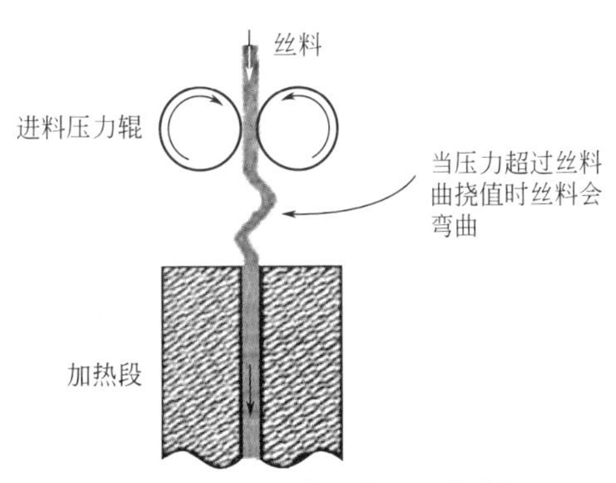

图 3-12　弹性体丝材进丝问题

由于 TPU 材料的优异性能，同时 FDM 打印技术对 TPU 材料的要求较高，为了使得 3D 打印制品的性能更加优异，目前国内外一些 3D 打印公司纷纷开始研发可用于 FDM 打印机的高性能 TPU 材料。美国 Stratasys 面向其 F123 系列 3D 打印机开发的 FDM TPU 92A 弹性体材料（图 3-13），能够突破 3D 打印原型应用极限，大幅降低生产耗时及人工成本，满足客户多元化的专业、快速原型制作需求。TPU92A 具有良好的柔韧性和拉伸性以及耐磨性和抗撕裂性，材料经过严格的高性能材料测试，F123 系列打印的弹性体部件可拉长至原来的 5 倍，而与其水平最接近的竞品仅能拉长至原来的 3.5 倍。借助 F123 系列打印机和 TPU 92A 弹性体材料，用户可以快速、高效、精确地构建各种大型部件和含悬臂结构、空腔结构和复杂几何体的部件，设计小巧、简单的形状，并制造介于二者之间的一切部件，满足制造商对零件延伸率高、韧性卓越和设计自由的强烈需求。TPU 92A 弹性体材料的典型应用包括柔性软管、导管、进气管、密封件、防护罩和减震器等。

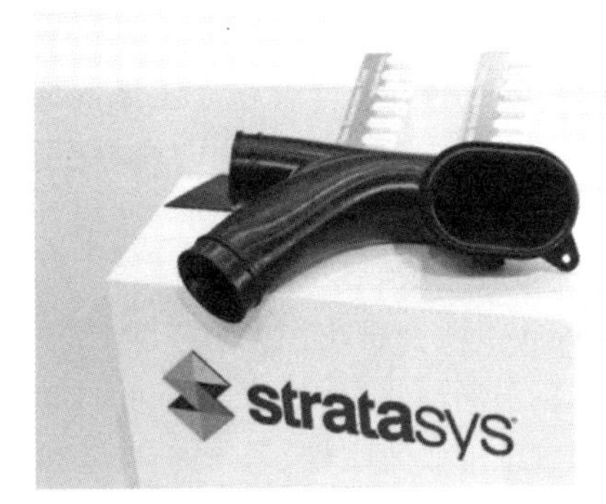

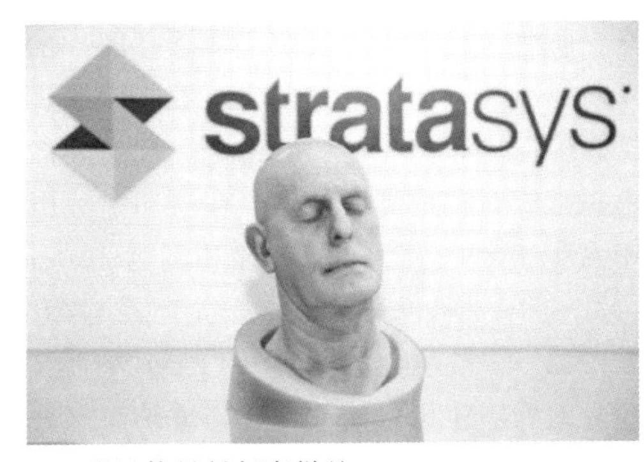

图 3-13　Stratasys FDM TPU 92A 弹性体材料打印样品

德国 German RepRap 推出了一款柔软、富有弹性的 3D 打印线材 TPU 93（图 3-14）。它十分柔软，具有 UV 和臭氧抗性，并具有优良的防风雨性和耐磨性。它是用来制造诸如电缆护套、车辆内饰的柔软表层的理想材料。

国内 3D 打印材料制造商 eSUN 研发了一款新型柔性 3D 打印材料 eTPU-95A（图 3-15），这款 3D 打印材料借助其高柔性以及高回弹力特性，能够使打印品经受长期压缩后又精准还原形状，大大降低永久变形率；同时 eTPU-95A 的透湿性和耐水解性，使样件能经历清水

图 3-14　German RepRap 的 TPU 93 弹性体材料打印样品（见彩图）

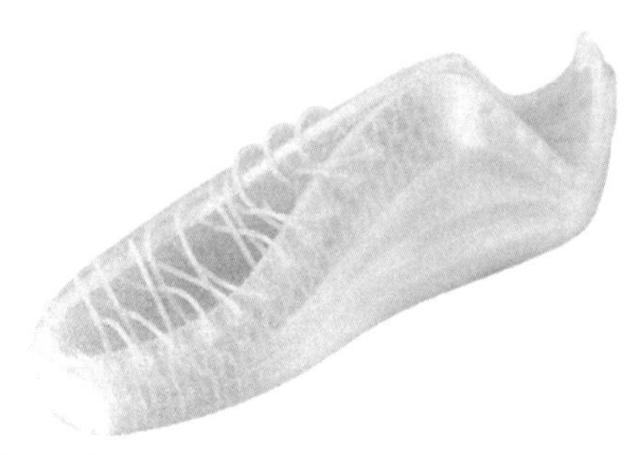

图 3-15　eSUN 的 eTPU-95A 弹性体材料打印样品（见彩图）

洗涤、防寒保暖等工作条件。这款 TPU 耗材可以直接制作终端或功能件，具有较高的耐磨性及高弹回性，适用于大多数耐磨制件的直接制造。eTPU-95A 不但硬度较好，还具备高透明性，确保打印尺寸形状的稳定，制品表面也更容易涂色，柔性的特点利于制作件在应用过程中宽裕应对各种受力条件。在打印过程中，eSUN 的 eTPU-95A 材料不需要加热底板，其打印温度在 200～220℃，打印速度为 40mm/min，颜色多样，出丝流畅。

3D 打印材料公司 Polymaker 已经与德国材料专家 Covestro 联合推出了两款 FDM 3D 打印新产品——热塑性聚氨酯（TPU）树脂 U1000 和 U0174D 材料（图 3-16）。U1000 材料具有较高的杨氏模量，使其具有与玻璃态聚合物（如 PC 或 PS）相似的刚性。U0174D 是一种具有高断裂韧性的材料，其表面特性类似于 PPL 等半结晶塑料。Polymaker 指出，其两种新材料是为提供有效的机械强度、层黏合性和耐热性而量身定做的。虽然材料都是 TPU，但是它们不具有这种聚合物的常规软质和橡胶特性。相反，它们承担工程塑料的质量，这是用来生产耐用的部件，如工具、模具、夹具、固定装置和结构部件。

万华化学研发了一款 3D 打印材料 TPU 线材（图 3-17）。这款 TPU 耗材环保健康，不添加任何增塑剂，符合 SGS、REACH 认证，具有多种硬度等级，软硬自如，成形收缩率低，具备优异的尺寸稳定性，强度高，耐磨性佳，色彩多样。

图 3-16　eSUN 的 eTPU-95A 弹性体材料打印样品

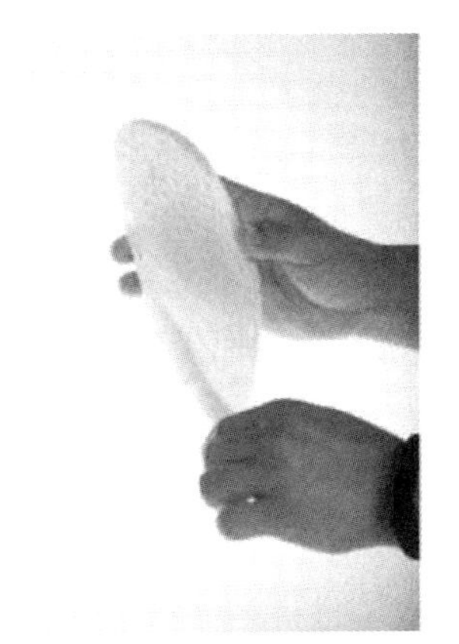

图 3-17　万华化学的 TPU 线材和打印样品

3.6.4　TPU 丝状材料在 FDM 打印领域的应用

FDM 打印过程中，TPU 材料先制成丝状，通过送丝机构送进喷头，在喷头内被加热熔化；喷头在计算机控制下沿零件界面轮廓和填充轨迹运动，将熔化的材料挤出，材料挤出后迅速固化，并与周围材料黏结；通过层层堆积成形，最终完成零件制造。此外，TPU 材料可熔融加工并适用于高精度和高分辨率打印。其硬度范围宽且可调，有一定的耐磨性、耐油性，适用于鞋材、个人消费品、工业零件等的制造。结合 FDM 打印技术可以制造出传统成形工艺难以制造的复杂多孔结构，使得制件拥有独特且可调控的力学性能。目前 TPU 丝状线材已经广泛应用在设计领域，尤其是服装领域、鞋材领域、生物医用领域、汽车领域、考古领域、影视动漫、教育培训等。

3.6.4.1　TPU 丝状材料 FDM 打印在服装领域的应用

TPU 材料对人体无毒无害，可以直接接触皮肤，而且它舒适健康，是一种绿色纺织品。聚氨酯弹性面料具有优异的弹性，由聚氨酯面料制作的贴身服装，其结构简洁、线条平滑、轻巧挺括，无需复杂的裁剪和缝纫，不必采用通常塑形的结构线和省线，即可表现出良好的合体感，塑造优美的形体。这与当今人们追求简洁、轻松、柔软、舒适的要求相吻合。同时在原料采用、面料设计及生产乃至产品废弃处理整个过程中，都非常安全、卫生，对我们的生存环境没有危害、没有污染，因此在服装领域TPU得到了广泛的应用。

3D打印技术在服装领域虽然起步较晚，但发展速度较快，3D打印是一种颠覆了传统服装设计的创新技术。由于3D打印技术的特性，它可以通过各种复杂结构的叠加，使服装的分量感不断增加，既独特新颖，气势也随之增强，因此，3D打印技术已经逐渐成为时装展会的宠儿。随着时尚产业的发展，服装的外部廓型越来越多样化，造型越来越夸张独特。3D打印技术能够带来无限的可能性，其独特的造型设计吸引着大众的眼球。3D打印技术辅助服装设计的应用使设计师的设计思路表达更加丰富多彩。这样的高科技设计能够让人们得到更加直观、立体的感受，设计出来的服装与传统服装相比，使服装设计师的思维表达变得更加随心所欲，实现了真正的服装个性化生产模式。

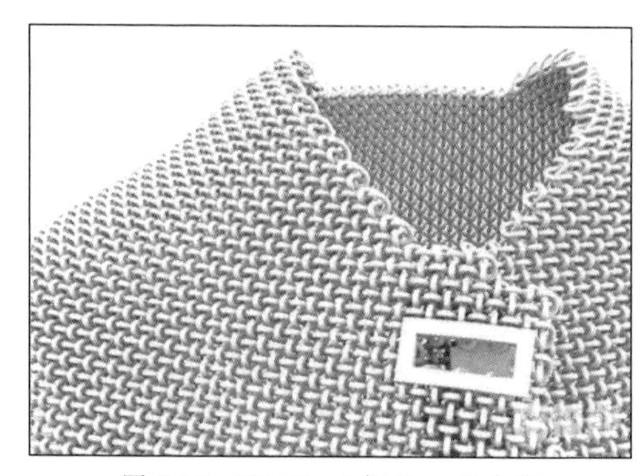

图3-18　STARted与Free-D合作设计3D的服装AMIMONO

日本IT时尚科技公司STARted与Free-D合作设计并推出了一款由3D打印热塑性聚氨酯（TPU）制成的针织服装原型（图3-18）。这件服装被称为AMIMONO，看上去类似锁链背心，因为它的表面由一种针织或者辫状的纹理组成。AMIMONO并不是先3D打印出不同的部分然后再组装起来的，而是用一台3D打印机用TPU线材作为丝线编制在一起的。而这些是通过将数字化设计与编织的纹理结合起来实现的。这件服装是使用了一种可以生成针织图案的算法数字化构建的。由于TPU的弹性性能，这件3D打印的背心可伸展和收缩，就像一件毛衣那样。据设计师们说，由于其同时具备TPU的耐用性和类似橡胶的特性，这件衣服甚至可以折叠起来。目前还正处于雏型阶段，STARted和Free-D未来还将对它做进一步的改进。

3D walla公司与时装设计师Devanshi Shah合作创造出首例新颖而独特的TPU材料3D打印孕妇装。TPU材料的弹性允许3D打印出四向弹力的面料，因此这款3D打印孕妇装可以纵向和横向拉伸。TPU赋予了服装一个有吸引力的美学外观，也让服装非常合身。同时他们也使用TPU柔性材料作为3D打印孕妇服装的连接器。超过400块面料和350多个连接器被FDM 3D打印出来，并被用来为服装创造有趣的图案，如花卉和波浪。因此，3D walla和Devanshi Shah创造了100%的3D打印面料，无需嵌入其他布料。除了独特的3D打印孕妇装系列外，Devanshi还制造了一件男装，一件有吸引力的红色背心，其外观与质感与3D打印孕妇装的相同。

玻利瓦尔主教大学（University Pontificia Bolivariana）的时装设计研究生Veronica Betancur Fernández在她的毕业设计项目中使用TPU材料完成了一件3D打印服装的制作（图3-19）。这件服装在3D打印公司i3D的赞助下使用MakerBot 2X 3D打印机历时4个月打印完成，Betancur从自然界获取灵感，使用了脑珊瑚的美丽花纹作为这件服装的表面图案。随后这些被3D打印出来，并用3D打印的丝线状结构拼接在一起。Betancur自己做模特，打印了各种不同尺码的服装来试验设计，以达到最佳的质量和柔性。

图 3-19 Veronica Betancur Fernández 采用 TPU 材料的 3D 打印服装

3.6.4.2 TPU 丝状材料 FDM 打印在鞋材领域的应用

热塑性聚氨酯弹性体（TPU）硬度范围宽（邵氏硬度 60A～85D）、耐磨、耐油、透明、弹性好，拉伸强度、撕裂强度、永久变形等性能都非常优异，满足了制鞋行业标准的要求。热塑性聚氨酯弹性体被广泛应用到鞋类行业，特别是在各种运动鞋 Logo、运动鞋气垫、登山鞋、雪地鞋、高尔夫球鞋、溜冰鞋、医用鞋面料及内里贴合材料等领域。伴随着 TPU 材料的 3D 打印技术的出现，各大制鞋商纷纷将 3D 打印技术与更多鞋子的设计与制作相结合，生产了许多设计新颖、舒适度高的鞋子。TPU 材料断裂伸长率超过 300%，使用该材料，制造商能制造出高度灵活、具有良好抗疲劳性的中底，结合 3D 打印，能去除模具成本，节省宝贵的时间，还能 3D 打印出更轻、更高精度的格子结构。

耐克与法国工业 3D 打印公司 Prodways 合作使用 TPU 材料 3D 打印鞋子（图 3-20），Prodways 公司正在开发一个鞋类产品组合，包括外底、中底、鞋垫。这些产品均使用 TPU 材料，一种完全一体化的鞋垫 3D 打印解决方案，以及他们享有专利的用于 3D 打印复合外底模具的 MOVING Light 技术。耐克使用 Prodways 的 TPU 来进行快速成形，TPU 材料的硬度可以根据能量输入而变化，从而在中底的不同区域产生不同的密度，使得鞋子能够拥有更好的性能和更高程度的定制，从而更好地满足客户的个性化需求。同时 Prodways 公司推

图 3-20 耐克与 Prodways 合作 3D 打印 TPU 材料鞋子和鞋垫

出了 Scienti Feet 定制鞋垫，这款定制鞋垫使得足病医生可以对患者的脚进行 3D 扫描，然后发送扫描数据，最终医生会收到 3D 打印的定制鞋垫。

3.6.4.3 TPU 丝状材料 FDM 打印在生物医用领域的应用

3D 打印技术在医学领域的应用不亚于一场革命，利用 3D 打印技术可实现人体器官的打印。人体骨骼可利用 3D 打印技术打印，这种打印出的骨骼，可暂时代替人体骨骼的支撑作用，并帮助正常骨骼细胞生长发育，修复之前骨骼细胞的损伤。在受损骨骼重新恢复后，打印的骨骼会自然无害溶解。此外，3D 打印技术还可以打印人造血管、膝盖里的软骨半月板、人造皮肤以修复伤口等。目前，3D 打印技术已广泛应用于颅骨、眼眶、颌骨、假牙、假耳廓以及人体骨盆等制作。打印技术在医学领域未来的应用前景极其广阔，其可使更多的人免于病痛。

TPU 材料以其优异的力学强度、高弹性、耐磨性、润滑性、耐疲劳性、生物相容性、可加工性等而被广泛用于长期植入的医用器械及人工器官。通过选择适当的软硬链段结构及其比例，可合成出既具有良好的物理力学性能，又具有血液相容性和生物相容性的医用聚合物材料。在用于人体长期植入的材料中，目前 TPU 综合性能最优。其主要优点有：①优良的抗凝血性能；②毒性试验结果符合医用要求；③临床应用生物相容性好，无致畸变作用，无过敏反应，可解决天然胶乳医用制品固有的“蛋白质过敏”和“致癌物亚硝胺析出”两大难题，从而成为许多天然胶乳医用制品的换代材料；④具有优良的韧性和弹性，加工性能好，加工方式多样，是制作各类医用弹性体制品的首选材料；⑤具有优异的耐磨性能、软触感、耐湿气性、耐多种化学药品性能；⑥能采用常规方法灭菌，暴露在 X 射线下性能不变。

(a)

20%

40%

60%

80%

(b)

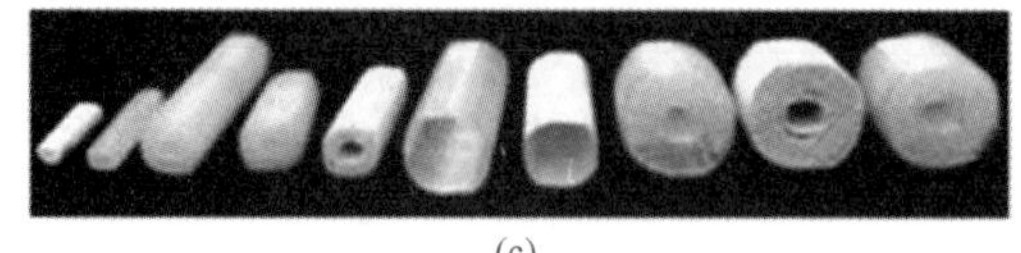

(c)

图 3-21　Achala de Mel 博士团队 FDM 技术打印 TPU 材料的塑料管状结构（见彩图）

(a) 外形图；(b) 各种 3D 打印管内部的填充结构；(c) 管的形状和尺寸

伦敦大学学院的 Achala de Mel 博士通过使用 FMD 熔融挤出技术 3D 打印了各种 TPU 材料的各种塑料管状结构（图 3-21），可用于培养身体内的细胞组织。热塑性聚氨酯（TPU）因为其独特的可塑性和弹性质量，研究人员通过 3D 打印技术快速制造各种不同管状支架，这些管状支架具有不同直径和厚度，其管状弹性结构是许多器官的共同结构特征。管内的填充物被设计为细胞支架，用来支持细胞生长。细胞支架可以通过设计不同的结构特征以满足细胞生长繁殖所需的不同物理性质，例如刚性差异、几何形状、表面粗糙度和各向异性。细胞可以感知这些差异，并响应其增殖的变化。

台湾 Shan-hui Hsu 课题组合成了一系列的水溶性可降解的聚氨酯材料用于组织工程支架的制备，拓宽了 TPU 的应用领域，从材料的合成到动物实验的全过程如图 3-22 所示。他们用聚己内酯二醇分别与聚己二酸丁二醇酯（PEBA）二醇、左旋聚乳酸（PLLA）二醇、右旋聚乳酸（PDLA）二醇以及左旋聚乳酸与乙二醇嵌段共聚物（PLLA-*co*-PEG）二醇作为软段，异佛尔酮二异氰酸酯作为硬段合成四种聚氨酯，再用 2,2-双（羟甲基）丙酸（DMPA）、三乙胺（TEA）、乙二胺（EDA）作为扩链剂，最终合成四类聚氨酯材料，再将这些聚氨酯溶于聚氧化乙烯（PEO）或有机溶剂中调节聚合物溶液黏度，最后用他们课题组研发的低温熔融沉积（LFDM）3D 打印方式制成聚氨酯支架，溶去聚合物或冷冻干燥抽去有机溶剂，得到多孔聚氨酯支架，由于它们拥有的弹性非常符合细胞外基质需求的形变能力，并具有优良的力学性能，因此对于软组织工程的匹配性非常的高，修复效果很好。

3.6.4.4 TPU 丝状材料 FDM 打印在汽车领域的应用

对于汽车制造企业而言，一些零部件的储存很容易出现紧缺的现象，这时如果采用传统的加工制造方式，不仅会耗费大量的模具开发成本，而且生产制造也会消耗大量的时间，不利于快速地完成相关试验与验证。这时就可以采用 3D 打印技术来解决这一问题，对于急需的零部件，直接用 3D 打印机制，一方面缩短了制造的成本，另一方面也可以快速地完成实验和验证。特别是对于一些大型的汽车制造设备而言，如果零部件出现问题，可用 3D 打印机快速进行故障部件的制造，方便企业的正常生产。而且，一些大型设备的内部零部件并非标准零件，在市面上并没有相应的产品，在无法购买的情况下，也可以利用 3D 打印技术快速解决问题。

北京化工大学与山东玲珑轮胎股份有限公司首次通过 3D 打印方式制备出标准规格的聚氨酯轮胎（图 3-23），采用热塑性聚氨酯（TPU）材料，通过熔融沉积法（FDM）完成 3D 打印，其内部为正六边形空心结构，无需充气，耐磨性好、生热低，无需模具且可设计内部填充结构和外部花纹，聚氨酯材料具有生热低、高耐磨、抗撕裂等特性，在双方前期的研究中发现，具有相分离结构的聚氨酯胎面相比传统橡胶胎面具有更低的生热和更低的滚动阻力，有望在轮胎领域得到广泛应用。

3.6.4.5 TPU 丝状材料 FDM 打印在其他领域的应用

在考古领域，尤其是文物修复中熔融沉积成形（FDM）3D 打印技术的应用，对于破损古文物的修复具有极其显著的效果。破损古文物经 3D 扫描，完成数据采集和处理，即可建立模型并打印，具备操作简单、成形快速、还原度高等诸多优点。TPU 材料是具有良好柔韧性、强度高且手感好的弹性材料，使用 TPU 材料进行一些动物骨架的打印，确保了 3D 打印骨架的耐用性；在航空航天领域，3D 打印技术在航空领域可用于先进机械零部件的加

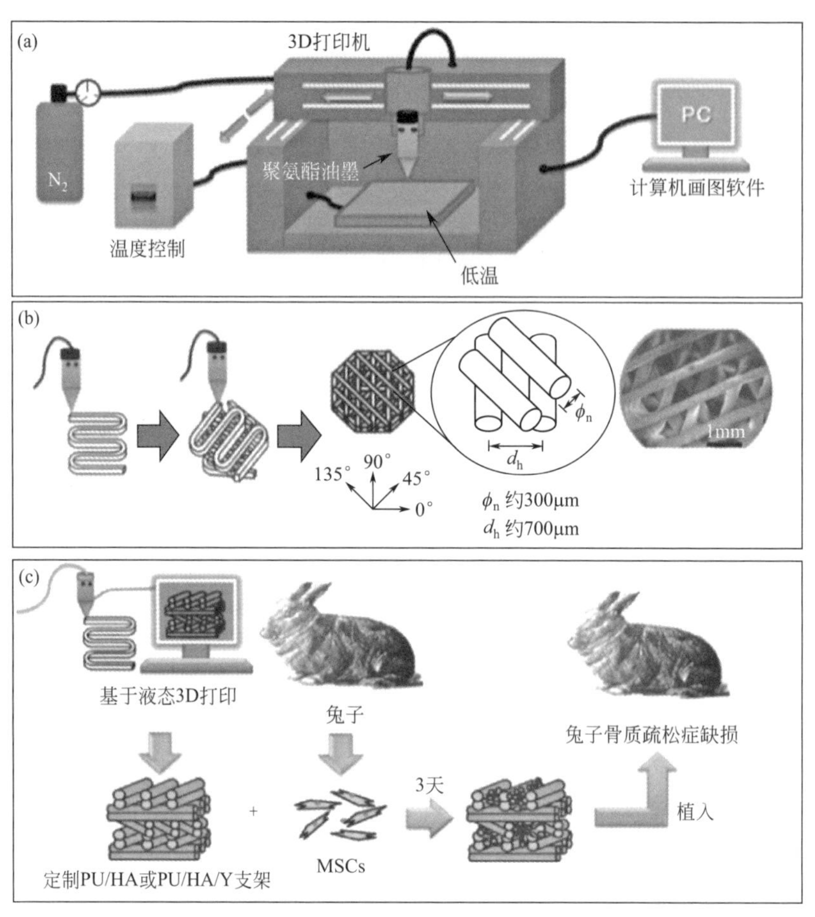

图 3-22 低温熔融沉积（LFDM）3D 打印方式制成聚氨酯支架（a）、打印过程及微观组织（b）和动物实验示意图（c）（见彩图）

图 3-23 北京化工大学与玲珑轮胎研发的 FDM 制造 TPU 轮胎

工制造，以对传统制造加工业存在的缺陷进行改善。TPU 线材可熔融加工并适用于高精度和高分辨率打印，使用 FDM 技术可以加快先进零件的制作设计过程；在影视动漫行业，模型的设计结构复杂，成品颜色多样，TPU 线材由于透明度高，对于后期模型上色具有独特的优势，同时 TPU 线材柔软、耐用，也使得 3D 打印的动漫人物模型更加活灵活现。TPU

线材由于其独特的性能，结合FDM打印技术在教育、医疗、模型制作等领域都有很广泛的应用。

3.7 总结与展望

我国在传统的材料制造技术领域与发达国家差距很大，短期内很难显著缩小差距。但在3D打印的科学研究和技术发展方面，我国发展3D打印技术的起步时间比欧美仅晚3～5年，中国和发达国家差距很小，有个别方面甚至领先。然而，我国原始创新不多，技术链不够完整，产业发展与欧美相比差距显著，仍需进一步加强研究和产业化应用。FDM用工程材料需要继续提升强度、韧性、耐高温和抗冲击性能，满足工业领域的广泛应用。借鉴国外新材料研发成功经验，完善理论研究，为新材料的研究提供理论支持。美国和德国是世界3D打印技术发展的最先进国家，我国FDM材料产业发展应认真地研究和借鉴美国和德国的成功经验。

参考文献

[1] 陈明.熔丝沉积快速成形的控制及软件系统的研究[D].武汉：华中科技大学，2004.

[2] 罗凯.木塑复合材料的熔融沉积成型工艺研究[D].哈尔滨：东北林业大学，2011.

[3] 许文慧，于颖，杨婷，等.新型可3D打印聚酰亚胺的制备及其性能研究[J].江西师范大学学报（自然科学版），2018，42（04）：79-84.

[4] 宋丽莉.熔融沉积制造成型过程的数值模拟[D].北京：北京化工大学，2005.

[5] 孟陈力.FDM成型性能的影响因素分析及试验研究[D].哈尔滨：哈尔滨理工大学，2017.

[6] 刘红武.逆向工程和快速成型集成技术在发动机开发中的应用[D].昆明：昆明理工大学，2007.

[7] 李峰.FDM支撑原理及支撑工艺研究[D].西安：西南交通大学，2017.

[8] 王广春，赵国群.快速成型与快速模具制造技术及其应用[M].北京：机械工业出版社，2013.

[9] 姜希雅，廖欢，苏凌峰，等.水溶性3D打印支撑材料研究进展[J].塑料科技，2018，46（1）：117-119.

[10] Armillotta A，Bellotti M，Cavallaro M. Warpage of FDM parts：Experimental tests and analytic mod-

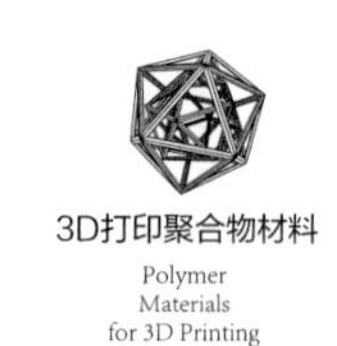

el [J]. Robotics and Computer-Integrated Manufacturing，2018，50：140-152.

[11] Boyard N，Christmann O，Rivette M，et al. Support optimization for additive manufacturing：application to FDM [J]. Rapid Prototyping Journal，2018，24 (1)：69-79.

[12] 倪菲. 熔融沉积成型用聚乙烯醇水溶性支撑材料制备及其性能研究 [D]. 济南：山东大学，2018.

[13] Park S J，Lee J E，Park J H，et al. Enhanced solubility of the support in an FDM-based 3D printed structure using hydrogen peroxide under ultrasonication [J]. Advances in Materials Science and Engineering，2018，2018：1-10.

[14] 陈卫. 熔融沉积成型用聚乙烯醇支撑丝材的制备及产业化 [D]. 武汉：武汉工程大学，2015.

[15] 庞晓华. 巴斯夫、诺维信和嘉吉公司宣布生物基丙烯酸工艺获重大突破 [J]. 橡塑技术与装备，2013 (8)：44.

[16] 陈硕平，易和平，罗志虹，等. 高分子 3D 打印材料和打印工艺 [J]. 材料导报，2016，30 (7)：54-59.

[17] 黄立本，张立基，赵旭涛. ABS 树脂及其应用 [M]. 北京：化学工业出版社，2001.

[18] 胡金妮，郭乔，宋蓓，等. 塑料泊松比测试标准与测试条件的简要探讨 [J]. 合成材料老化与应用，2014，43 (5)：24-26.

[19] 石安富，龚云表. 工程塑料手册 [M]. 上海：上海科学技术出版社，2001.

[20] 邹国林. 熔融沉积制造精度及快速模具制造技术的研究 [D]. 大连：大连理工大学，2002.

[21] 戈明亮. ABS 树脂阻燃技术研究概况 [J]. 合成材料老化与应用，2006，35 (1)：31-35.

[22] 王宇超. ABS 树脂的热氧老化研究 [D]. 长春：长春工业大学，2018.

[23] 王彬. ABS 树脂生产工艺现状及发展趋势 [J]. 炼油与化工，2008，19 (2)：11-14.

[24] 钱惠斌，王硕，朱庆伟，等. ABS 树脂的生产现状及发展方向：弹性体 [J]. 2012，22 (6)：68-73.

[25] 吕争青，卜乐宏. ABS 塑料的湿热老化性能研究 [J]. 上海第二工业大学学报，2000，17 (1)：14-20.

[26] 崔晋恺，王明义，王晶. PC/ABS 合金研究现状及进展 [J]. 工程塑料应用，2018，46 (7)：122-124.

[27] 张道海，何敏，黄瑞，等. ABS 共混体系的相容性研究进展 [J]. 胶体与聚合物，2016，34 (4)：182-185.

[28] 郭建兵，薛斌，何敏，等. 玻纤增强 ABS 复合材料的制备及性能 [J]. 塑料工业，2009，37 (11)：11-13.

[29] 周健. 硫酸盐晶须改性 ABS 复合材料的性能与微观结构 [J]. 化工学报，2010，61 (1)：243-248.

[30] 李爱平，徐海青，狄健，等. ABS 改性凹凸棒石粘土复合材料的热性能研究 [J]. 化工新型材料，2013，41 (6)：78-86.

[31] 陈晓燕，董发勤，杨玉山，等. 炭黑/碳纤维/ABS 电磁屏蔽复合材料的制备及其性能研究 [J]. 功能材料，2010，41 (4)：570-573.

[32] 李亚东，闫福丰，马亿珠，等. 氮化铝对 ABS 复合材料导热性能的影响 [J]. 2006，34 (11)：63-65.

[33] 陈涛，于晓东，贾茹. 常见 3D 打印用 ABS 树脂的成分和拉伸性能分析 [J]. 塑料科技，2015，43 (7)：89-93.

[34] 乔雯钰，徐欢，马超，等. 3D 打印用 ABS 丝材性能研究 [J]. 工程塑料应用，2016，44 (3)：18-23.

[35] 李前进，诸葛祥群，赵俊，等. 石墨/丙烯腈-丁二烯-苯乙烯共聚物导电 3D 打印复合耗材的制备与性能研究 [J]. 化工新型材料，2018，46 (11)：72-79.

[36] 诸葛祥群，岑发源，成天耀，等. MWNTs/ABS 导电 3D 打印复合耗材的制备与性能 [J]. 2017，46 (2)：62-66.

[37] 肖建华. 3D 打印用碳纤维增强热塑性树脂的挤出成型 [J]. 塑料工业，2016，44 (6)：46-56.

[38] Sithiprumnea Dul，Luca Fambri，Alessandro Pegoretti. Fused deposition modelling with ABS-graphene nanocomposites [J]. Composites Part A：Applied Science and Manufacturing，2016，85：181-191.

[39] Nikzad M，Masood S H，Sbarski I. Thermo-mechanical properties of a highly filled polymeric composites for Fused Deposition Modeling [J]. Materials and Design，2011，32 (6)：3448-3456.

[40] 李蕾，张清怡，衣惠君. 3D 打印用 ABS 的改性与制备 [J]. 工程塑料应用，2018，46 (9)：19-23.

[41] 方禄辉，孙东成，曹艳霞，等. SBS 对 3D 打印 ABS 性能的影响 [J]. 工程塑料应用，2015，43 (9)：54-59.

[42] Carmen R Rocha，Angel R Torrado Perez，David A Roberson，et al. Novel ABS-based binary and ternary polymer blends for material extrusion 3D printing [J]. Journal of Materials Research，2014，29 (17)：1859-1866.

[43] 杨炜锋. 功能性熔融沉积 3D 打印复合材料的制备与性能研究 [D]. 北京：北京化工大学，2018.

[44] Eric J McCullough，Vamsi K Yadavalli. Surface modification of fused deposition modeling ABS to enable rapid prototyping of biomedical microdevices [J]. Journal of Materials Processing Technology，2013，213 (6)：947-954.

[45] Sung-Hoon Ahn，Kyung-Tae Lee，Hyung-Jung Kim，et al. Smart soft composite：An integrated 3D soft morphing structure using bend-twist coupling of anisotropic materials [J]. International Journal of Precision Engineering and Manufacturing，2012，13 (4)：631-634.

[46] Omar Ahmed Mohamed，Syed Hasan Masood，Jahar Lal Bhowmik，et al. Effect of process parameters on dynamic mechanical performance of FDM PC/ABS printed parts through design of experiment [J]. Journal of Materials Engineering and Performance，2016，25 (7)：2922-2935.

[47] 尹远，汪艳. 3D 打印 PC/ABS 合金的性能 [J]. 工程塑料应用，2018，46 (8)：34-39.

[48] Huang Bin，Singamneni Sarat. Raster angle mechanics in fused deposition modelling. Journal of Composite Materials，2015，49 (3)：363-383.

[49] 江圣龙. 聚醚酰亚胺及 ABS/OAT 复合材料熔融沉积成型件性能分析 [D]. 上海：上海大学，2018.

[50] Ahn S H，Montero M，Odell D，et al. Anisotropic material properties of fused deposition modeling ABS [J]. Rapid Prototyping Journal，2002，8(4)：248-257.

[51] Dinesh Kumar S，Nirmal Kannan V，Sankaranarayanan G. Parameter Optimization of ABS-M30i Parts Produced by Fused Deposition Modeling for Minimum Surface Roughness [J]. International Journal of Current Engineering and Technology，2014 (3)：93-97.

[52] 姜鑫. 不同温度条件下 ABS 3D 打印人字齿轮的结构分析 [J]. 精密制造与自动化，2015 (3)：30-32.

[53] 刘晓军，迟百宏，刘丰丰，等. ABS/GF 大型制品 3D 打印成型工艺研究 [J]. 中国塑料，2016，30 (12)：47-51.

[54] 乔女. ABS 材料对讲机外壳设计与 3D 打印优化成型 [J]. 制造业自动化，2017，39 (11)：49-55.

[55] 丁士杰，晋艳娟，刘二强. 正交铺层角度对 FDM 3D 打印 ABS 制品力学性能的影响 [J]. 轻工科技，2019，35 (2)：72-73.

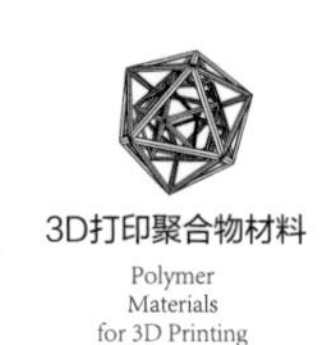

[56] Wang J Y，Xu D D，Sun W，et al. Effects of nozzle-bed distance on the surface quality and mechanical properties of fused filament fabrication parts [J]. IOP Conference Series：Materials Science and Engineering，2019（479）：012094.

[57] 夏斌，杜雨珊，赵信国，等. 微塑料在海洋渔业水域中的污染现状及其生物效应研究进展 [J]. 渔业科学进展，2019，40（3）：1-40.

[58] Hamad K，Kaseem M，Ayyoob M，et al. Polylactic acid blends：The future of green，light and tough [J]. Progress in Polymer Science，2018，85：83-127.

[59] Jing M，Sui G，Zhao J，et al. Enhancing crystallization and mechanical properties of poly（lactic acid）/milled glass fiber composites via self-assembled nanoscale interfacial structures [J]. Composites Part A：Applied Science and Manufacturing，2019，117：219-229.

[60] Bher A，Uysal U I，Auras R，et al. Toughening of poly（lactic acid）and thermoplastic cassava starch reactive blends using graphene nanoplatelets [J]. Polymers，2018，10：95.

[61] 周正发，袁茂全，邢云杰. 直接缩聚合成聚乳酸研究进展 [J]. 现代化工，2003，23（2）：8-14.

[62] 孙媚华，周红军，陈迁，等. 新型催化剂催化直接缩聚法合成聚乳酸研究 [J]. 中国塑料，2011，25（1）：60-64.

[63] 刘辉，王肖杰，张留学. 丙交酯开环聚合法合成高分子量聚乳酸 [J]. 广州化工，2015，43（16）：123-126.

[64] 孙策，吕闪闪，张化腾，等. 聚乳酸及其复合材料降解的研究进展 [J]. 塑料，2018，47（6）：114-117.

[65] 高佳，李琳琳，王战勇. 微生物降解聚乳酸生产乳酸的研究 [J]. 科技通报，2013，29（5）：173-176.

[66] Tokiwa Y，Jarerat A. Biodegradation of poly（L-lactide）[J]. Biotechnology Letters，2004，26：771-777.

[67] 李俊起，朱爱臣，马丽霞，等. 聚乳酸在3D打印医疗器械产品中的研究进展 [J]. 生物医学工程研究，2016，35（4）：309-312.

[68] 马修钰，王建清，王玉峰. 聚乳酸改性的研究进展 [J]. 现代塑料加工应用，2016，28（5）：57-59.

[69] Rosen T，Goldberg I，Navarra W，et al. Block-Stereoblock copolymers of poly（-caprolactone）and poly（lactic acid）[J]. Angew Chem Int Ed Engl，2018，57（24）：7191-7195.

[70] Poudel A J，He F，Huang L，et al. Supramolecular hydrogels based on poly（ethylene glycol）-poly（lactic acid）block copolymer micelles and alpha-cyclodextrin for potential injectable drug delivery system [J]. Carbohydr Polym，2018，194：69-79.

[71] 张文昊. 聚乳酸/聚乙二醇复合材料制备与发泡性能研究 [D]. 广州：华南理工大学，2014.

[72] 何静. 羟脯氨酸共聚改性聚乳酸的研究及其性能测试 [J]. 化工新型材料，2015（9）：216-218.

[73] Zhou L，He H，Li M-C，et al. Enhancing mechanical properties of poly（lactic acid）through its in-situ crosslinking with maleic anhydride-modified cellulose nanocrystals from cottonseed hulls [J]. Industrial Crops and Products，2018，112：449-459.

[74] Liu W，Qiu J，Zhu L，et al. Tannic acid-induced crosslinking of epoxidized soybean oil for toughening poly（lactic acid）via dynamic vulcanization [J]. Polymer，2018，148：109-118.

[75] 顾龙飞，景宜. 马来酸酐接枝聚乳酸与淀粉共混物的研究 [J]. 南京林业大学学报：自然科学版，2013，37（06）：111-115.

[76] 张磊，左丹英. 表面接枝聚乙烯吡咯烷酮的聚乳酸纤维改性 [J]. 纺织学报，2015，36（5）：13-17.

[77] 吴玲玲.氧化石墨烯表面改性聚乳酸薄膜的制备与性能研究[D].杭州：浙江理工大学，2014.
[78] 颜克福，何继敏，李珊珊，等.聚乙二醇/滑石粉共混改性聚乳酸及吹塑薄膜性能的研究[J].塑料工业，2015（5）：98-101.
[79] 胡泽宇，周昌林，雷景新.聚己二酸丁二醇酯增塑聚乳酸的结构与性能[J].塑料工业，2014，42（12）：25-28.
[80] Araújo R S，Ferreira L C，Rezende C C，et al. Poly（lactic acid）/cellulose composites obtained from modified cotton fibers by successive acid hydrolysis [J]. Journal of Polymers and the Environment，2018，26（8）：3149-3158.
[81] 陈美玉，来侃，孙润军，等.大麻/聚乳酸复合发泡材料的力学性能[J].纺织学报，2016，37（1）：28-34.
[82] Bindhu B，Renisha R，Roberts L，et al. Boron nitride reinforced polylactic acid composites film for packaging：Preparation and properties [J]. Polymer Testing，2018，66：172-177.
[83] 马祥艳，周鹏，刘海明，等.聚乳酸/纳米碳酸钙复合材料的制备及性能[J].塑料，2015，44（5）：25-28.
[84] 张云波，乔雯钰，张鑫鑫，等.3D打印用高分子材料的研究与应用进展[J].上海塑料，2015（1）：1-5.
[85] 郑宁来.我国“十三五”重点发展3D打印塑料耗材[J].合成材料老化与应用，2015（5）：144.
[86] 杨锦，贾仕奎，郭香，等.3D打印聚乳酸材料加工技术与应用进展[J].工程塑料应用，2018，46（2）：132-136.
[87] 王成成，李梦倩，雷文，等.3D打印用聚乳酸及其复合材料的研究进展[J].塑料科技，2016，44（6）：89-91.
[88] Al-Rubaiai M，Pinto T，Qian C，et al. Soft actuators with stiffness and shape modulation using 3D-printed conductive polylactic acid material [J]. Soft Robot，2019.
[89] Wang J，Li H，Liu R，et al. Thermoelectric and mechanical properties of PLA/$Bi_{0.5}Sb_{1.5}Te_3$ composite wires used for 3D printing [J]. Composites Science and Technology，2018，157：1-9.
[90] Kim M，Jeong J H，Lee J Y，et al. Electrically conducting and mechanically strong graphene-polylactic acid composites for 3D printing [J]. ACS Appl Mater Interfaces，2019，11（12）：11841-11848.
[91] Balani S Bakrani，Chabert F，Nassiet V，et al. Influence of printing parameters on the stability of deposited beads in fused filament fabrication of poly（lactic）acid [J]. Additive Manufacturing，2019，25：112-121.
[92] Wang S，Capoen L，D'hooge D R，et al. Can the melt flow index be used to predict the success of fused deposition modelling of commercial poly（lactic acid）filaments into 3D printed materials? [J]. Plastics，Rubber and Composites，2017，47（1）：9-16.
[93] 李长恒，徐井利，秦贞明，等.3D打印聚乳酸/CF便携式塑料挂钩[J].工程塑料应用，2017，45（2）：73-76.
[94] 刘丰丰，杨卫民，王成硕，等.熔融微分3D打印制造MWCNTs/聚乳酸可导电功能性制品[J].塑料，2016（6）：1-4.
[95] 张海峰，杜子婧，姜闻博，等.3D打印聚乳酸-HA复合材料与骨髓基质细胞的相容性研究[J].组织工程与重建外科，2015，11（6）：349-353.

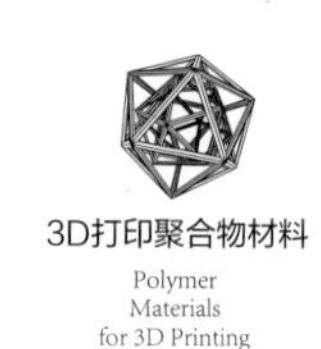

[96] Niaza K V, Senatov K V, Stepashkin A, et al. Long-term creep and impact strength of biocompatible 3D-printed PLA-based scaffolds [J]. Nano Hybrids and Composites, 2017, 13: 15-20.

[97] Yi W D T, Panda B, Paul S C, et al. 3D printing trends in building and construction industry: a review [J]. Virtual & Physical Prototyping, 2017, 12 (3): 1-16.

[98] 颜景丹，张永刚，王国未，等.改性聚乳酸材料应用于汽车部件的可行性分析及验证 [J]. 汽车工艺与材料，2017（10）：65-68.

[99] 彭为. 3D打印技术在中国军工企业中的应用 [J]. 电子机械工程，2014，30（3）：49-52.

[100] Schmidt M, Pohle D, Rechtenwald T. Selective laser sintering of PEEK [J]. CIRP Annals -Manufacturing Technology, 2007, 56 (1): 205-208.

[101] Valentan B, Kadivnik Z, Brajlih T, et al. Processing poly (ether ether ketone) on a 3D printing for thermoplastic modelling [J]. Materials Technology, 2013, 47: 715-721.

[102] Vaezi M, Shoufeng Y. Extrusion-based additive manufacturing of PEEK for biomedical applications [J]. Virtual and Physical Prototyping, 2015: 123-135.

[103] Wu W Z, Geng P, Zhao J, et al. Manufacture and thermal deformation analysis of semicrystalline polymer polyether ether ketone by 3D printing [J]. Materials Research Innovations, 2014, 18 (S5): 12-16.

[104] Wu W Z, Geng P, Li G W, et al. Influence of layer thickness and raster angle on the mechanical properties of 3D-printed PEEK and a comparative mechanical study between PEEK and ABS [J]. Materials, 2015, 8 (9): 5834-5846.

[105] 赵峰，李涤尘，靳忠民，等. PEEK熔融沉积成形温度对零件拉伸性能的影响 [J]. 电加工与模具，2015（5）：43-47.

[106] Yang C, Tian X, Li D, et al. Influence of thermal processing conditions in 3D printing on the crystallinity and mechanical properties of PEEK material [J]. Journal of Materials Processing Technology, 2017, 248: 1-7.

[107] Kang J, Wang L, Yang C, et al. Custom design and biomechanical analysis of 3D-printed PEEK rib prostheses [J]. Biomechanics and Modeling in Mechanobiology, 2018.

[108] Xiao S, Liang C, Hong M, et al. Experimental analysis of high temperature PEEK materials on 3D printing test [C]. 2017 9th International Conference on Measuring Technology and Mechatronics Automation (ICMTMA). IEEE Computer Society, 2017.

[109] Deng X H, Zeng Z, Peng B, et al. Mechanical properties optimization of poly-ether-ether-ketone via fused deposition modeling [J]. Materials, 2018, 11: 216.

[110] 史长春，胡镔，陈定方，等. 聚醚醚酮3D打印成形工艺的仿真和实验研究 [J]. 中国机械工程，2018（17）：2119-2124.

[111] Ahn D, Kweon Jin-Hwe, Choi Seokhee, et al. Quantification of surface roughness of parts processed bylaminated object manufacturing [J]. Journal of Materials Processing Technology, 2012, 212 (2): 339-346.

[112] Dudek P. FDM 3D printing technology in manufacturing composite elements [J]. Archives of Metallurgy and Materials, 2013, 58: 1415-1418.

[113] 高燕. 聚醚醚酮流变行为的研究及3D成型加工 [M]. 北京：中国科学院化学研究所，2019.

[114] Luo M, Tian X Y, Zhu W J, et al. Controllable interlayer shear strength and crystallinity of PEEK components by laser-assisted material extrusion [J]. Journal of Materials Research, 2018, 33 (11): 1632-1641.

[115] Berretta S, Davies R, Shyng Y T, et al. Fused deposition modelling of high temperature polymers: Exploring CNT PEEK composites [J]. Poltmer Testing, 2017, 63: 251-262.

[116] Jordana G, Patrícia L, Beate K, et al. Electrically conductive polyetheretherketone nanocomposite filaments: from production to fused deposition modeling [J]. Polymers, 2018, 10: 925.

[117] Stepashkin A A, Chukov D I, Senatov F S, et al. 3D-printed PEEK-Carbon fiber (CF) composites: Structure and thermal properties [J]. Composites Science & Technology, 2018, 164: 319-326.

[118] Li Q S, Zhao W, Li Y X, et al. Flexural properties and fracture behavior of CF/PEEK in orthogonal building orientation by FDM: microstructure and mechanism [J]. Polymer, 2019, 11: 656.

[119] Luo M, Tian X Y, Shang J F, et al. Impregnation and interlayer bonding behaviours of 3D-printed continuous carbon-fiber-reinforced poly-ether-ether-ketone composites [J]. Composites Part A, 2019, 121: 130-138.

[120] 蒋玉新. 浅谈热塑性聚氨酯的注塑工艺性能 [J]. 聚氨酯工业, 1999 (1): 32-34.

[121] 任树岭. 热塑性聚氨酯注塑成型制品不良原因及处理方法 [J]. 聚氨酯工业, 2005.

[122] 吴天火. 环保型免充气聚氨酯轮胎: CN1651271 [P]. 2005-08-10.

[123] Bates S R G, Farrow I R, Trask R S. 3D printed polyurethane honeycombs for repeated tailored energy absorption [J]. Materials & Design, 2016, 112: 172-183.

[124] Rigotti D, Dorigato A, Pegoretti A. 3D printable thermoplastic polyurethane blends with thermal energy storage/release capabilities [J]. Materials Today Communications, 2018, 15: 228-235.

[125] 甄建军, 翟文. 微相分离对聚氨酯弹性体耐热性能的影响研究 [J]. 弹性体, 2009, 19 (1): 23-25.

[126] Bressan L, Adamo C B, Quero R F, et al. Simple procedure to produce FDM-based 3D-printed microfluidic devices with integrated PMMA optical window [J]. Analytical Methods, 2019, 11 (8).

[127] Hod Lipson, Melba Kurman. Fabricated: The New World of 3D Printing [M]. USA: John Wiley & Sons Inc, 2013: 52-54.

[128] 何健雄, 王一良. 一种 3D 打印机用 TPU 材料及其制备方法: CN 104497548A[P]. 2015-04-08.

[129] 朱彦博, 杜森, 陆超华, 等. 3D 打印 TPU 软材料工艺参数对层间粘接的影响 [J]. 高分子学报, 2018 (4): 532-540.

[130] TPU 用于 SLS 打印运动鞋中底的研究 [C] //特种加工技术智能化与精密化——第 17 届全国特种加工学术会议论文集 (摘要), 2017.

[131] 华北. 北化和玲珑轮胎开发出 3D 打印聚氨酯轮胎 [J]. 中国橡胶, 2017, 33 (14): 13.

[132] Advanc3D 推出用于 3D 打印的 TPU 材料 [J]. 塑料科技, 2017 (4): 52-52.

[133] 王天田. 3D 打印热塑性聚氨酯 [J]. 橡胶参考资料, 2018 (1).

[134] Gasparotti E, Vignali E, Losi P, et al. A 3D printed melt-compounded antibiotic loaded thermoplastic polyurethane heart valve ring design: an integrated framework of experimental material tests and numerical simulations [J]. International Journal of Polymeric Materials and Polymeric Biomaterials, 2019, 68 (1-3).

[135] Ge C, Priyadarshini L, Cormier D, et al. A preliminary study of cushion properties of a 3D printed

thermoplastic polyurethane Kelvin foam [J]. Packaging Technology & Science, 2017 (3).

[136] Verstraete G, Samaro A, Grymonpré W, et al. 3D printing of high drug loaded dosage forms using thermoplastic polyurethanes [J]. International Journal of Pharmaceutics, 2017, 536 (1): S0378517317311298.

[137] Chung M, Radacsi N, Robert C, et al. On the optimization of low-cost FDM 3D printers for accurate replication of patient-specific abdominal aortic aneurysm geometry [J]. 3D Print Med, 2018, 4 (1): 2.

[138] Cataldi A, Rigotti D, Nguyen V D H, et al. Polyvinyl alcohol reinforced with crystalline nanocellulose for 3D printing application [J]. Material Today Communications, 2018, 15: 236-244.

[139] Evans K A, Kennedy Z C, Arey B W, et al. Chemically active, porous 3D-printed thermoplastic composites [J]. Acs Appl Mater Interfaces, 2018, 10 (17): 15112-15121.

[140] Bezukladnikov I I, Khizhnyakov Y N, Yuzhakov A A. Neuro-fuzzy control of the process of feeding wire material in additive technologies of the FDM family [J]. Russian Electrical Engineering, 2017, 88 (11): 697-700.

[141] 郭宇鹏，李玉新. FDM技术原理特点及成型质量分析 [J]. 科技视界，2016 (26): 14-15.

[142] Dudek P. FDM 3D printing technology in manufacturing composite elements [J]. Archives of Metallurgy & Materials, 2013, 58 (4): 1415-1418.

[143] Long J, Gholizadeh H, Lu J, et al. Application of fused deposition modelling (FDM) method of 3D printing in drug delivery [J]. Current Pharmaceutical Design, 2017, 23 (3).

[144] Yuen P K. Embedding objects during 3D printing to add new functionalities [J]. Biomicrofluidics, 2016, 10 (4): 1720-1742.

[145] Kim K, Park J, Suh J H, et al. 3D Printing of multiaxial force sensors using carbon nanotube (CNT) /thermoplastic polyurethane (TPU) filaments [J]. Sensors & Actuators A Physical, 2017, 263: 493-500.

[146] Hung K C, Tseng C S, Hsu S H. Synthesis and 3D printing of biodegradable polyurethane elastomer by a water-based process for cartilage tissue engineering applications [J]. Advanced Healthcare Materials, 2015, 3 (10): 1578-1587.

[147] 左世全. 我国3D打印发展战略与对策研究 [J]. 世界制造技术与装备市场，2014 (5): 44-50.

[148] Melnikova R, Ehrmann A, Finsterbusch K. 3D printing of textile-based structures by fused deposition modelling (FDM) with different polymer materials [J]. Materials Science and Engineering, 2012, 62 (1): 12-18.

[149] Shie M Y, Chang W C, Wei L J, et al. 3D printing of cytocompatible water-based light-cured polyurethane with hyaluronic acid for cartilage tissue engineering applications [J]. Materials, 2017, 10 (2): 136.

[150] 徐巍. 快速成型技术之熔融沉积成型技术实践教程 [M]. 上海：上海交通大学出版社，2015.

[151] Sadia M, Sośnicka A, Arafat B, et al. Adaptation of pharmaceutical excipients to FDM 3D printing for the fabrication of patient-tailored immediate release tablets [J]. International Journal of Pharmaceutics, 2016, 513 (1-2): 659-668.

[152] 吴平. 3D打印技术及其未来发展趋势 [J]. 印刷质量与标准化，2014 (1): 8-10.

[153] 赵婧. 3D 打印技术在汽车设计中的应用研究与前景展望 [D]. 太原：太原理工大学，2014.

[154] Colasante C，Sanford Z，Garfein E. Current trends in 3D printing，bioprosthetics，and tissue engineering in plastic and reconstructive surgery [J]. Curr Surg Rep，2016，4 (2)：1-14.

[155] 余冬梅，方奥，张建斌. 3D 打印材料 [J]. 金属世界，2014 (5)：6-13.

[156] 陈晓东，周南桥，张海. 国内外聚氨酯轮胎的研究进展 [J]. 轮胎工业，2007，27 (2)：67-71.

[157] Reggie Collette. Polyurethane and rubber tires：A comparative overview [J]. Tire Technology International，2010：27-28.

[158] Peng F，Jiang H，Woods A，et al. 3D printing with core-shell filaments containing high or low density polyethylene shells [J]. ACS Applied Polymer Materials，2019，1 (2)：275-285.

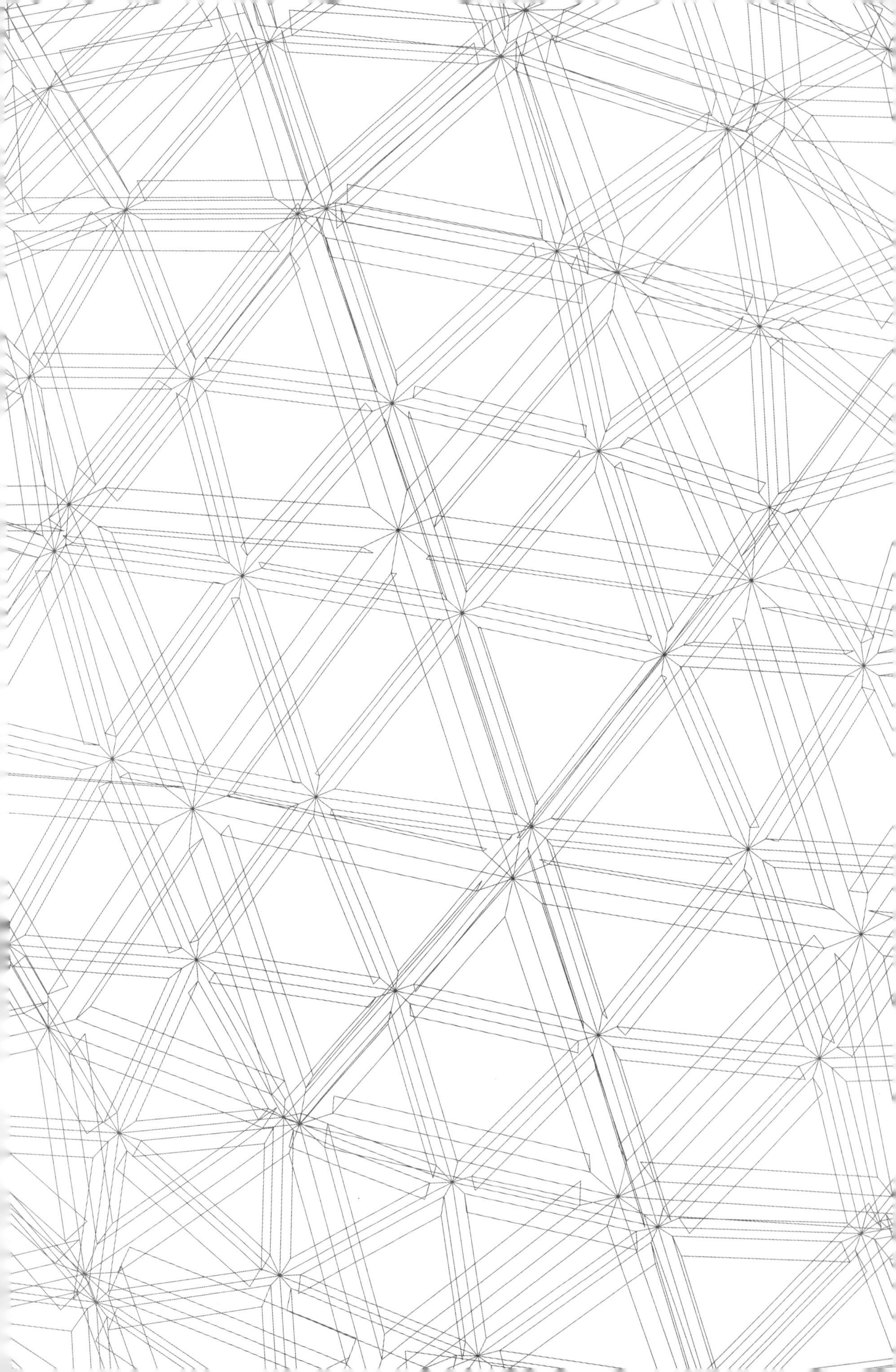

第 4 章
3D 打印聚合物光敏材料

4.1 光敏材料与光固化反应原理

4.1.1 光敏材料

光敏材料是一种可以在特定波长光照射下发生聚合反应的液态混合物，主要由低聚物（齐聚物）、活性稀释剂（反应性单体）和光引发剂以及其他助剂组成。

(1) 低聚物

低聚物又叫齐聚物，也被称为预聚物，是含有不饱和双键或者环氧键等不饱和官能团的低分子聚合物，低聚物的分子上都带有进行光固化反应的活性种，经过引发聚合，分子量就会快速上升，迅速将液体变为固体。低聚物是光敏树脂中的主要组分，对光敏材料的主要性能起着决定性作用。按照光固化聚合原理，低聚物被分为自由基型低聚物和阳离子低聚物。

① 自由基型低聚物带有能够发生自由基聚合的活性基团，如丙烯酰氧基（$H_2C=CH-COO-$）、乙烯基（$H_2C=CH-$）、甲基丙烯酰氧基［$H_2C=C(CH_3)COO-$］、烯丙基（$H_2C=CH-CH_2-$）等。这些活性基团根据自身所处的空间结构差异，其活性大小也是各不相同的，以上基团活性顺序为：丙烯酰氧基＞甲基丙烯酰氧基＞乙烯基＞烯丙基。因此，自由基型低聚物主要是各类丙烯酸树脂，如环氧丙烯酸酯树脂、聚氨酯丙烯酸酯树脂、聚酯丙烯酸酯树脂以及乙烯基树脂等。其中，环氧丙烯酸酯根据主链结构的不同可以分为五类，包括双酚A型、双酚F型、双酚S型、氢化双酚A型和羟甲基双酚A型环氧树脂。

② 阳离子低聚物由于光引发剂的不同，选用的低聚物也是不一样的，阳离子体系的低聚物带有环氧基团或者乙烯基醚基团，如双酚A环氧树脂、脂肪族环氧乙烷、脂环族环氧乙烷，包括常用的3,4-环氧环己基甲酸酯、双［(3,4-环氧环己基）甲基］己二酸酯以及烯丙基醚、苄基醚、丙烯基醚和炔丙基醚类脂环族环氧化合物。

由于低聚物在光敏材料中担任着主要角色，决定了制件的很多性能，因此，在选择光敏树脂时低聚物需要考虑很多因素。主要有以下几个方面：

① 黏度　黏度可以反映光敏树脂的流动性和可加工性，合适的黏度既可以提高制件速度又可以提高制件的精度。当选用黏度低的低聚物时，活性稀释剂的量会相应降低，这样可以降低固化收缩率，但是黏度低的低聚物也意味着分子量比较低，也会影响制件的力学性能，因此，在选取低聚物时要权衡黏度和力学性能。

② 光固化速度　在使用3D打印机进行打印时，激光扫描要求光敏树脂在短时间内发生反应，因此，光固化速度快的低聚物不仅能响应3D打印机的需要，而且可以缩短制作周期，提高生产效率。通常，官能度高的低聚物固化速度快。

③ 力学性能　低聚物决定着光敏树脂固化后的力学性能，一般官能度高、分子链中含有苯环结构，拉伸强度、弯曲强度、硬度等略高；含有醚键或者脂肪族碳链结构，制件的柔

韧性较好。

④ 收缩率　对于3D打印，制件的收缩率是很重要的一个性能指标，如果固化收缩率高，在打印中制件容易产生翘曲变形，既影响制件的外观，又影响制件的精度和性能。一般而言，当官能度高时，固化收缩率大，因此，在不影响固化速度的同时应选择官能度低的低聚物。

⑤ 气味和毒性　3D打印未来倾向于小型化、办公室化、家庭化，光敏树脂应尽量选取毒性小、气味低、对人体无明显伤害的低聚物。

(2) 活性稀释剂

活性稀释剂又被称为反应性单体，其主要是含有可以发生光聚合反应双键的有机小分子物质。在光敏树脂中主要起到稀释和调节黏度的作用，在整个光聚合过程中，活性稀释剂都会参与反应，因此，会影响光敏材料的各方面性能。活性稀释剂又分为自由基活性稀释剂和阳离子活性稀释剂。

① 对于自由基活性稀释剂而言，单官能度活性稀释剂分子量低、链长较短，并且分子结构中只有一个活性基团，因此具有低交联密度、低固化速度、高转化率、低体积收缩率、低黏度等特点。常见的单官能度活性稀释剂有丙烯酸丁酯、醋酸乙烯酯、丙烯酸羟乙酯、异冰片基丙烯酸酯等。双官能度活性稀释剂由于分子结构中有两个活性基团，因此，与单官能度活性稀释剂相比，固化速度更快，并且，固化时可以形成交联网状体系，固化后拉伸强度、弯曲强度、硬度等都有提高。常见的双官能度活性稀释剂有1,6-己二醇二丙烯酸酯（HDDA）、二缩三丙二醇二丙烯酸酯（TPGDA）、新戊二醇二丙烯酸酯（DPGDA）等。多官能度活性稀释剂中含有三个或者三个以上的活性基团，与单官能度和双官能度活性稀释剂相比，固化速度快，并且能形成三维网状结构。但是随着官能度的增加，树脂固化收缩率也会增大。常见的多官能度活性稀释剂有三羟甲基丙烷三丙烯酸酯（TMPTA）、季戊四醇三丙烯酸酯（PET3A）、季戊四醇四丙烯酸酯（PET4A）。

② 阳离子活性稀释剂是一种在聚合过程中能够发生体积膨胀的单体物质，主要包括乙烯基醚单体，即羟丁基乙烯基醚、三乙二醇二乙烯基醚、1,4-环己基二甲醇二乙烯基醚、丁基乙烯基醚等。另外一类是杂环类单体，如环氧乙烷或者氧杂环丁烷。为了进一步降低光聚合收缩率，近期发现一些多环单体在发生开环聚合时甚至出现体积膨胀的现象。可进行阳离子聚合的单体主要有螺环原碳酸酯、螺环原酸酯、双环原酸酯、双环内酯等4类单体。

(3) 光引发剂

任何能吸收辐射能，经过化学变化产生具有引发聚合能力的活性中间体的物质都可称为光引发剂。光引发剂在光敏树脂组成里面是不可或缺的物质，光敏树脂的固化速度主要由光引发剂决定。

按照光引发机理的不同，一般将光引发剂分为自由基型光引发剂、阳离子型光引发剂。

① 自由基型光引发剂根据裂解后聚合机理的差异分为裂解型光引发剂（也称第Ⅰ类光引发剂）和提氢型光引发剂（也称为第Ⅱ类光引发剂）。裂解型光引发剂在被紫外线激发后，电子从基态跃迁到激发态，随后窜越到激发三线态，激发单线态和激发三线态的分子都不稳定，其弱键会发生均裂，产生初级活性基团，初级活性基团引发不饱和双键发生交联固化。常见的有苯偶酰及其衍生物（也称为安息香醚类）、苯偶酰缩酮类，最常用的衍生物是α,α-

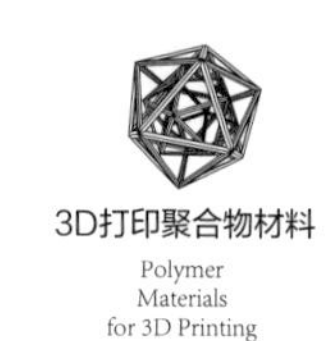

二甲氧基苯偶酰缩酮（651）(结构式见图 4-1)、苯乙酮及其衍生物如 1-羟基环己基苯甲酮(184)(结构式见图 4-2)、2-羟基-2-甲基-1-苯基-1-丙酮（1173）(结构式见图 4-3）等。提氢型光引发剂多为二苯酮或者杂环芳酮化合物，通常与助引发剂即氢供体发生双分子作用，夺取化合物中的活泼氢形成自由基，引发聚合。常用的助引发剂包括叔胺类、硫醇类以及醇胺类化合物。

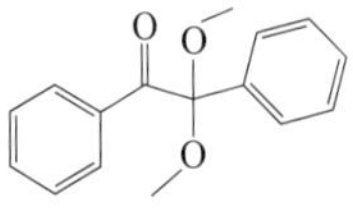

图 4-1　光引发剂 651 化学结构式

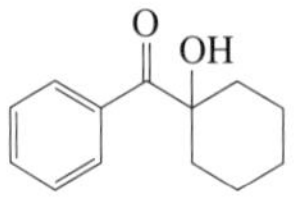

图 4-2　光引发剂 184 化学结构式

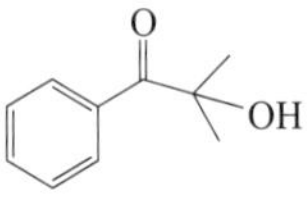

图 4-3　光引发剂 1173 化学结构式

② 阳离子型光引发剂是分子在受到紫外线激发后，发生了烯类分解，产生超强质子酸或者是路易斯酸，从而引发低聚物或者活性稀释剂进行聚合反应。阳离子光引发剂和自由基光引发剂比较，阳离子固化不受氧阻聚影响，但是对水、碱类物质很敏感。阳离子的优点是固化体积收缩小，附着力强，具有可进行深层固化的优势。常用的阳离子光引发剂包括重氮盐、二芳基碘鎓盐（结构式见图 4-4)、三芳基硫鎓盐（结构式见图 4-5)、铁茂芳盐等。

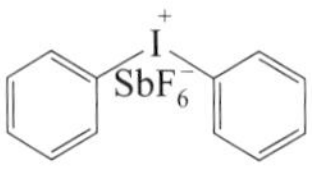

图 4-4　光引发剂二芳基碘鎓盐结构式

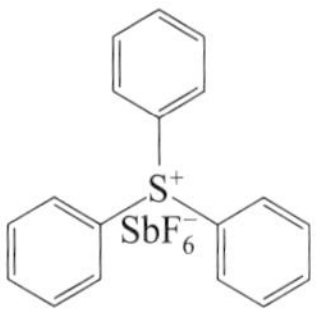

图 4-5　光引发剂三芳基硫鎓盐结构式

(4) 其他助剂

光敏树脂中经常会加一些助剂，如流平剂、消泡剂、光敏剂等。流平剂是为了提高树脂的流动性；消泡剂可用来消除液态光敏树脂里面的气泡；而光敏剂是为了提高光引发剂对光的吸收。助剂的用量都比较少，一般在光敏树脂体系中含量在 1%以下。

4.1.2　光固化反应机理

光敏材料在光照射下，体系中的光引发剂能够生成可引发单体聚合反应的活性碎片（自由基或阳离子)，引发光固化材料中的活性单体、预聚体发生聚合、交联反应，最终形成三维网状结构。根据固化机理的不同，光固化反应机理可以分为自由基聚合反应和阳离子聚合反应。

(1) 自由基聚合反应

主要分为三个阶段：链引发、链增长和链终止。

① 链引发　光引发剂 PI 在进行光照后，从基态激发到活跃的单线态或是三线态，产生可以引发聚合反应的活性自由基 R·，其再和低聚物或者活性稀释剂 M 相互作用，夺取双键电子，使成键电子对孤立，或者从低聚物或者活性稀释剂等氢原子供体上夺取质子，形成

单体或预聚体活性种，如式(4-1) 和式(4-2) 所示。

$$\mathrm{PI} \xrightarrow{h\nu} \mathrm{R}\cdot \tag{4-1}$$

$$\mathrm{R}\cdot + \mathrm{M} \xrightarrow{h\nu} \mathrm{RM}\cdot \tag{4-2}$$

② 链增长　活性稀释剂或者低聚物的活性种具有很高的化学活性，可以打开双键分子的 π 键，形成新的活性种，并且这个活性种仍不会衰减，能连续参与加成反应，使得链增长，并形成末端具备活性中心的活性链 $\mathrm{RM}_n\cdot$，如式(4-3) 所示。

$$\mathrm{RM}\cdot + (n-1)\mathrm{M} \xrightarrow{h\nu} \mathrm{RM}_n\cdot \tag{4-3}$$

③ 链终止　活性链 $\mathrm{RM}_n\cdot$ 在进行加成反应的过程中，可能与另一个活性链反应或与反应器发生碰撞，这样均会导致活性中心失去原有的活性而形成聚合物。

(2) 阳离子聚合反应

主要分为阳离子开环聚合和阳离子双键聚合。环氧树脂由于具有环张力，常用来作为阳离子开环树脂，乙烯基类树脂带有双键，被用来作为阳离子双键聚合树脂。阳离子聚合反应主要是在紫外线的作用下，光引发剂鎓盐活化分解，产生超强质子酸，同时还会生成自由基，超强质子酸可以和单体或者低聚物发生阳离子聚合，或者夺取单体或低聚物上氢原子的电子，生成一个质子，由质子引发聚合反应。

阳离子开环聚合，其反应机理为（以二芳基碘鎓盐为例）：

① 链引发

$$\mathrm{Ar_2I^+X^-} \xrightarrow{h\nu} \mathrm{ArI^+X^-} + \mathrm{Ar}\cdot \rightleftharpoons \mathrm{ArI^+} + \mathrm{X^-} + \mathrm{Ar}\cdot$$

$$\mathrm{ArI^+} + \mathrm{HR} \longrightarrow \mathrm{ArI} + \mathrm{H^+} + \mathrm{R}\cdot$$

$$\overset{+}{\mathrm{Y}}\overset{-}{\mathrm{X}} + \mathrm{O}\langle\begin{smallmatrix}\mathrm{CH_2}\\ |\\ \mathrm{CH{-}R}\end{smallmatrix} \longrightarrow \overset{+}{\mathrm{Y}}\text{---}\mathrm{O}\langle\begin{smallmatrix}\mathrm{CH_2}\\ |\\ \mathrm{CH{-}R}\end{smallmatrix}$$

式中，$\overset{+}{\mathrm{Y}}$ 表示阳离子 $\mathrm{ArI^+}$、$\mathrm{H^+}$，$\mathrm{X^-}$ 表示阴离子基团。

② 链增长

$$\mathrm{Y{-}O{-}CH_2{-}\underset{\mathrm{R}}{\overset{+\ -}{CHX}}} + \mathrm{CH_2{-}CH{-}R}\ (\text{环氧}) \longrightarrow \mathrm{Y{-}O{-}CH_2{-}\underset{\mathrm{R}}{CH}{-}O{-}CH_2{-}\underset{\mathrm{R}}{\overset{+\ -}{CHX}}} \longrightarrow$$

$$\mathrm{Y{-}O{-}CH_2{-}\underset{\mathrm{R}}{CH}{-}O{-}CH_2{-}\underset{\mathrm{R}}{CH}}\sim\sim\mathrm{O{-}CH_2{-}\underset{\mathrm{R}}{\overset{+\ -}{CHX}}}$$

式中，$\mathrm{Y^+}$ 表示阳离子 $\mathrm{ArI^+}$、$\mathrm{H^+}$，$\mathrm{X^-}$ 表示阴离子基团。

③ 链终止

$$\mathrm{Y{-}\overset{+}{O}}\langle\begin{smallmatrix}\mathrm{CH_2}\\ |\\ \mathrm{\overset{-}{CH}{-}R}\end{smallmatrix} + \mathrm{XB} \longrightarrow \mathrm{Y{-}O{-}CH_2{-}\underset{\mathrm{R}}{CH}{-}B} + \mathrm{X^-}$$

4.1.3 光固化 3D 打印成形方法与成形机理

光固化原型（stereolithography，SL）也称为光固化成形或光固化，是目前应用最广泛，也是最成熟的一种 3D 打印技术。它以液态光敏树脂为原材料，利用激光或者紫外线按规定零件的各切层信息选择性固化液态树脂，从而形成一个固体薄面，加工完一层后，工作台运动，在液槽内重新涂覆一层树脂，进行固化，如此循环，直到整个零件加工完成。光固化成形工艺首次提出是在 1986 年，Charles Hull 率先提出了光固化成形工艺。同年，他创立了世界上第一家 3D 打印公司——3D Systems 公司，并且该公司在 1988 年生产出了世界上第一台光固化成形机——SLA-250，这是基于激光扫描的光固化成形机。随着技术的进步，液晶显示（liquid crystal display，LCD）、数字微镜（digital micromirror device，DMD）、硅基液晶（liquid cristal on silicone，LCoS）等图案掩膜生成技术的发展，光固化成形技术与图案掩膜生成技术联合使用，通过固化整层材料的方式，极大地提高了光固化生产率。这是光固化成形技术发展的一个里程碑式进步。

① 激光扫描光固化　激光扫描光固化（laser scanning stereolithography）利用的光源是由激光器发出的激光束加工。由于激光束在液面上以光斑的形态扫描和固化材料，所以也常常被称为点扫描光固化成形技术。它的工艺原理是利用 CAD 对所需要成形的零件进行建模，将建成的模型离散化，得到能够应用于光固化成形机的 STL 文件格式。然后将 STL 文件导入切层软件，按照一定的层厚进行切层，从而形成一系列二维平面图形。再利用线性算法对所形成的二维图像进行扫描路径规划，得到包括截面轮廓路径和内部扫描路径两方面的最佳路径。切片信息及所生成的路径信息作为命令文件导入控制成形机，进而由成形机控制激光束进行扫描固化。

激光扫描光固化成形工艺的成形过程如图 4-6(a) 所示，液槽中装满液态光敏性树脂，激光器发出的激光束在成形机的控制下按零件的各截面分层信息在光敏树脂表面进行逐点扫描，被激光扫描的树脂区域产生光聚合反应固化，形成一个薄层。一层固化完毕后，工作台向下移动一个层厚，使固化在工作台上的上一固化层上涂覆一层新的树脂，然后激光束根据模型第二层的分层信息进行液态树脂的扫描固化，使新固化的一层牢牢粘接在上一固化层上，如此重复直到整个零件加工完成，得到一个三维实体零件。

光固化成形系统在获取单层（每一层片）信息后，通过控制激光束按要求扫描树脂液面，分为轮廓扫描和实体填充扫描。当树脂接受光照后，如果被照射区域的曝光量超过树脂的临界曝光量，树脂发生聚合反应，由液态转变为凝胶态，进一步接受光照，逐渐变为固态，并且密度进一步增加。一次固化一个层片，然后逐层堆积，直至完成三维模型。

单层的成形就是通过控制激光束进行有序的扫描使得所要求区域的液态树脂转变为固态，实体填充扫描正是为了得到 CAD 模型对应切片实体部分材料的转变，而轮廓扫描却是为了得到更精确的薄层边界或轮廓，同时也起到封住已固化部分未发生转变的残留液态树脂材料，而三维的成形就是层层的堆积过程。

单激光束扫描液面后所固化的形状是这种材料堆积成形最基本的单元，它的形状以及单元体积决定着后续堆积的顺序、堆积的方式，同时也决定着堆积的精度、效率。理论上讲，增大堆积的单元体积，可提高堆积的效率；而减小单元体积，可以提高堆积时的分辨率，使

得实际模型与理想模型的逼近程度得以提高，从而有利于提高堆积的精度，并且单元体积越小，越容易成形出具有微细结构的零件。

从增材制造技术的扫描过程可以看出，光斑直径影响区域是增材制造的最小制作单元，可将扫描过程看作是光斑直径影响区域在 XY 方向连成的直线，填充间距是这些扫描单线之间的间隔，决定了制作单层内扫描单线的数目，因此扫描单线的线宽和填充间距决定了二维平面内当前层的制作时间；单线的深度是制作零件在三维方向上的最小成形单元，在二维方向上排列的单线构成了单层，单层的层厚决定了三维方向上的成形单元，因此层厚决定了成形工艺在三维方向上的制作时间。因此，在二维和三维成形过程中，扫描单线的线宽和深度是整个成形过程的基本单元。对于扫描单线的线宽和深度有如下公式：

$$C_d = D_P \times \ln(E_{max}/E_C) = D_P \times \ln\left(\sqrt{\frac{2}{\pi}} \times \frac{P_L}{\omega_0 E_C V}\right) \tag{4-4}$$

$$L_w = \sqrt{2}\omega_0 \times \sqrt{\ln(E_{max}/E_C)} = \sqrt{2}\omega_0 \times \sqrt{\ln\left(\sqrt{\frac{2}{\pi}} \times \frac{P_L}{\omega_0 E_C V}\right)} \tag{4-5}$$

式中　C_d——单线固化深度；

L_w——单线固化线宽；

E_C——材料的临界曝光量。

扫描单线的固化形状如图 4-6(b) 所示，D_p 和 E_C 是材料自身的固有属性，一般无法改变。整体工艺的成形精度和效率由单层的层厚决定，而单层则是由层内按一定顺序排列的单线组成，因此，单线是决定工艺成形精度和效率的基本单元。由上述公式可知，单线的固化深度 C_d 和线宽 L_w 受到激光功率 P_L、扫描速度 V 和光斑直径 ω_0 的影响，其中，激光功率和光斑直径为硬件工艺参数，扫描速度为软件工艺参数。

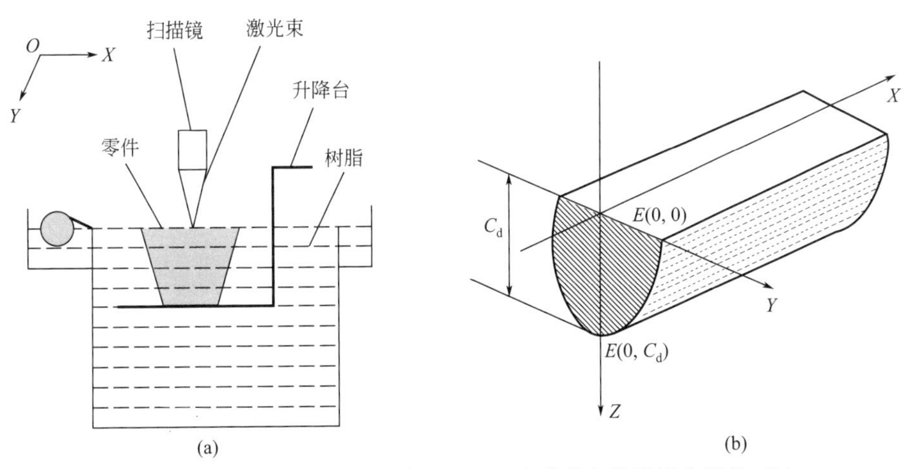

图 4-6　激光扫描光固化成形原理（a）和单条扫描线固化形状（b）

1998 年，西安交通大学先进制造技术研究所研制开发出普通紫外线固化快速成形机——CPS 系列成形机，见图 4-7(a)。它采用了普通紫外灯作为光源，紫外线通过椭球反射面汇聚，利用光纤将紫外光束传导到停泊在光敏树脂液面的扫描镜头，在相应截面轮廓数据的控制下，二维工作台带动镜头在水平面内往复运动，完成零件的固化成形。

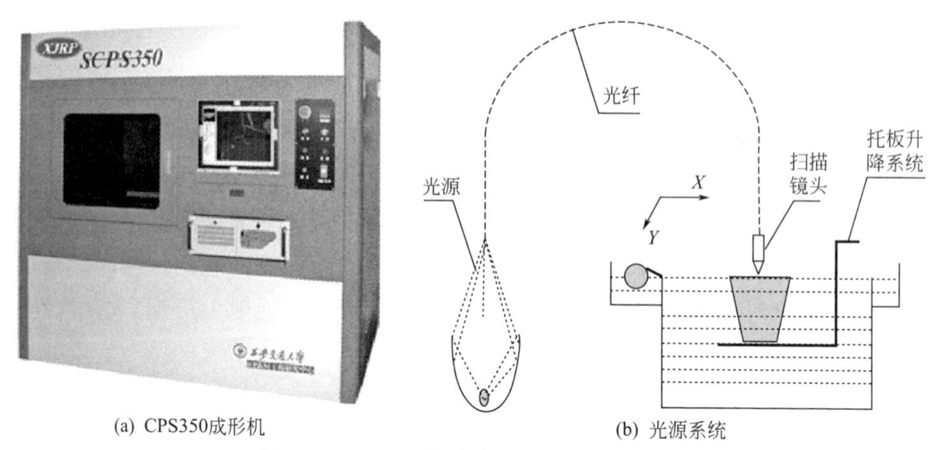

(a) CPS350成形机　　(b) 光源系统

图 4-7　CPS350 快速成形机及其光源系统

② 面曝光光固化　面曝光光固化（mask image projection stereolithography）则采用具有高分辨率的数字微镜阵列（digital micromirror devices，DMD）投影芯片作为光源，面曝光光固化技术按成形时光源投射方向不同分为顶曝光（自由液面式）光固化和底曝光（限制液面式）光固化，见图 4-8。

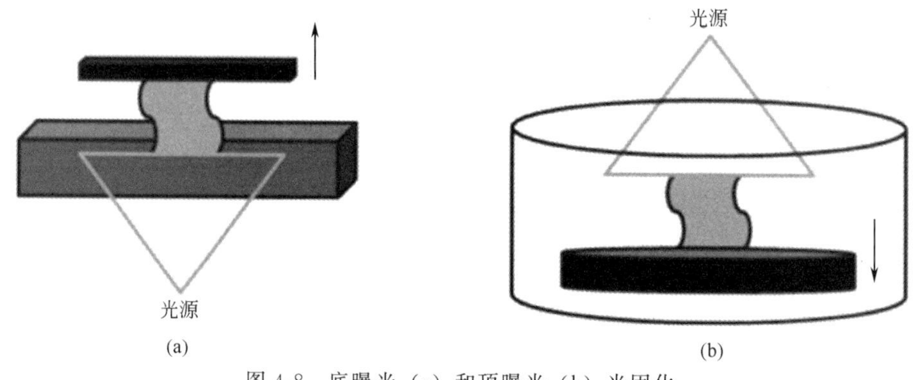

图 4-8　底曝光（a）和顶曝光（b）光固化

以底曝光为例说明面曝光光固化成形原理。如图 4-9 所示，液槽中装满液态光敏性树脂，打印开始时 Z 轴电机带动工作台运动到距离透明液槽底部一段距离，工控机将模型的分层信息传给光源系统，光源系统通过控制 DMD 投影芯片投影出初始层的图案，光从液槽底部透过照射最底层的光敏树脂，并按 DMD 投影芯片投影出的图案固化第一层树脂，并将该层粘接在工作台底部表面。然后工作台先缓慢上升实现已固化层与液槽底部的分离，随后工作台再下降到第二层位

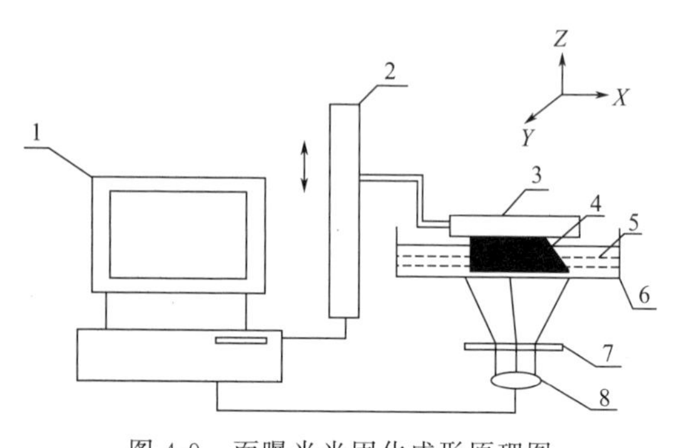

图 4-9　面曝光光固化成形原理图

1—工控机；2—Z 轴平移台；3—工作台；4—已成形零件；5—光敏树脂；6—液槽；7—DMD 芯片；8—光源

置，DMD投影芯片投影出第二层的图案，使第二个固化层粘接到上一固化层上。重复进行以上步骤，直到全部切层被打印得到三维实体零件。

③ 连续液态界面光固化技术　美国Carbon 3D公司通过连续液态界面技术（continuous liquid interface production，CLIP）解决了底曝光固化层分离的问题，实现了树脂材料的连续打印成形。该技术利用氧气作为自由基聚合的固化抑制剂，通过合理控制浆料中光引发剂的量、光照参数以及通入底部氧气的浓度，在底部形成一层薄的液态抑制固化层，即所谓的“固化死区”。光照射在液槽底部时，液态氧阻聚层不固化，而以上的树脂材料却发生固化层层黏结，基本原理及结构如图4-10所示。该技术从工艺原理方面解决了固化层和液槽不易分离的问题，使固化过程保持连续性，提高打印效率。该技术对固化材料的黏度、固化特性要求较高，设备和氧阻聚层的控制是关键技术。

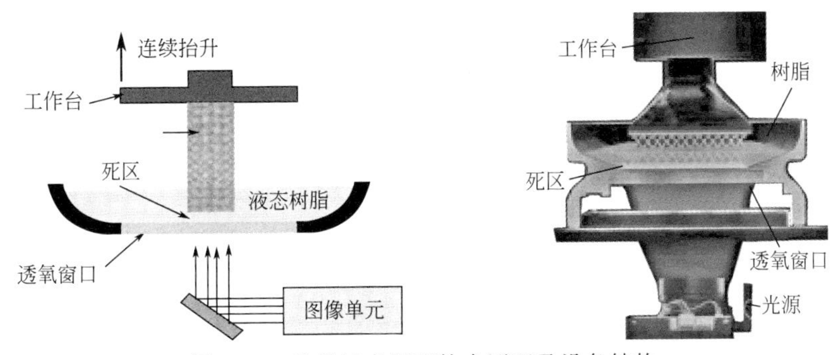

图4-10　连续液态界面技术原理及设备结构

西安交通大学李涤尘、连芩等应用氧阻聚技术，利用自制面成形设备研究了陶瓷面曝光技术分离方式和分离膜对加工过程中零件受力的影响，以及氧气浓度变化影响分离力的规律，为面曝光光固化成形工艺和设备研制提供理论依据。在开发自制的丙烯酸酯基生物陶瓷浆料的基础上，利用面曝光光固化成形的多孔陶瓷支架的致密度为84.8%，压缩强度为66.38MPa，比采用点扫描式光固化成形的生物陶瓷支架的力学性能提高了2倍以上。

青岛理工大学兰洪波、西安交通大学李涤尘等合作，针对传统陶瓷3D打印存在打印效率低和成形件具有各向异性的不足和局限性，提出一种连续面曝光陶瓷3D打印新工艺，通过采用自主研发的复合富氧膜并结合配制的树脂基陶瓷浆料实现了陶瓷素坯件的连续打印，并利用搭建的实验平台揭示了关键工艺参数对成形过程的影响和规律。通过连续打印两个镂空和薄壁结构的素坯件，再经过脱脂烧结后性能的表征和测试，证实了陶瓷零件连续3D打印方法的可行性和有效性，为探索高效、低成本连续陶瓷3D打印提供了一种全新的解决方案。

④ 基于断层成像重建的立体光固化　增材制造是成形复杂结构零件的有效方法，但是增材制造的制造速度、表面质量等问题仍是制约其进一步突破现有工艺的瓶颈技术。美国加州大学伯克利分校和利弗莫尔国家实验室的研究人员借鉴计算机断层成像技术的原理，提出了通过断层成像重建技术（tomographic reconstruction）实现立体光固化，大大提高3D打印的成形速率（图4-11）。计算机断层成像技术中，X射线管在待测物体周围旋转，成形各截面图像，再利用计算机重构出被测物体3D结构模型。与通常增材制造技术中“点→线→面→体”的制造思路不同，基于断层成像重建技术的立体3D打印是从3D模型的不同

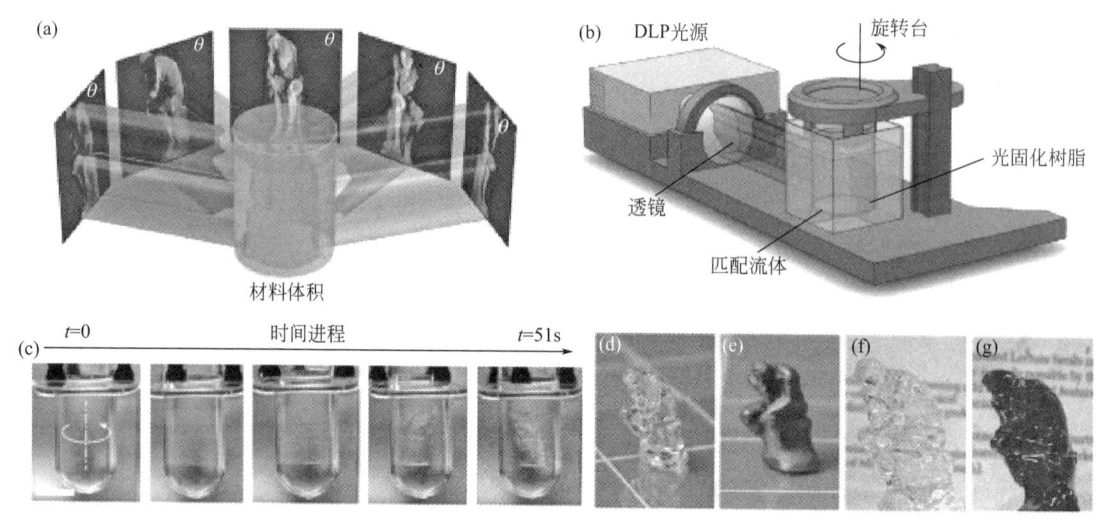

图 4-11 基于断层成像重建技术的立体 3D 打印（见彩图）

(a)、(b) 成形原理；(c) 成形过程；(d)～(g) 成形零件

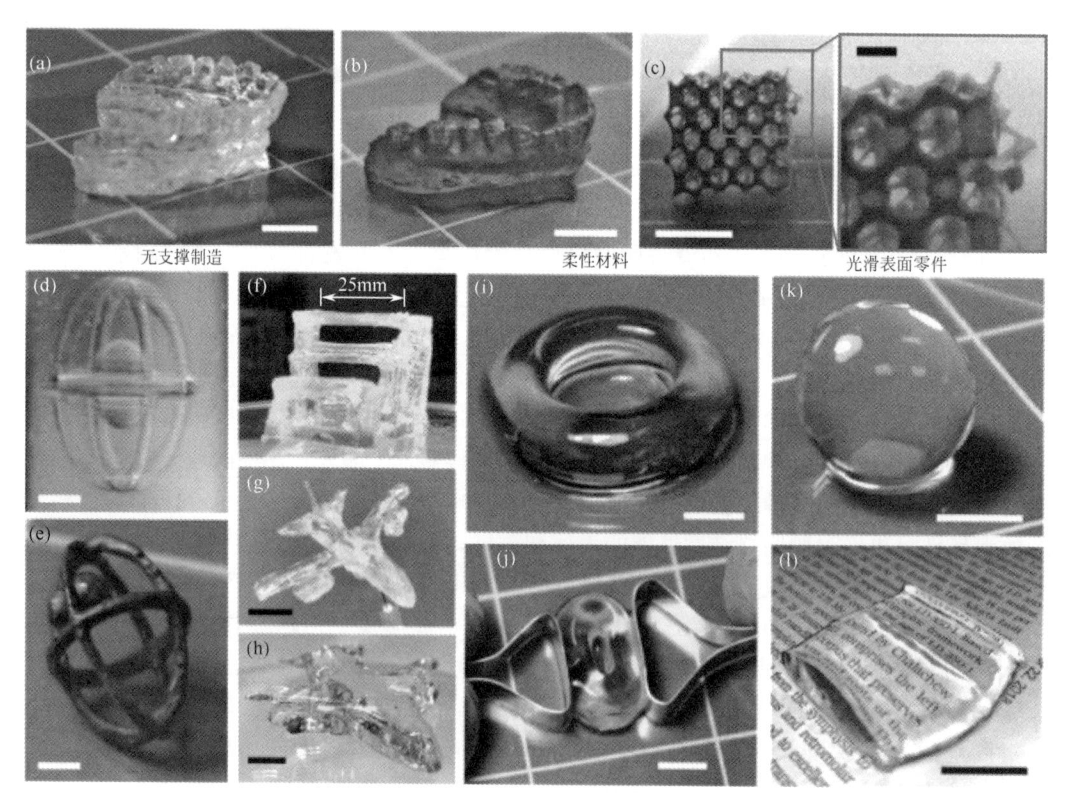

图 4-12 应用该技术制造的各类零件（见彩图）

(a)～(c) 复杂结构零件；(d)～(h) 无支撑制造零件；(i)、(j) 柔性材料零件；

(k)、(l) 光滑表面零件；图中未注比例尺均为 2mm

角度计算物体的截面形状，使用投影装置在不同角度投射对应的 2D 图像，投射光在装有光敏树脂原料的圆柱形容器中成像，引发固化反应，实现零件成形。

该技术的成形原理在于，容器中不同位置液态树脂的固化与否取决于该位置的累积通光量，特定波长的光将使丙烯酸酯基光敏树脂产生自由基团，但树脂内存在的氧气却会抑制自由基团产生，直到该位置累积光通量达到一定限值，且氧气被消耗抑制到一定程度，树脂才会引发交联反应。利用这个成形原理，根据目标成形零件的 CAD 模型、投影设备能量密度及材料的能量吸收率，计算出各角度截面对应的 2D 轮廓及旋转速率，再通过投射光斑形状变化与容器旋转运动的配合控制，就可以实现容器内任意空间单元通光量的控制，当目标区域通光量达到上述限值后，即可引发光敏树脂的固化反应。为避免容器旋转过程中液体流动影响零件成形精度，研究人员选用的液体树脂黏度高于 90Pa・s；通过加入不遮挡固化波长的染料，还可以实现树脂颜色及透明度的调整。

应用该技术（图 4-12）已经实现了最小特征尺寸 0.3mm 的零件成形，厘米级零件成形速率约为 30～120s，预测最大成形尺寸可达 0.5m。该技术的成形速率不依赖于层数、截面面积与复杂程度，且高黏度树脂可实现自支撑作用，因此具有成形速度快、无需支撑、可成形高黏度材料、可避免柔性材料成形中变形问题等优势；通过在成形容器中预置其他材料，还可以实现复合材料零件的一次成形（图 4-13）。

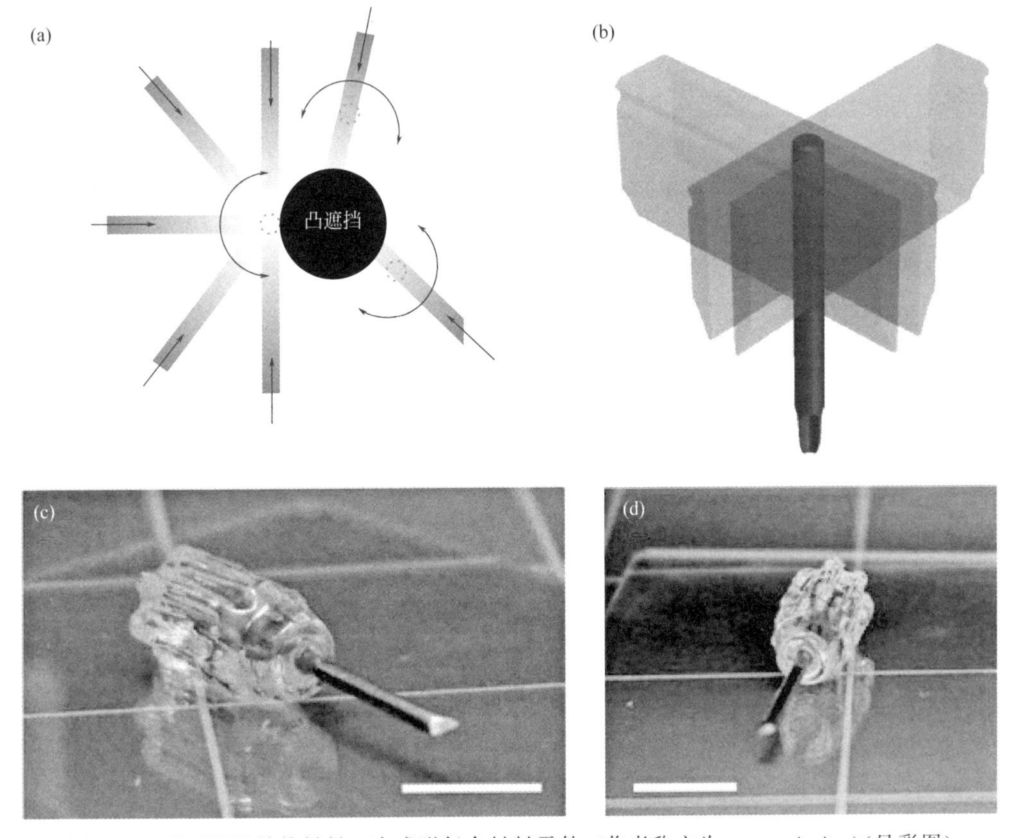

图 4-13　通过预置其他材料一次成形复合材料零件（作者称之为 over-printing）（见彩图）

4.2 光敏树脂

4.2.1 光敏树脂的分类与特性

按照光引发体系的不同，光敏树脂可分为自由基型光敏树脂体系、阳离子光敏树脂体系，以及自由基-阳离子混杂光敏树脂体系。

自由基光敏树脂体系具有固化速度快、性能易于调节、抗潮湿且引发剂种类比较多等优点，但存在的问题是有氧阻聚、聚合体积收缩大、精度不高、附着力小等问题。自由基型光敏树脂，主要包括环氧丙烯酸酯类、聚酯丙烯酸酯类以及聚氨酯丙烯酸酯类。环氧丙烯酸酯有污染小、固化强度高、固化速度快、体积收缩率小、化学稳定性好等优点。聚氨酯丙烯酸酯具有较好的柔韧性，但是固化速度慢，要结合高反应速度的低聚物一起使用才能满足 3D 打印需求。聚酯丙烯酸酯固化速度较快，并且流平性较好，在 3D 打印中的应用也比较多。

阳离子光敏树脂体系发展较晚，它具有体积收缩小、氧阻聚小、附着力强、硬度高等优点，但是它存在的缺点是固化速度慢、低聚物和活性稀释剂种类少、受湿气影响大。阳离子型光敏树脂解决了单一自由基光敏树脂收缩大的难题，阳离子光敏树脂包括环氧树脂和乙烯基醚类树脂，自由基型光敏树脂的固化体积收缩率一般为 5%～7%，而阳离子环氧树脂固化体积收缩率为 2%～3%。

混杂光固化体系将自由基和阳离子两种不同的固化体系结合，弥补了各自的缺点，具有很好的协同作用，并且在反应过程中可能会形成互穿网络结构（IPN），提高了产品的综合性能。自由基和阳离子混杂光固化体系一方面对光引发剂有协同效应，在阳离子光引发剂吸收能量后，既可以形成超强质子酸引发环氧树脂聚合，同时也生成了自由基引发双键聚合。并且自由基光引发剂已经被证实了对阳离子光引发剂有增感效果，而且自由基光引发剂在吸收光能后生成的自由基碎片对还原鎓盐有效果，从间接方面反映了对电子转移有增感作用。另一方面有体积互补效应，在自由基光固化体系中，由于分子间距离在固化前由范德华距离变成固化后共价键距离，引起体积收缩；而在阳离子光固化体系中，环氧化合物在发生开环聚合时，环氧单体上的环打开，导致开环膨胀，能有效抵消聚合引起的体积收缩。

4.2.2 光敏树脂的光固化成形性能要求

用于 SL 的光敏树脂的基本组分及其功能见表 4-1，其组成与紫外线固化涂料、油墨相同，主要由光引发剂、预聚物、单体及少量添加剂等组成。

表 4-1　用于 SL 的光敏树脂的基本组分及其功能

名称	功能	常用含量/%	类型
光引发剂	吸收紫外线，引发聚合反应	≤10	自由基型，阳离子型
预聚物	材料的主体，决定了固化后材料的主要功能	≥40	环氧丙烯酸酯、聚酯丙烯酸酯、聚氨酯丙烯酸酯、其他
单体	调整黏度并参与固化反应，影响固化膜性能	20～50	单官能度、双官能度、多官能度
其他	根据不同用途而异	0～30	—

最早应用于 SL 工艺的液态树脂是自由基型紫外光敏树脂，主要以丙烯酸酯及聚氨酯丙烯酸酯作为预聚物，固化机理是通过加成反应将双键转化为单键。如 Ciba-Geigy Cibatool 公司推出的 5081、5131、5149，Du Pont 公司推出的商业化树脂 2100（2110)、3100（3110)。这类光敏树脂具有固化速度高、黏度低、韧性好、成本低的优点。其缺点是：在固化时，由于表面氧的干扰作用，使成形零件精度较低；树脂固化时收缩大，成形零件翘曲变形大；反应固化率（固化程度）较环氧系的低，需二次固化；反应后由于收缩应力引起的变形较大。

另一种是阳离子型紫外光敏树脂，主要以环状化合物及乙烯基醚作为预聚物，固化机理为在光引发剂的作用下，预聚物环状化合物的环氧基发生开环聚合反应，树脂由液态变为固态。环氧类光敏树脂的应用时间较长，并仍在不断发展，如 2000 年 Vantico 公司（Formerly Ciba Specialty Chemicals）推出的 SL-5170、SL-5210、SL-5240、SL-5430 等，DSM Somos 公司推出的 SOMOS 6110、7110、8110、6100、7100、9100、6120、8120、9120 等，瑞士 RPC Ltd. 公司推出的 RPCure 100HC、100AR、IOOND、200HC、300AR、300ND、550HC 等。以乙烯基醚类为预聚物的阳离子光敏树脂出现较晚，1992 年 3 月，日本成功地开发了以乙烯基醚预聚物为主要成分的 Exactomer2201 型树脂，作为 SLA-250 快速成形设备的专用树脂。据报道，Exactomer2201 黏度极低、翘曲变形小；缺点是临界曝光量较高，达 25～50mJ/cm^2，光源扫描速度比丙烯酸树脂慢 4～8 倍。因此，为了提高扫描速度，需增大光源功率。阳离子型树脂的优点是：聚合时体积收缩小；反应固化率高，成形后不需要二次固化处理，与需要二次固化的树脂相比，不发生二次固化时的收缩应力变形；不受氧阻聚影响；由于成形固化率高，时效影响小，因而成形数月后也无明显的翘曲及应力变形产生，且力学性能好。缺点是黏度较高，需添加相当量的活性单体或低黏度的预聚物才能达到满意的加工黏度；且阳离子聚合通常要求在低温、无水情况下进行，条件比自由基聚合苛刻。

目前，将自由基聚合树脂与阳离子聚合树脂混合聚合的研究较多，这类混合聚合的光敏树脂主要由丙烯酸系列、乙烯基醚系列、环氧系列的预聚物和单体组成。由于自由基聚合具有诱导期短，固化时收缩严重，光熄灭后反应立即停止的特点；而阳离子聚合诱导期较长，固化时体积收缩小，光熄灭后反应可继续进行，因此两者结合可互相补充，使配方设计更为理想，还有可能形成互穿网络结构，使固化树脂的性能得到改善。

光固化成形材料的性能直接影响着成形零件的质量、力学性能、精度，以及在光固化过程中是否完成三维结构的成形任务，因此开发具有优良性能的光敏树脂材料是推动光固化技术发展的一个重要的研究内容。同时，也需要对光敏树脂的可打印性能开展性能评估，例如 SL 技术对光敏树脂具有以下要求：黏度低、光敏性高（固化速度快)、固化收缩小、储存稳定性好、毒性小、成本低、固化后具有良好的力学性能。

① 黏度低　SL工艺零件的加工是一层层叠加而成的，层厚约0.1mm甚至更小。每加工完一层，树脂槽中的树脂就要在短时间内流平，待液面稳定后才可进行扫描固化，这就要求树脂的黏度很低，否则将导致零件加工时间延长、制作精度下降。另外，SL工艺中要求的固化层厚极小，过高的黏度将很难做到精确控制层厚。

② 光敏性高　在光源扫描固化成形中，零件是由光斑快速扫描由点及线、由线及面固化形成单层平面，再由一层层平面堆积形成三维实体零件。因此扫描速度越高，零件加工所需的时间越短。而扫描速度的增加，就要求光敏树脂在光束扫描到液面时立刻固化，而当光束离开后聚合反应又必须立即停止，否则会影响精度。这就要求树脂具有很高的光敏性。另外由于光源寿命有限，光敏性差必然延长固化时间，会大大增加制作成本。

③ 线收缩率小　SL工艺中零件精度是由多种因素引起的复杂问题。这些因素主要有：成形材料、零件结构、成形工艺、使用环境等。其中最根本的因素是成形材料，即光敏树脂（尤其是自由基引发聚合的光敏树脂）在固化过程中产生的体积收缩。除了使零件成形精度降低外，体积收缩还会导致零件的力学性能下降。例如由于树脂固化时体积收缩产生的内应力，使材料内部出现砂眼和裂痕，容易导致应力集中，使材料的强度降低，导致零件的力学性能下降。因此，树脂的固化收缩率应越小越好。目前，各大公司和SL成形机制造商所用的自由基型固化体系树脂的体积收缩率较大，一般都在5%以上。

④ 力学性能良好　树脂固化成形为零件后，要使其能够应用，就必须有一定的硬度、拉伸强度等力学性能。

⑤ 稳定性好　由于SL工艺的特点，使得树脂要长期存放在树脂槽中，这就要求光敏树脂具有很好的储存稳定性。例如光敏树脂应当满足不能发生缓慢聚合反应，不能发生因其中组分挥发而导致黏度增大，不能被氧化而变色等要求。

⑥ 毒性小　光敏树脂毒性要低，以利于操作者的健康和不造成环境污染。

⑦ 成本低　光敏树脂成本低，以利于商品化。

⑧ 流动性能好　光敏树脂在光固化过程中，打印完一层后工作台向上运动（面曝光光固化）或者工作台向下运动（激光扫描光固化），此时需要在液槽底部涂覆一层薄薄的树脂层，这就需要树脂具有良好的自流平能力，使得树脂易于涂覆。

4.2.3　紫外线光固化成形研究与应用

目前主要使用365nm和405nm波长的紫外线对树脂进行光固化成形，按照成形方式主要分为点扫描光固化和面曝光光固化。目前研究紫外线成形的国内外主要单位有西安交通大学、陕西恒通智能机器有限公司、美国3D Systems、德国EnvisionTEC等。

SL技术集成度高、应用广泛，一改以往传统的加工模式，大大缩短了生产周期，提高了效率。该技术在制造业、医学、航空航天、材料科学与工程及文化艺术等领域均有广阔的发展应用前景。在航空航天领域，SL模型可直接用于风洞试验，进行可制造性、可装配性检验。通过快速熔模铸造、快速翻砂铸造等辅助技术可实现对某些复杂特殊零件的单件、小批量生产，并对发动机等部件进行试制和试验，进行流动分析。SL除了在航空航天领域有重要应用外，在其他制造领域也有广泛的应用，如汽车领域、模具制造、电器等领域，其在铸造领域的应用为快速铸造、小批量铸造、复杂件铸造等问题提供了有效的解决方法。近年来，微光固化成形的实现，使得光固化成形技术在微机械结构的制造和研究方面有了极大的应用前景和经济价值。另外，在军工、建筑、珠宝、家电、轻工等领域也有广泛的应用。

(1) **在航空航天军工领域的应用**

用于无人机、风洞试验，方案呈现与市场推广用于成形、装配、验证设计、装配验证、功能性测试、空气动力学测试、虚拟生产、飞行测试，典型案例见图 4-14。

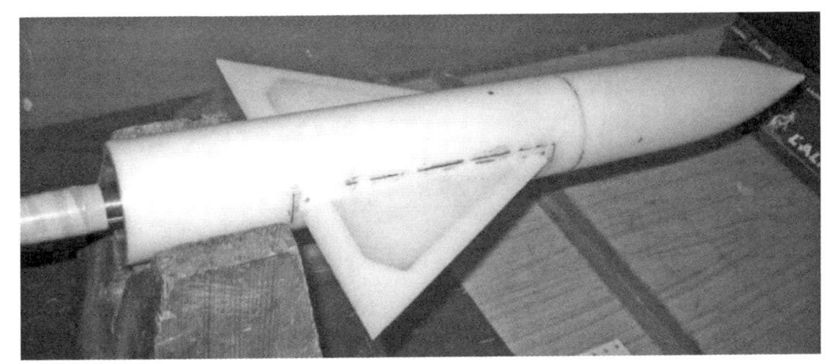

图 4-14 无人机光固化增材制造（西安交通大学与陕西恒通智能机器有限公司合作）

(2) **在微纳米复杂超材料领域的应用**

超材料（metamaterial）指的是一类具有特殊性质的人造材料，这些材料是自然界没有的。它们拥有一些特别的性质，比如让光、电磁波改变它们的通常性质，而这样的效果是传统材料无法实现的。超材料性质源于其精密的几何结构以及尺寸大小，超材料是一个跨学科的课题，囊括了电子工程、凝聚态物理、微波、光电子学、经典光学、材料科学、半导体科学以及纳米科技等。

麻省理工学院教授方绚莱等与美国劳伦斯利物莫尔国家实验室、南加州大学、加州大学洛杉矶分校科学家合作，首次采用光固化技术打印出受热收缩的全新超材料，如图 4-15 所示。这个新型结构在降温后还可恢复之前体积，能反复使用，适用于制作温度变化较大环境中所需要的精密操作部件，如微芯片和高精光学仪器等。他们还通过光固化原理开发了多尺度金属超材料结构、超轻超刚度超材料等。

(3) **在生物制造领域的应用**

生物制造工程是指采用现代制造科学与生命科学相结合的原理和方法，通过直接或间接细胞受控组装完成组织和器官的人工制造的科学、技术和工程。以离散-堆积为原理的增材制造技术为制造科学与生命科学交叉结合提供了重要的手段。用增材制造技术辅助外科手术是一个重要的应用方向。

2003 年 10 月 13 日，美国达拉斯儿童医疗中心对一对两岁的埃及连体儿童进行了分离手术。图 4-16(a) 是这对连体婴儿的照片，图 4-16(b) 为用光敏树脂制造的连体婴儿头颅模型，可以看出其中的血管分布状况全部原样成形出来。在这个手术中，光固化成形技术发挥了关键作用，也是光固化成形制件用于辅助连体婴儿分离手术的一个成功案例。

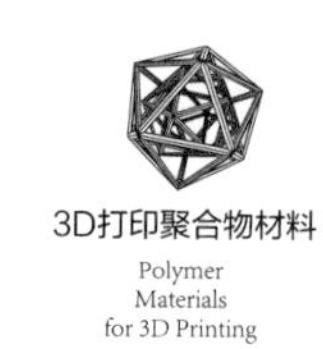

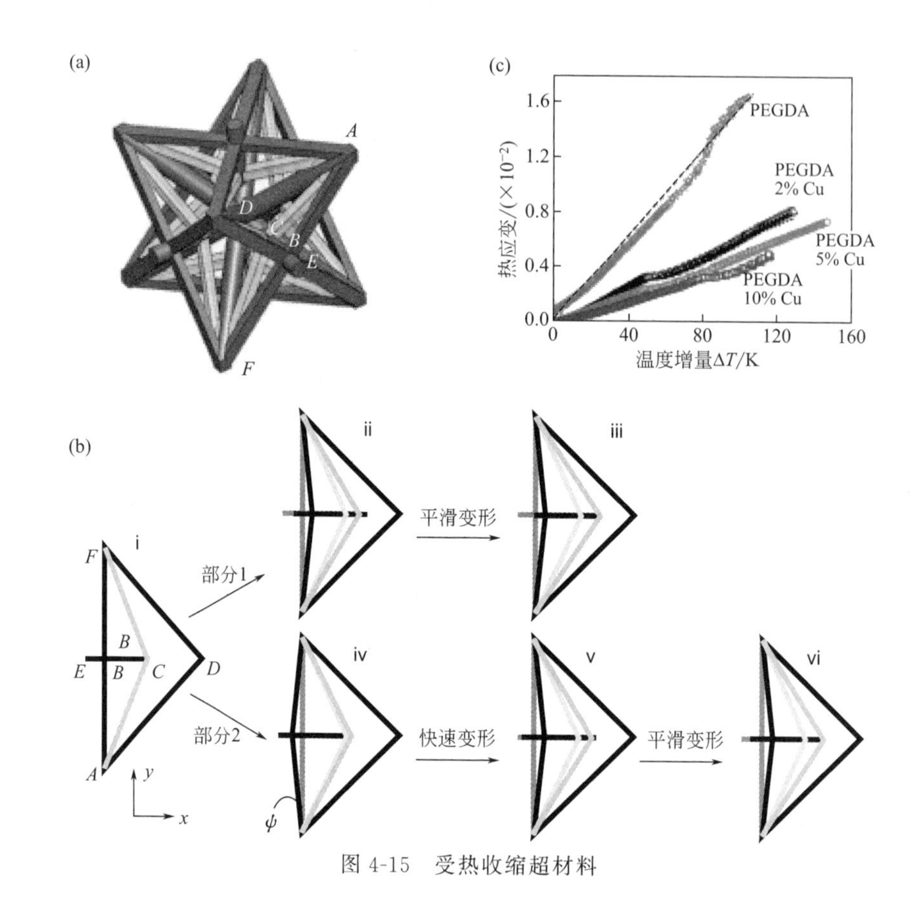

图 4-15 受热收缩超材料

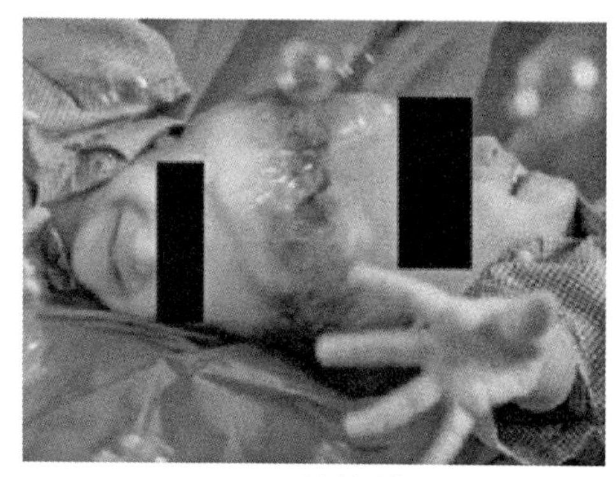

(a) 手术前照片

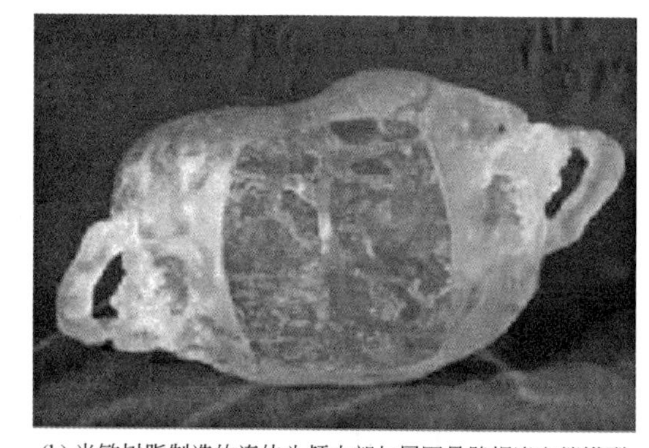

(b) 光敏树脂制造的连体头颅内部与周围骨骼相连血管模型

图 4-16 光固化成形技术辅助外科手术案例

(4) 在模具制造领域的应用

光固化成形技术已经被广泛应用于手机等的各种模具应用上，如图 4-17 所示。在精密铸造中，SL 工艺制作的立体树脂模可以替代蜡模进行结壳，在型壳焙烧时去除树脂模，获得的中空型壳即可用来浇铸出高精度模型。所获得的具有较好表面光洁度的合金铸件，可直接用作注射模的型腔，缩短制模过程。图 4-18 为发动机缸盖模具光固化增材制造，图 4-19 为发动机引擎模具光固化增材制造。

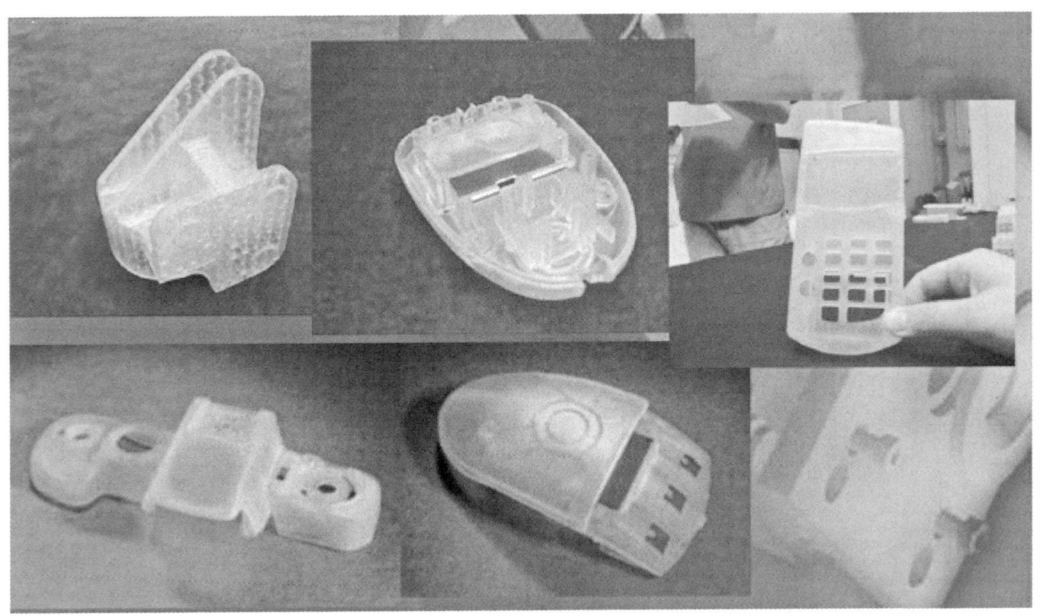

图 4-17　光固化成形技术制造模具案例（西安交通大学与陕西恒通智能机器有限公司合作）（见彩图）

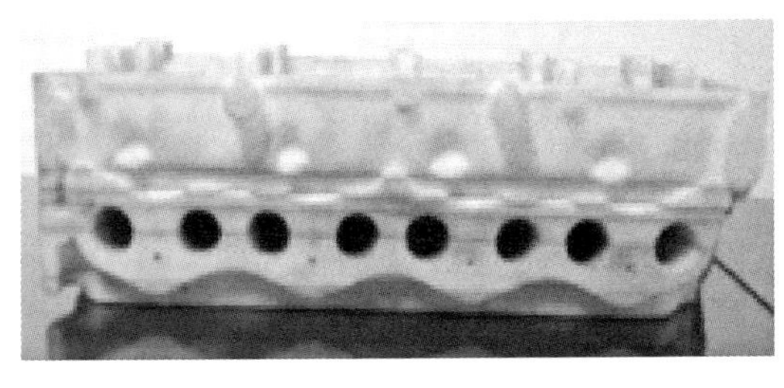

图 4-18　发动机缸盖模具光固化增材制造（西安交通大学与陕西恒通智能机器有限公司合作）

(5) 在教育科研领域的应用

光固化增材制造可以成形极其复杂的结构，包括复杂的原子结构、分子结构等，见图 4-20，用于实验教学。

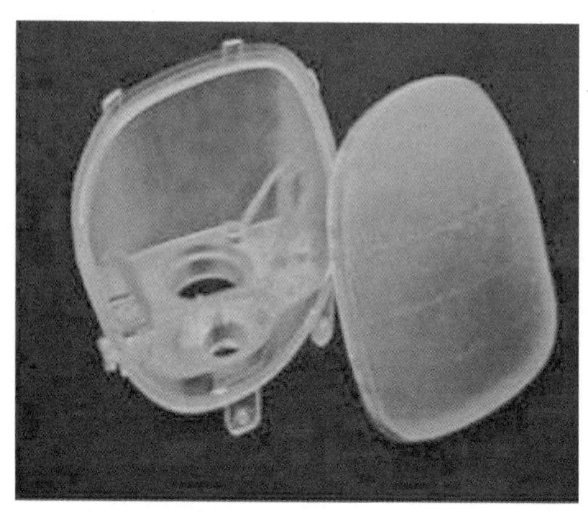

图 4-19　发动机引擎模具光固化增材制造（西安交通大学与陕西恒通智能机器有限公司合作）（见彩图）

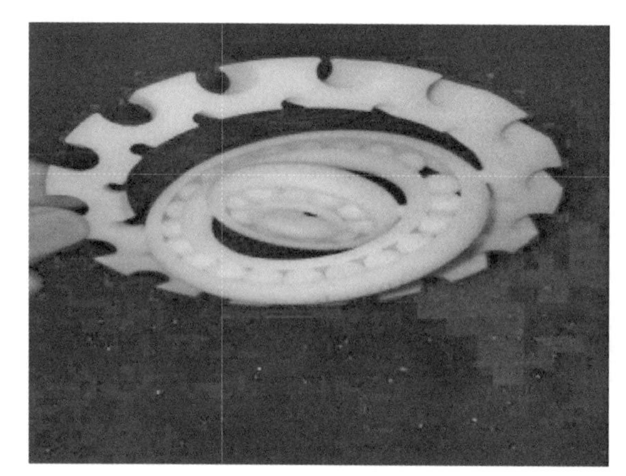

图 4-20　光固化成形的实验教学案例

(6) 在动漫玩具领域的应用

在艺术、动漫方面，光固化成形技术可以代替手工制作，快速地将艺术家天马行空的巧妙构想变为现实（图 4-21）。

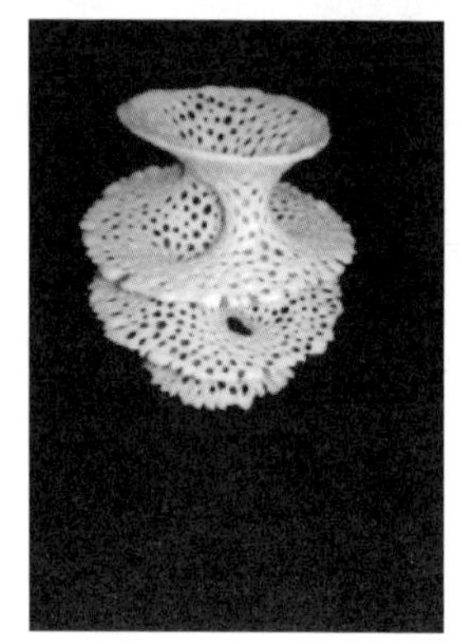
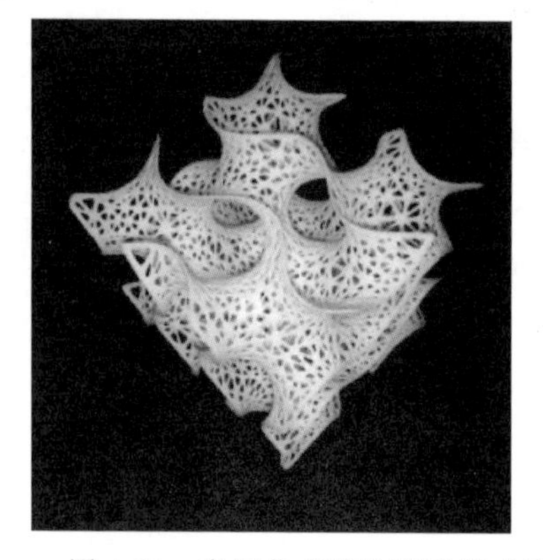
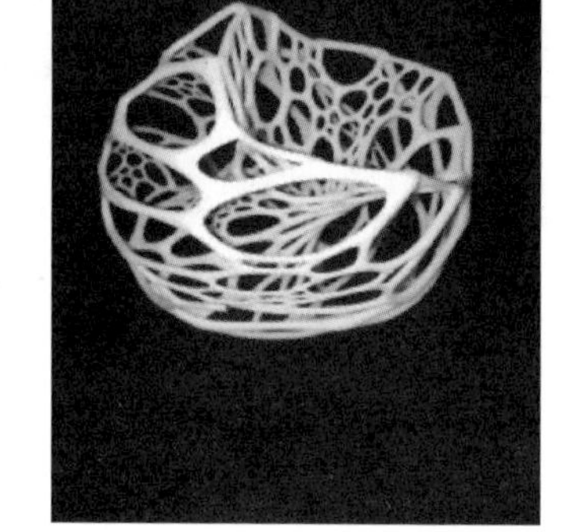

图 4-21　光固化成形的薄壁艺术品

4.2.4 可见光光固化树脂及其成形

目前基于光固化的 3D 打印技术所使用光源多为紫外线，存在成本高、辐射大、寿命短等诸多问题，限制着 3D 打印技术的发展。随着可见激光技术的快速发展，高功率可见激光应运而生，与紫外激光相比具有成本低、环境友好等优势。将可见激光作为光源引入 3D 打印技术具有极大的发展潜力。

目前大部分商用的光引发剂主要适用于紫外线（＜400nm）成形。为满足可见光光固化 3D 打印的需要，开发具有高光引发效率的可见光引发剂十分必要。表 4-2 总结了新开发的一系列可见光光引发剂。

表 4-2 用于可见光 3D 打印的可见光光引发剂

光引发剂	光吸收(λ_{max})	光引发剂	光吸收(λ_{max})
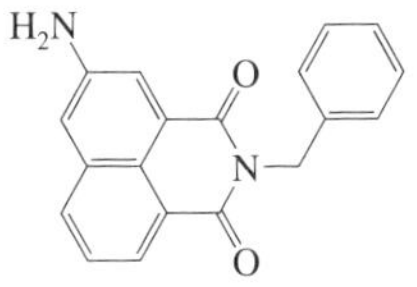 NDP2	约 417nm	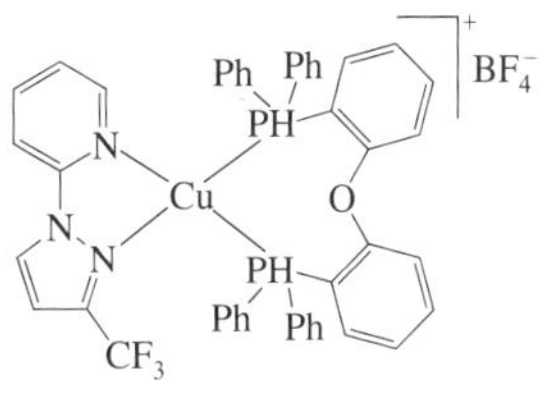 CuC-4	约 355nm
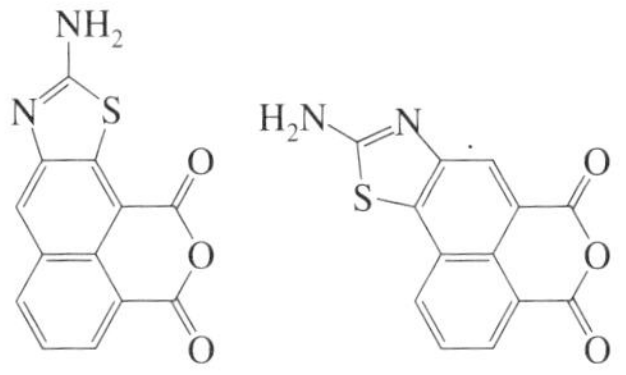 ATNA1	约 419nm	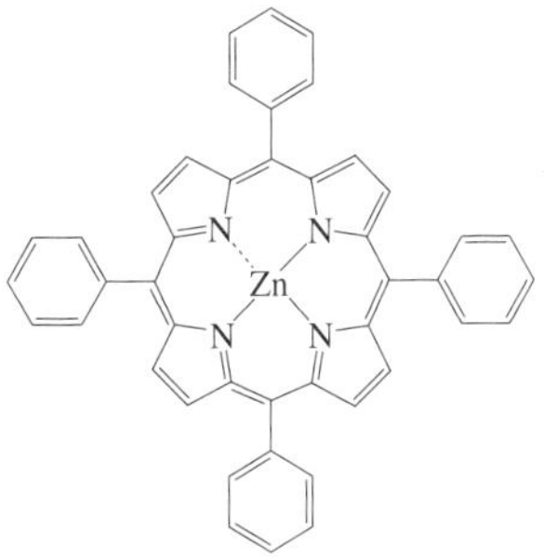 ZnTPP	约 420nm
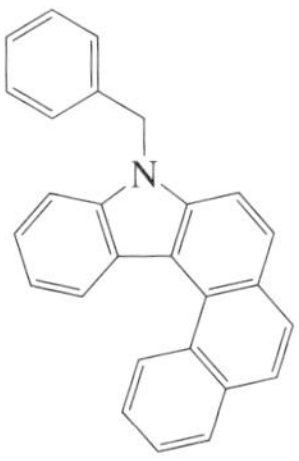 AZ3	约 390nm	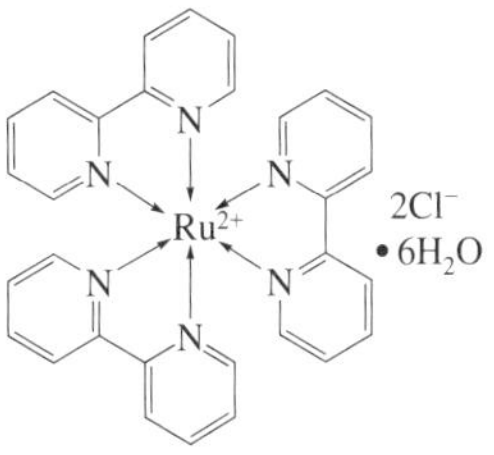 Ru	约 453nm
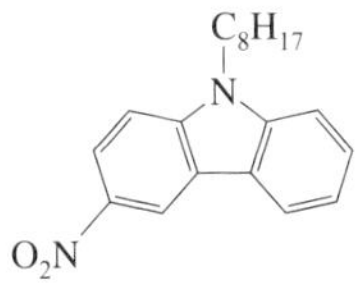 C2	约 374nm	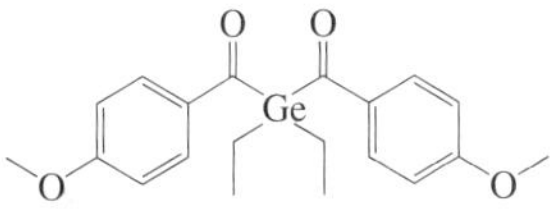 Ivocerin®	约 408nm

法国穆尔豪斯材料科学研究所 Mousawi 等开发了一系列可见光引发剂，包括 ZnTPP、多种咔唑衍生物（如 C4），均可用于可见光成形。Zhang 等研究了一系列由二取代的氨基蒽醌衍生物（即 1-氨基-4-羟基蒽醌、1,4-二氨基蒽醌和 1,5-二氨基蒽醌）和各种添加剂（如叔胺和苯甲酰溴）组成的光引发体系，并探究了在蓝色到红色 LED 的照射下，该引发体系对各种丙烯酸酯单体（如商业光敏树脂）自由基光聚合反应的影响。结果显示氨基蒽醌衍生物的取代基的类型和位置会显著影响其光引发效率。选择最有效的二取代氨基蒽醌衍生物作为光引发体系，以商业常用光敏树脂进行 3D 打印，多色可见光作为辐射源。与市售光引发剂 2,4,6-三甲基苯甲酰基二苯基氧化膦（TPO）相比，其打印速度显著提高。Wang 等采用一锅法合成了双（酰基）磷烷氧化物（BAPO）光引发剂，这种引发剂在水中的分散性良好，同时表现出了良好的储存稳定性和高光反应性，在可见光照射（460nm）下能够进行水凝胶的 3D 打印。

可见光光源在可见光光固化 3D 打印中也扮演着十分重要的角色。中国科学院化学研究所徐坚研究员带领的团队，开创了蓝光引发聚合 3D 打印技术。以蓝色半导体激光管（LD）为光源，沿用具有高分辨优势的 DLP 成像方式，搭建了一套面曝光成形 3D 打印设备，同时开发了一系列可在蓝光下快速固化的光敏树脂及复合材料体系，实现了蓝色激光辅助的高精度、高效率和高稳定性 3D 打印。其采用的 LD 光源为发射（445±1)nm 蓝光的全固态半导体激光光源，具有高纯色、高功率的特性。LD 激光器具有高达 20000h 以上的寿命，同时光衰减非常慢，极大降低了 3D 打印设备的维护成本，并保证了 3D 打印工艺参数的稳定性。同时，研究人员开发了与蓝光相匹配的光敏材料，并测试了其固化特性。研究人员将商品化的光峰光电激光投影仪改装后制成 3D 打印光源，搭建的 3D 打印设备主体结构及打印制品如图 4-22 所示。

威斯康星大学麦迪逊分校 Schwartz 等开发出一种新型 3D 打印机，拥有可见光和紫外线两种模式，可以同时打印多种光敏树脂材料。该方法利用多材料光固化空间控制（MASC）技术，在 3D 打印过程中根据不同的材料化学成分选择不同的光源波长。多组分光敏树脂包括具有相应的自由基和阳离子引发剂的丙烯酸酯和环氧基单体。在长波长（可见光）照射下，观察到丙烯酸酯组分优先固化；在短波长（UV）照射下，掺入丙烯酸酯和环氧化物组分的组合优先固化，能够制备含有硬质环氧化物网络的多材料部件，与软水凝胶和有机凝胶形成对比。MASC 配方的变化极大地改变了打印样品的力学性能，使用不同 MASC 配方打印的样品具有空间可控的化学不均匀性、机械各向异性和空间可控的膨胀，在光固化领域实现了多材料或者混合材料的 3D 打印。Carl 等则开发了一系列可用于制备弹性材料的光敏树脂，这种光敏树脂在空气中白光下就能实现 3D 打印，打印制件可以拉伸至原有长度的 4.7 倍多，打印制件的硬度可调（邵氏硬度范围：13.7A～33.3A），可用于打印多材料的气动式手爪。

利用光固化 3D 打印技术制备具有复杂结构的功能性聚合物可大大扩展其应用领域，因此开发带有功能性的新型光敏树脂基 3D 打印材料是近年来的研究热点。

Saeed 等利用光固化 3D 打印方法制备了气凝胶，光源为波长 532nm 的绿色激光，打印制得的气凝胶材料收缩率为 10.4%，密度为 $0.56g/cm^3$，杨氏模量为 81.3MPa，比表面积为 $155.3m^2/g$，物理性质与常规方法制备的交联硅气凝胶相当。还分别制备了含有正硅酸

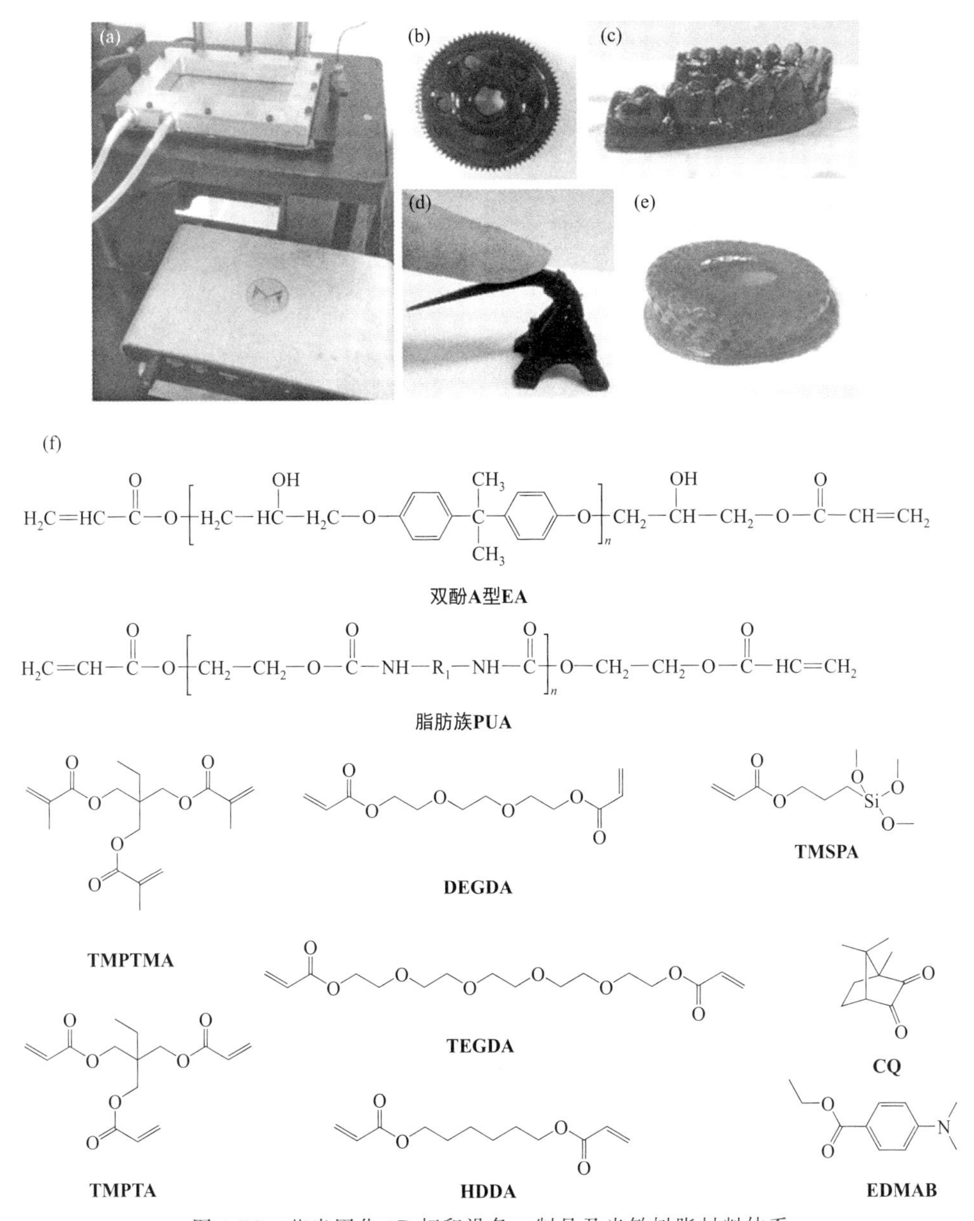

图 4-22　蓝光固化 3D 打印设备、制品及光敏树脂材料体系

四乙酯、三甲氧基硅基甲基丙烯酸酯、乙醇、水和三氯化铝的 A 溶液，和含有已二醇二丙烯酸酯、染料曙红、乙醇和叔胺化合物的 B 溶液，将 A、B 溶液混合后激光照射几秒到 2min 即可得到湿凝胶，湿凝胶经超临界干燥后形成气凝胶［图 4-23(a)］。

Yang 等开发了一种可见光投影光刻技术，实现了生态友好的室温金属印刷［图 4-23(b)］。在数字掩模设计的照明区域内，无颗粒反应性银油墨发生光诱导的氧化还原反应，生成金属银纳米颗粒，照明区域无明显温度变化（<4℃）。在简单的室温化学退火处理 1～2s 后，金属银图案在室温下显示出了极高的电导率（2.4×10^{7} S/m，≈40%块状银电导率）。最佳银

痕可以达到 15μm。整个制造无需额外的热能输入或物理掩模处理。金属图案可以印刷在各种基材上，包括聚对苯二甲酸乙二酯、聚二甲基硅氧烷、聚酰亚胺、透明胶带、印刷纸、硅片、玻璃盖玻片和聚苯乙烯。通过改变油墨成分，可以扩展到印刷各种金属和金属-聚合物混合物结构。这种方法大大简化了金属图案化过程，扩大了印刷适用性和基材选择，在微电子学领域显示出了巨大的潜力。

Wang 等制备了可附着细胞和可见光交联的生物墨水，由明胶甲基丙烯酰（GelMA）和曙红 Y（EY）组成，可用于立体光刻三维（3D）生物打印［图 4-23(c)］。为了开发可见光

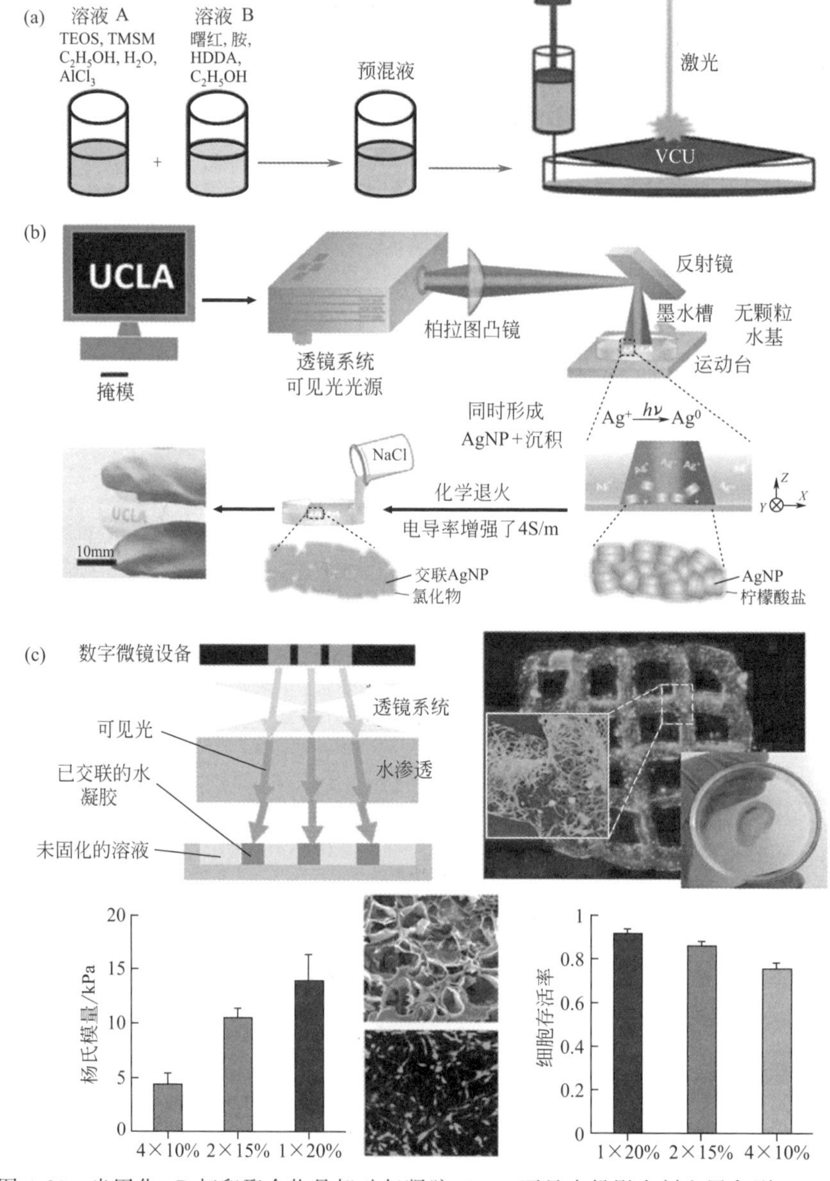

图 4-23　光固化 3D 打印聚合物骨架硅气凝胶（a）、可见光投影光刻金属印刷（b）及可见光交联生物水凝胶（c）（见彩图）

交联的水凝胶，他们对 GelMA 和 EY 光引发剂的五种组合与各种浓度进行了系统的研究。为了阐明 EY 和 GelMA 大分子单体浓度对水凝胶特性的影响，他们从力学性能、微观结构和细胞密封后的活性和融合度等方面进行了试验。试验结果表明，压缩杨氏模量和孔径与 EY 的浓度成正相关，而质量膨胀率和细胞活力则成负相关。增加 GelMA 的浓度有助于改善压缩杨氏模量和细胞附着。采用基于可见光的立体光刻生物打印系统，打印了图案化的细胞负载水凝胶，第 5 天在印刷图案内观察到良好的细胞增殖和 3D 细胞网络，证明了 EY-GelMA 能够作为生物制造和组织工程生物材料使用。

4.3 陶瓷前驱体

4.3.1 陶瓷前驱体简介

1965 年，Chantrell 和 Popper 提出聚合物可用作制备陶瓷的前驱体。然而，直到 20 世纪 70 年代早期，对轻质、高强度、高温、抗氧化和其他新材料的需求使得有机或无机聚合物合成制备非氧化物陶瓷的研究开始活跃于航空航天工业。日本东北大学的教授 Yajima 通过高压热解重排合成了聚二甲基硅烷。英国、美国、德国、法国和其他国家的研究人员迅速投入陶瓷前驱体的研究。合成的前驱体也从聚碳硅烷延伸到聚硅氮烷、聚硼硅氮烷、聚硼氮烷、含有不饱和基团的不饱和碳氮聚合物等。目前，陶瓷前驱体主要是聚碳硅烷、聚硅氮烷、聚硼氮烷、元素掺杂的聚碳硅烷、超高温陶瓷（ZrC、ZrBz、HfC、HfBz）前驱体聚合物。

采用 3D 打印结合有机前驱体合成的陶瓷材料种类主要有 SiC、Si_3N_4、SiOC、SiNC 等。有机前驱体合成陶瓷材料技术因具有可在分子尺度上设计、净尺寸成形、裂解温度低及高温性能好等优点，而成为制备陶瓷材料的新方法。其核心工艺过程：采用有机前驱体（如聚碳硅烷、聚氮硅烷、聚硅氧烷）经热解制备陶瓷材料，具体包括有机小分子通过缩合反应成为有机大分子，再经过进一步交联成为有机-无机中间体（即形成前驱体结构），后经热解及晶化（即烧结工艺）成为陶瓷材料。

采用紫外线光固化陶瓷浆料成形素坯，再进行脱脂烧结而形成陶瓷零件的方法称为陶瓷光固化法。光固化采用陶瓷浆料为原料，在计算机控制下的激光按预定零件各分层截面的轮廓为轨迹对光敏液体扫描，使被扫描区的液体薄层产生光聚合反应，从而形成零件的一个薄层截面，然后逐层累加，成为实体零件。相比于其他快速成形工艺，光固化成形的主要优点在于成形精度较高，因此，陶瓷光固化成形工艺具有很强的应用价值。目前，陶瓷光固化成形研究中，多采用氧化铝、氧化锆、二氧化硅、磷酸钙等材料。

4.3.2 陶瓷前驱体的分类

(1) 聚碳硅烷

聚碳硅烷（PCS）是一类聚合物的总称，其中硅原子和碳原子彼此键合，并且通过热解获得 SiC 陶瓷。聚碳硅烷是最早的合成陶瓷前驱体之一，也是研究最广泛的陶瓷前驱体。由于聚碳硅烷可通过热解形成 SiC 陶瓷，因此广泛用于制备纳米陶瓷微粉、陶瓷膜、涂料、多孔陶瓷等，特别是陶瓷纤维和陶瓷基复合材料的应用。在 20 世纪 70 年代，日本学者率先合成了聚碳硅烷，其他国家也加入了这项研究。中国的研究人员也在 20 世纪 80 年代开始研究聚碳硅烷的合成，并取得了显著的成果。目前，更常见的聚碳硅烷合成方法是：脱氯和热解重排、开环聚合、缩聚和氢化硅烷化。

(2) 聚硅氮烷

聚硅氮烷（PSZ）是指一种有机聚合物，它被热解形成 Si_3N_4 或 Si—C—N 陶瓷，以 Si—N 键为主链。由于这两种陶瓷具有高强度、高模量、高硬度、低密度、低热膨胀系数、耐腐蚀性、耐高温氧化性和耐腐蚀性，因此 Si_3N_4 本身具有良好的自润滑性能并得到广泛应用。在军事领域，如信息、电子、航空和航天等方面应用颇广。因此，研究人员还对聚硅氮烷进行了深入研究。目前，主要的合成方法是氨解/胺水解、开环聚合和一步反应。

(3) 聚硼氮烷

聚硼氮烷（BN）是一种可通过热解形成氮化硼陶瓷的聚合物。聚硼氮烷引起人们关注的原因是它的热解氮化硼陶瓷具有许多独特的性能，如低密度、高熔点、良好的高温力学性能、优异的介电性能、润滑性等。它具有良好的抗氧化能力且能够在低于 900℃的氧化环境和低于 2800℃的惰性环境中长时间使用。它是一种飞机透波结构件（例如天线窗和天线罩的优选材料等）。因此，许多国家的研究人员对合成 BN 陶瓷前驱体进行了广泛的研究并取得了很大进展。

(4) 元素掺杂的陶瓷前驱体

为了改变聚碳硅烷、聚硅氮烷等前驱体热解产生的陶瓷功能单一化，提高陶瓷性能，含有非均相元素的陶瓷前驱体的合成已成为一些学者研究的热点。目前，国内外已合成了多种含异相元素的陶瓷前驱体，主要掺杂异质元素为钛、铁、铅、铝、铜、硼。

(5) 超高温陶瓷前驱体

超高温陶瓷前驱体是一种通过热解可以形成金属碳化物和硼化物（ZrC、ZrBz、HfC、HfBz）和其他超高温陶瓷的聚合物。超高温陶瓷前驱体的合成起步较晚，主要报道的是碳化物和硼化物陶瓷前驱体。主要合成路线为溶胶-凝胶法、有机-无机杂化法和有机合成法。

(6) 可光固化陶瓷浆料

可光固化陶瓷浆料根据预混液溶剂的不同，可分为树脂基陶瓷浆料和水基陶瓷浆料。通过在预混液中添加陶瓷粉体、分散剂，并进行球磨混合得到陶瓷颗粒均匀分散的陶瓷浆料。对比树脂基浆料与水基浆料的性能，树脂基陶瓷浆料的优点在于固化强度高于水基陶瓷浆料，但在相同的固相含量下，树脂基陶瓷浆料的黏度远高于水基陶瓷浆料。

4.3.3 陶瓷前驱体的光固化成形

通过附加硫醇、乙烯基醚、丙烯酸酯、甲基丙烯酸酯，或环氧基团到无机骨架如硅氧烷、硅氮烷或碳硅烷，可以获得具有紫外线（UV）活性的陶瓷前驱体。

Zak C. Eckel 等通过混合巯基-甲基硅氧烷与乙烯基甲氧基硅氧烷和添加 UV 引发剂、自由基抑制剂和吸收剂配制可 UV 固化的硅氧烷树脂体系。采用光固化 3D 打印机（Formlabs Form 1+）制造较大的微晶格和蜂窝状结构。在 1000℃下氩气中热解，最终零件有 42%的质量损失和 30%的线性收缩。由此确定的所得陶瓷原子分数为 Si 26.7%、C 33.4%、S 4.1%。Y. de Hazan 等开发了一种由烯丙基氢化聚碳硅烷（AHPCS）和多功能丙烯酸酯复合的光固化陶瓷前驱体树脂，研究了光交联机理，并使用台式光固化装置 3D 打印富含 SiC 的高分辨率和形状复杂的陶瓷零件。热解后的纳米孔隙率以及宽范围的 SiO_xC_y 组合物可以通过烯丙基氢化聚碳硅烷与丙烯酸酯的比例和类型进行调控。研究发现，添加溶剂对比表面积具有很强的作用，但对孔隙体积和孔径的影响不是很强烈。热解后富含 SiC 的材料，比表面积为 $177m^2/g$，孔隙体积为 $0.33cm^3/g$。Erika Zanchetta 等开发了一种 SiOC 陶瓷光固化前驱体树脂，甲基有机硅树脂（SILRES MK，德国 Wacker-Chemie GmbH），是一种无溶剂的、含甲基官能团的有机硅树脂，加入 9.58mL 甲基丙烯酸 3-(三甲氧基甲硅烷基）丙酯后可进行光固化加工成形。

2018 年，意大利帕多瓦大学提出利用可固化的陶瓷前驱体与不可固化的陶瓷前驱体之间简单物理混合物制造出致密、无裂纹、无空隙的 SiOC 陶瓷结构的新方法。其中可固化的陶瓷前驱体具有光敏的丙烯酸基，在光照下可以发生聚合反应成形结构，再经烧制后可实现低含量的丙烯酸基的陶瓷前驱体产生高含量的陶瓷。研究中使用的陶瓷前驱体聚合物是具有专利组合物的液体光固化硅氧烷（TEGO RC 711，德国 Evonik Industries）和两种高陶瓷产量的硅树脂（Silres 601 和 H44，德国 Wacker Chemie A. G.）。此外还有光引发剂（Irgacure 819，瑞士 Ciba Specialty Chemicals）、光吸收剂（E133，英国 Squires Kitchen）、清洗剂和甲苯溶剂。使用 DLP 打印机（3DLPrinter-HD 2.0，意大利 Robofactory）打印混合均匀的陶瓷前驱体浆料，并通过一系列的实验确定了光固化硅氧烷（RC711）与硅树脂（Silres 601/H44）的质量混合比例为 3∶7。最佳光引发剂质量分数为 2%；最佳光吸收剂质量分数为 0.75%；最佳曝光时间为 3.5s。

打印完成后的前驱体零件用清洗液除去未固化的浆料，部分固化的结构在 UV 炉中照射 15min，以完成丙烯酸聚合物的形成。完全固化的结构在 60℃下的干燥箱中干燥整夜。然后在氮气（99.99%）中用 1000℃的氧化铝管炉以 2℃/min 的加热速率热解 1h。整个零件制备流程自此完成。最终质量分数低至 24%的液体光固化硅氧烷获得了 60.2%的陶瓷含量。图 4-24 为使用该方法打印出的开尔文单元，其精巧的结构证明了该方法的可行性。

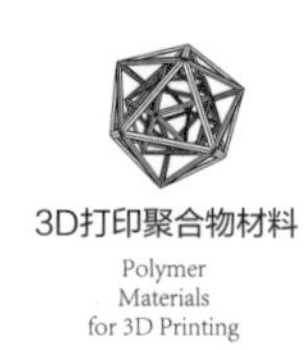

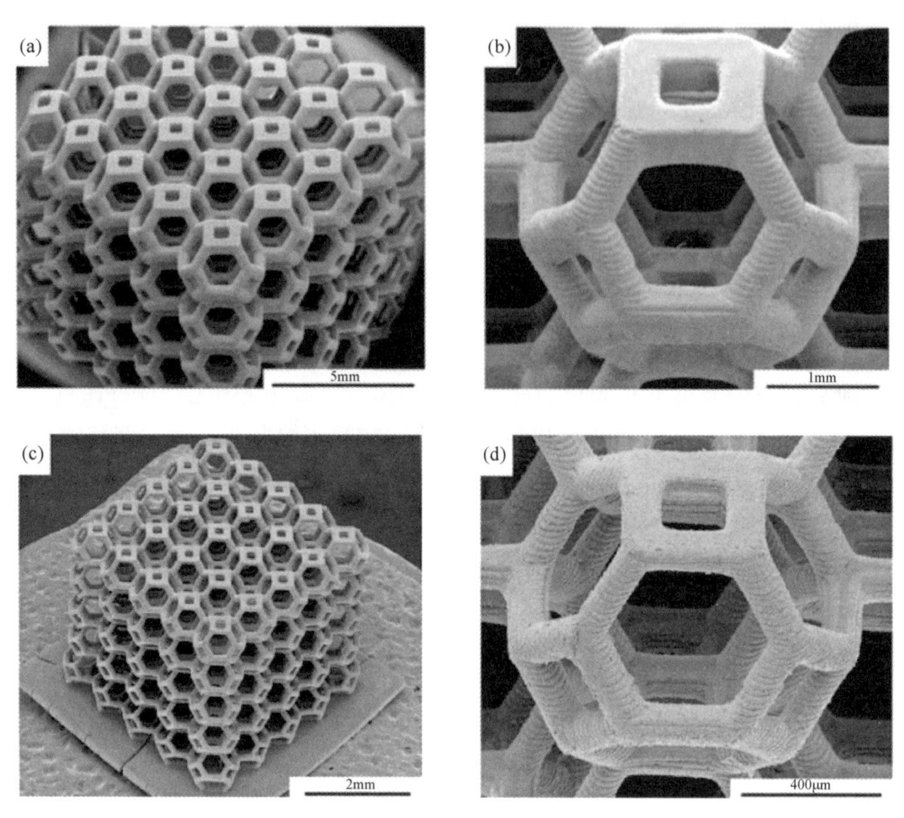

图 4-24 开尔文结构

(a)、(b) 为热解前；(c)、(d) 为热解后

台湾学者将钇稳定氧化锆陶瓷粉与复合光敏树脂按质量比 13∶5 混合，制备了树脂基氧化锆陶瓷浆料，其复合光敏树脂中含有两种树脂基体：二甲基丙烯酸三甘醇酯（triethylene glycol dimethacrylate，TEDGMA）和氨基甲酸乙酯二甲基丙烯酸酯（urethane dimethacrylate，UDMA）。然后采用面曝光的方式，研究了曝光时间和固化厚度之间的关系，形成了氧化锆牙制造工艺。加拿大学者采用丙烯酸树脂和环氧树脂以及二氧化硅、莫来石、氧化铝等材料制备了多种树脂基陶瓷浆料，研究了高固相含量陶瓷浆料的流变性，以及浆料固化深度与曝光量之间的关系。法国学者 Y. Abouliatim 在研究可光固化树脂基氧化铝浆料中紫外线漫反射时发现，紫外线漫反射在不同固相含量的陶瓷浆料中是普遍存在的，而随着粉末粒径的增大，透射率提高，反射率降低。美国 M. L. Griffith 等制备了水基二氧化硅陶瓷浆料，研究了固相含量对于浆料黏度和光固化性能的影响。西安交通大学李涤尘团队制备了水基二氧化硅陶瓷浆料，研究了分散剂用量和固相含量对于浆料黏度的影响，以及光引发剂用量对于浆料光固化性能的影响。

4.3.4 后处理工艺对陶瓷制件性能的影响

陶瓷材料成形的素坯，存在致密度低、力学强度差的缺点，因此往往需要结合后处理工艺，提高致密度及力学强度，常用后处理方法包括烧结处理、浸渗、等静压处理。

(1) 烧结

烧结是指素坯在高温下热分解并相变结晶，导致体积变小，气孔率降低，致密度和力学强度提高的过程，烧结处理是最常见的陶瓷素坯致密化的处理手段。其原理是固-气界面消除造成表面减少和表面自由能降低，并且能量更低的固-固界面的形成所导致能量变化进而引发的致密化。具体过程为素坯在高温环境下陶瓷颗粒之间的接触面积逐渐扩大并聚集，素坯体积收缩；颗粒之间的距离逐渐缩小，并且形成晶界；气孔从相互连通逐渐变为孤立，并逐渐缩小，最终大部分气孔被排除，素坯被烧结形成致密的陶瓷零件。

烧结后的陶瓷零件性能很大程度上受到如烧结温度、升温速率、保温时间等烧结参数的影响。烧结温度是影响烧结零件性能的一个重要因素。烧结温度过高将使得晶粒异常长大，引发二次再结晶和气孔率增加等问题，影响陶瓷零件的力学性能。而烧结温度过低则坯体不能充分致密化，也不能达到预期的力学强度。

升温速率主要影响烧结体的体积密度和显微结构。升温速率过快会使坯体受热不均匀而产生裂纹；同时，在加热时，坯体中的水会汽化。过快的升温速率会使水蒸气来不及排出坯体外，在坯体内形成很高的气压而使坯体开裂。保温时间对于烧结后陶瓷零件的致密化和力学性能也具有重要的影响，在达到烧结温度后，需要有一定的保温时间来使物质进行迁移，以保证陶瓷零件的致密化。随着保温时间的增加，陶瓷零件晶粒的粒径随之增长，但同时零件气孔率随之降低，致密度提高。为了实验零件力学性能的最大化，就需要找到一个最优的保温时间点。因此，为了使陶瓷零件获得理想的力学性能，必须确定最佳的烧结温度、升温速率和保温时间。

(2) 浸渗

浸渗是一种微孔渗透工艺，将浸渗液通过自然渗透、抽真空和加压等方法渗入陶瓷素坯的气孔中，填补成形件气孔及内部缺陷，从而提高致密度及力学强度。根据浸渗液的不同，浸渗工艺又分为浸渍工艺和熔渗工艺两种，浸渍工艺采用的浸渗液为陶瓷浆料或溶液，熔渗工艺采用的浸渗液为熔融玻璃或熔融金属。

(3) 等静压处理

等静压处理是在密闭容器内，利用液体介质均匀传递压力的性质从各个方向对陶瓷素坯进行均匀加压，以压实素坯、压缩气孔，达到提高致密度并改善其物理性能的目的。根据作用温度的不同，等静压工艺分为热等静压和冷等静压。热等静压是在高温高压条件下使得陶瓷素坯烧结和致密化；冷等静压则在常温下对陶瓷素坯施加一定的压力以达到致密的目的。

目前也有一些研究，通过使用纳米线增强 SiC 复合陶瓷的性能。Yang 利用 SiC 纳米线（体积分数为 5%）进一步增韧 SiCf/SiC 复合材料，使得复合材料的 PLS（比例限度强度）和弯曲强度分别比无增韧复合材料增加了 30% 和 10%，而断裂功增加了一倍。采用前驱体转化法能大面积合成高纯度的 SiC 纳米线，但因聚合物前驱体在高温过程的裂解复杂，对制备过程的控制要求比较高。

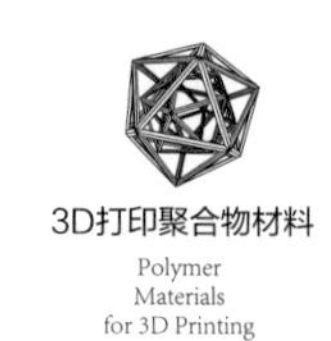

4.4 形状记忆材料

形状记忆材料是一类十分重要的刺激响应型智能材料。形状记忆这一概念最早由 Vernon 于 1941 年提出，其本质是经过预变形的材料可以响应外界适当刺激从而回到其初始形状。经过半个多世纪的不断探索和系统研究，形状记忆材料的种类日趋完善和成熟，主要包括形状记忆陶瓷、形状记忆合金和形状记忆聚合物材料。其中，形状记忆聚合物材料因其质量轻、易加工、形变大和化学结构易设计等优点而受到广泛关注并得到了快速发展。

形状记忆聚合物材料（SMPs）具有能对外界刺激（如热、光、电、磁和化学环境等）响应并从临时形状回复到初始形状的能力。最早的形状记忆聚合物材料产品诞生于 1964 年，经过辐照交联的聚乙烯展现出形状记忆特性，随后被用作热收缩材料。如今，形状记忆聚合物材料的种类及用途已是日新月异。通过从聚合物材料结构与性能的关系出发，精确控制其化学结构和相形态，使形状记忆聚合物材料的性能得到不断的优化，作用机理不断丰富，应用价值也不断提升。但是从其结构与作用机理的关系来看，SMPs 的组成从本质上仍可以归结于控制形状变化的分子开关（switch）和记忆永久形状的网络节点（netpoint）(图 4-25)。其中，分子开关最常见的类型是具有热致相转变的聚合物链段，如结晶-熔融转变、玻璃化转变和液晶各向异性-各向同性转变等。随着高分子化学的发展，具有其他刺激响应性（如光、热、化学环境等）的化学结构也越来越多地被应用于分子开关的设计中，这些化学结构主要依靠可逆动态化学键、非共价键或分子间作用力而形成。网络节点结构则包括了物理交

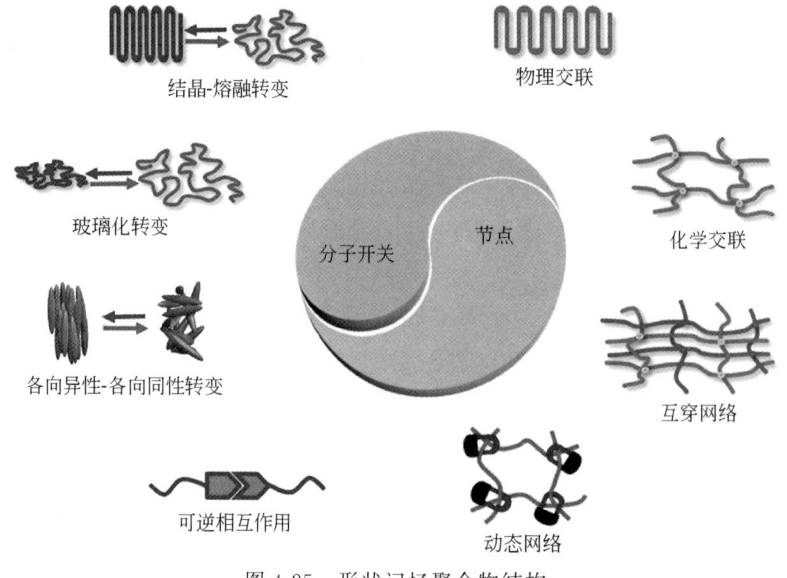

图 4-25　形状记忆聚合物结构

联和化学交联，而近年来互穿网络及动态网络结构也得到了广泛的应用。

SMPs结构的多样性和易调控性，使其在智能纺织、航空航天、生物医用、信息技术、商业包装及防伪指示等领域显示出巨大的应用潜力。然而传统的加工方式难以满足SMPs快速发展的需求。3D打印技术作为一种新兴的增材制造技术，为SMPs的进一步发展提供了新的契机。同时，利用3D打印技术实现具有复杂三维结构的SMPs的构筑也为软机器人、柔性电子和微创医学等高新产业的智能化和个性化发展提供了新的思路。

4.4.1 可光固化的形状记忆材料

在3D打印技术中，紫外线作为一种清洁和绿色的能源被广泛应用于成形技术中，3D打印墨水中的光引发剂受到紫外线照射后，产生自由基或阳离子引发聚合物固化成形。作为重要组成成分的光引发剂是激发光敏树脂交联反应的特殊基团，当受到特定波长的光子作用时，会产生具有高度活性的自由基或阳离子活性中心，然后进一步与单体和预聚物发生反应，由原来的线状聚合物变为网状聚合物，使预先配制的反应液能够迅速地在室温下转变为固态。

按照引发机理可以将光引发分为自由基和阳离子两类。自由基型引发剂有安息香类、苯乙酮类、硫杂蒽酮类、香豆酮类、苯甲酮类等；阳离子型引发剂有芳香重氮盐类、芳茂铁盐类和盐等。一般可以根据光引发剂的类型来判断固化的类型。根据光引发剂的引发机理，作为打印原料的光敏树脂可以分成三类：自由基光敏树脂、阳离子光敏树脂和混杂型光敏树脂。

对于SMPs而言，化学交联网络是非常重要的一类网络节点结构，为材料具备良好的回复性能提供了有力的保证，因此在不影响形状记忆功能的情况下通过将光敏基团引入到形状记忆聚合物中，是SMPs通过光固化成形方式进行3D打印的最常用且最高效的方法之一。这一类材料也可被称为可光固化的形状记忆聚合物材料。事实上，随着社会智能化的快速发展以及各个领域需要的不断增长，SMPs逐渐向多刺激响应、多级形状、多功能性方向发展。其结构也日趋多样性和复杂化，很难采用单一的某一种聚合物材料获得综合性能优异的SMPs，往往需要多种原料通过恰当的合成策略和精确的结构控制来获得多相体系或复合体系，以实现所需的特定功能。因此在这里我们没有采用聚合物的品种来对光固化SMPs进行分类，而将其分为单功能型和多功能型，其中单功能型指的是只具备了形状记忆效应，而多功能型指的是在具有良好形状记忆效应的基础上还具备其他的一些功能如自修复功能等。

4.4.1.1 单功能型可光固化的SMPs

SMPs实质上是一种刺激响应性智能材料，具有对外部刺激产生响应的能力。而在众多的响应方式中，热响应型SMPs具有设计简单、操作方便、加工相对比较容易等优势，在SMPs的3D打印研究中的应用也最为广泛。而自由基型光敏树脂最早被应用于光固化快速成形技术中，其反应原理是通过加成反应将双键转化为共价单键，这种树脂的优点是固化速度快、黏度低、成本低。目前所开展的光固化SMPs的3D打印研究也主要是以自由基光聚合为主，这一类的SMPs通常都是将组成形状记忆聚合物的单体或预聚物末端修饰成丙烯酸酯双键，并加入一些小分子的功能性单体构成相应的树脂溶液。如中科院化学所的黄伟等人合成了可紫外线光固化的聚氨酯丙烯酸酯预聚物，并加入二缩水甘油醚二丙烯酸酯（DEGDA）和丙烯酸异冰片酯（IBOA）作为小分子功能性单体，1-羟基环己基苯基酮（PI184）为光引发剂来制备可打印的树脂溶液（图 4-26），通过 SLA 技术成功实现了热固性形状记忆聚氨酯材料的 3D 打印。折叠-展开试验和形状记忆热机械循环测试均表明该打印材料具有较好的形状记忆性能和循环稳定性。

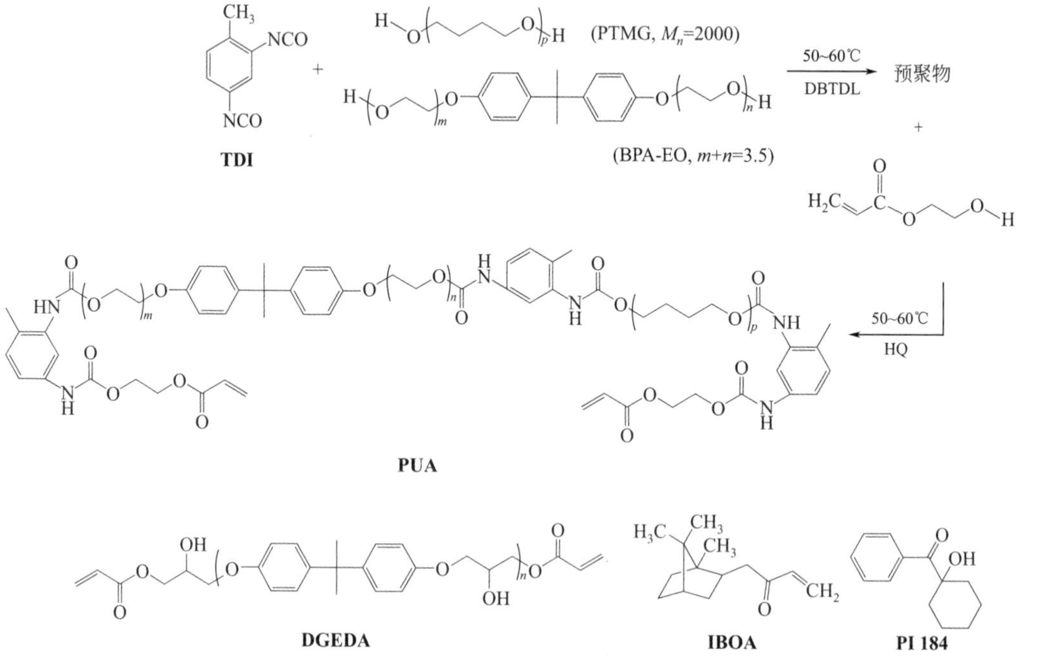

图 4-26　聚氨酯丙烯酸酯预聚物的制备路线及相应的添加剂

新加坡的 Q. Ge 研究团队通过选用单官能单体甲基丙烯酸苄酯（BMA）作为线型链增长剂，双官能低聚物聚乙二醇二甲基丙烯酸酯（PEGDMA）、乙氧基化双酚 A 二甲基丙烯酸酯（BPA）和二乙二醇二甲基丙烯酸酯（DEGDMA）作为交联剂制备出可打印的聚合物树脂溶液（图 4-27）。通过调控 BMA 和 BPA 的配比获得一系列具有优异形状记忆性能且 T_g 和热机械性能可调的光固化型甲基丙烯酸酯共聚物。在成形过程中，该研究报道以数字光投影型微立体光刻成形技术为基础，通过向该种加工技术中引入自动材料转换模块，成功实现了具有多级形状的 SMP 的 3D 打印。

以色列的 D. Cohn 研究团队以将聚己内酯多元醇与甲基丙烯酸异氰酸乙酯为原料制备了光敏型聚己内酯丙烯酸酯，并加入光引发剂 2,4,6-三甲基苯甲酰二苯基氧化膦，阻聚剂维生素 E 以及奥丽素橙 G 染料制备出的可打印的树脂溶液，通过将 SLA 打印机与定制的可加热树脂浴结合，实现了对光敏型聚己内酯甲基丙烯酸酯熔体的 3D 打印。

热响应型 SMPs 的研究由于操作简便，其相应的研究工作已经开展得比较多，而磁响应型 SMPs 也算是一种间接的热致型 SMP，这类材料是以热致型 SMPs 为基材，加入无机粒子如铁、钴、镍等填料制备而成。与传统的热致型 SMP 相比，磁致型 SMP 不仅具有良好

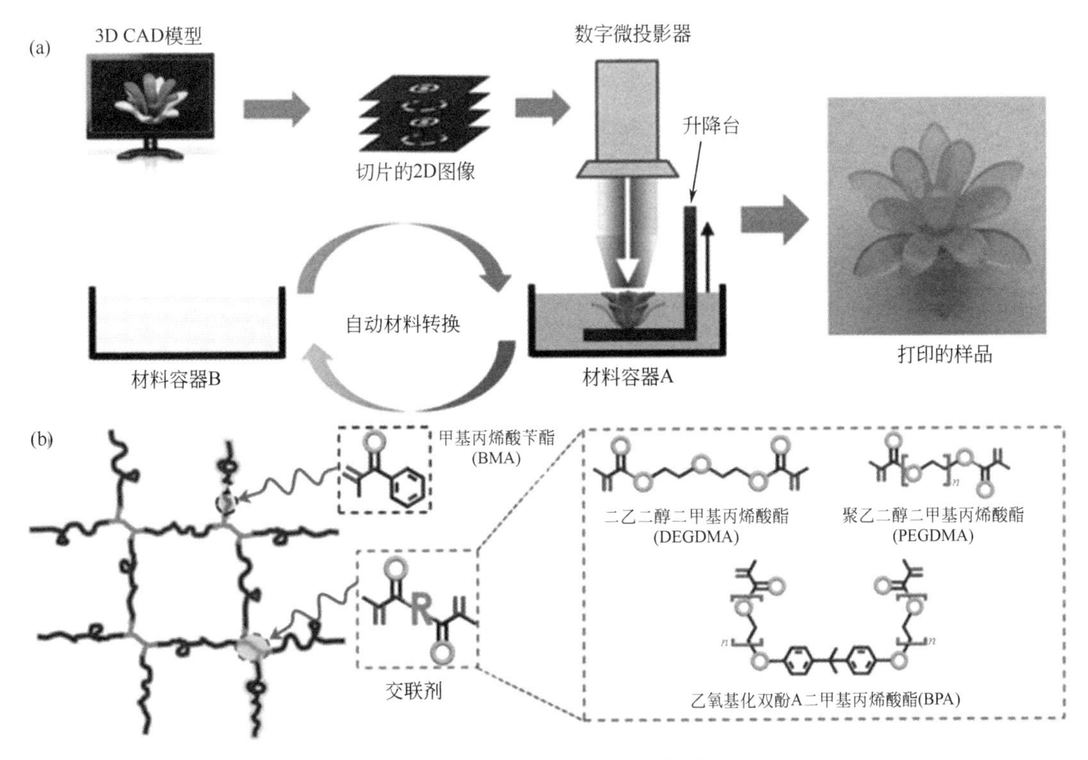

图 4-27 SMP 制造系统示意图

(a) 基于 PμSL 制造多材料结构的制造流程；(b) 光固化形状记忆聚合物网络由单官能单体甲基丙烯酸苄酯（BMA）作为直链增长剂（LCB），双官能低聚物聚乙二醇二甲基丙烯酸酯（PEGDMA）、乙氧基化双酚 A 二甲基丙烯酸酯（BPA）和二乙二醇二甲基丙烯酸酯（DEGDMA）作为交联剂

的形状记忆性能，还能通过磁场的调控来实现远程控制。哈尔滨工业大学的冷劲松研究团队以工业级的聚乳酸（PLA）粒料（4032D）为原料，加入二苯甲酮为光引发剂，二氯甲烷为溶剂，在打印过程中辅助 UV 光照引发 PLA 发生自由基聚合形成交联网络（图 4-28），在此基础上进一步由将四氧化三铁（Fe_3O_4）纳米粒子加入打印墨水中实现了一种磁响应的形状记忆纳米材料的 3D 打印。用这种材料打印得到的支架在进行使用前折叠缩小尺寸，将其置于交变磁场中被折叠的支架能实现自主的扩张行为，从而实现非接触控制和远程操纵。

上述的一些光固化 SMP 材料的打印都是基于自由基光引发来进行开展的。我们知道，除了自由基引发，还可以通过阳离子来引发。由自由基光引发剂引发的单体和低聚物通常通过丙烯酸酯来实现官能化，而环氧化物和氧杂环丁烷则是最广泛使用的阳离子光引发化合物。事实上，这两种方式都有各自的优点和缺点。首先，自由基聚合具有氧抑制作用的缺点，而离子聚合对氧不敏感。其次，自由基聚合的固化速率比离子聚合快得多。最后，环氧化合物开环聚合时的体积收缩明显低于丙烯酸酯类化合物。因此，由环氧化物和丙烯酸酯单体组成的混合光聚合物从丙烯酸酯获得高固化速率，同时具有低体积收缩和环氧化物的对氧的不敏感性。因此利用环氧化物和丙烯酸酯单体为原料制备打印墨水可结合两者的优势。如中科院化学所的黄伟研究团队以分散在环氧树脂中的聚丙烯酸酯-共聚环氧树脂颗粒（PP-

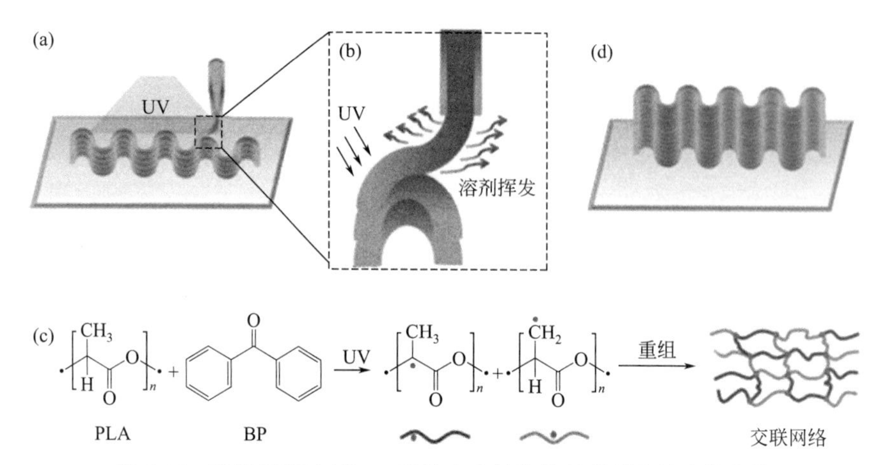

图 4-28 通过 DIW 打印 4D 形状变化结构的示意图和墨水的性能

(a) 在合适的施加压力下从微喷嘴中挤出 UV 交联的 PLA 基墨水；(b) 挤出后快速溶剂蒸发；(c) 在沉积过程中触发的 UV 交联反应；(d) 具有潜在形状改变行为的印刷 3D 波纹状构造的实例

DGEBA)、环氧当量为 233g/mol 的氢化双酚 A 二缩水甘油醚（DGEHBA)、3-乙基-3-羟甲基氧杂环丁烷（OXT）作为阳离子单体，以双酚 A 二缩水甘油醚二丙烯酸酯（DGEDA）和环氧乙烷改性的三羟甲基丙烷三丙烯酸酯（DSM）作为自由基单体，1-羟基环己基苯基酮（184）和双（4-甲基苯基）碘鎓六氟磷酸盐（IPF）作为混合聚合物的光引发剂合成了一种环氧-丙烯酸酯混合聚合物，并通过立体光刻 3D 打印技术应用于制备形状记忆聚合物，实现了环氧与丙烯酸混合光敏性聚合物的 3D 打印。采用该种材料所打印的结构具有优异的形状固定率、形状回复性能和耐疲劳性。

4.4.1.2 多功能型可固化的 SMPs

目前报道的大多数基于 SMP 的 3D 打印都是一些基于丙烯酸酯/甲基丙烯酸酯的单体和交联剂的具有永久交联的共价网络，一旦这些共价网络受损，受损的打印结构不可修复导致功能失效而被废弃，这不仅增加了额外的材料成本，还造成了环境的负担。因此同时兼具形状记忆和自修复性能的多功能 SMP 的打印引起了越来越多研究者的关注。

意大利的 R. Suriano 等以丙烯酸酯封端的聚己内酯（PCLDMA）和脲基嘧啶酮丙烯酸酯（UPyMA）为原料，加入 2,4,6-三甲基苯甲酰基-二苯基氧化膦（TPO）作为光引发剂，利用数字光投影技术（DLP)，通过一个热平台实现了同时兼具形状记忆和自修复能力的聚合物交联网络的 3D 打印（图 4-29)。虽然在这个自修复-形状记忆系统中，样品的自修复能力不是很好（愈合的样品只能恢复其原始拉伸强度的大约 50%和其原始破坏应变的大约 20%)，但该项工作的开展为以后研究人员通过 3D 打印制备多功能性 SMPs 提供了重要的借鉴。

美国乔治亚理工学院的 H. J. Qi 研究团队基于 DIW 技术，制备了含有光固化树脂和半结晶热塑性聚合物的打印墨水。光固化树脂由脂肪族氨基甲酸酯二丙烯酸酯（含质量分数为 33%的丙烯酸异冰片酯）和丙烯酸正丁酯（BA）制成（图 4-30)，同时将半结晶性 PCL 溶解在上述丙烯酸酯中。此外，添加了气相二氧化硅的纳米颗粒作为流变改性剂，可赋予未固

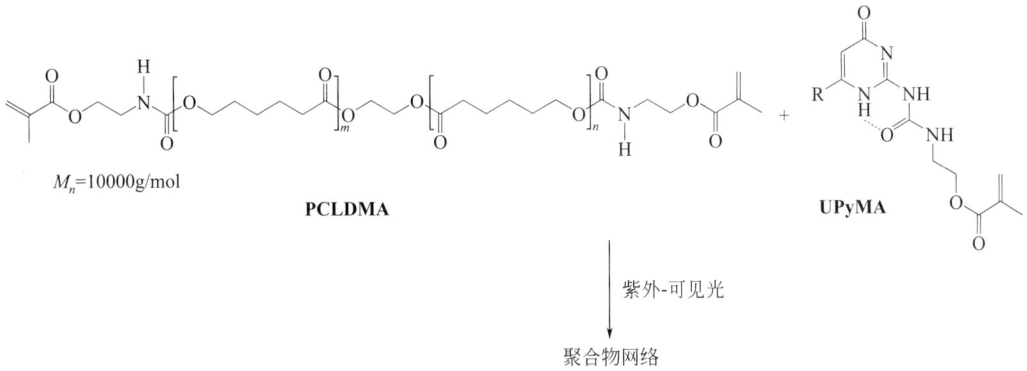

O H O O O O O
O N O O O N O +
O m n H O
R N NH
H O NH
N
O

M_n=10000g/mol

PCLDMA

UPyMA

O
O

紫外-可见光

聚合物网络

(a)

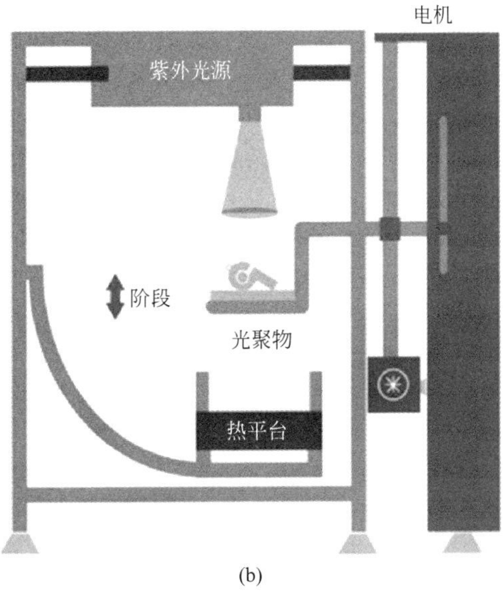

(b)

图 4-29 PCLDMA、UPyMA 的交联反应路线（a）和定制 DLP 打印机设置的示意图（b）

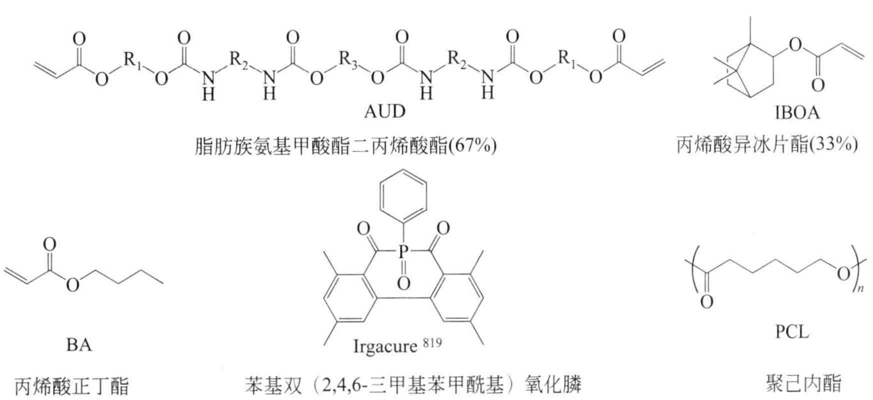

O O O O O O
R_1 R_2 R_3 R_2 R_1
O O N N O O N N O O
H H H H

AUD

脂肪族氨基甲酸酯二丙烯酸酯(67%)

O
O

IBOA

丙烯酸异冰片酯(33%)

O
O

BA

丙烯酸正丁酯

O P O
O

Irgacure 819

苯基双（2,4,6-三甲基苯甲酰基）氧化膦

O
O n

PCL

聚己内酯

图 4-30 半互穿网络弹性体复合树脂中各组分的化学结构

化的墨水剪切变稀特性。得到的这种打印墨水具有良好的可打印性，所打印出的材料呈现出良好的形状记忆和自修复性能。

新加坡的 Q. Ge 等也利用 DLP 技术开发了分辨率更高（约 30μm）的自修复-形状记忆聚合物系统（SH-SMP）。在 SH-SMP 系统中，甲基丙烯酸苄酯（BMA）和聚乙二醇二甲基丙烯酸酯（PEGDMA）分别作为线型链增长剂和交联剂，形成高度可变形和可 3D 打印的 SMP 网络（图 4-31）。在该项工作中，半结晶聚合物 PCL 同样被用作自修复剂被植入到网络系统中，赋予 3D 打印结构自愈合能力，并且在将超过 20%的 PCL 添加到 SH-SMP 系统中之后，受损结构的机械性能可以恢复到 90%以上。

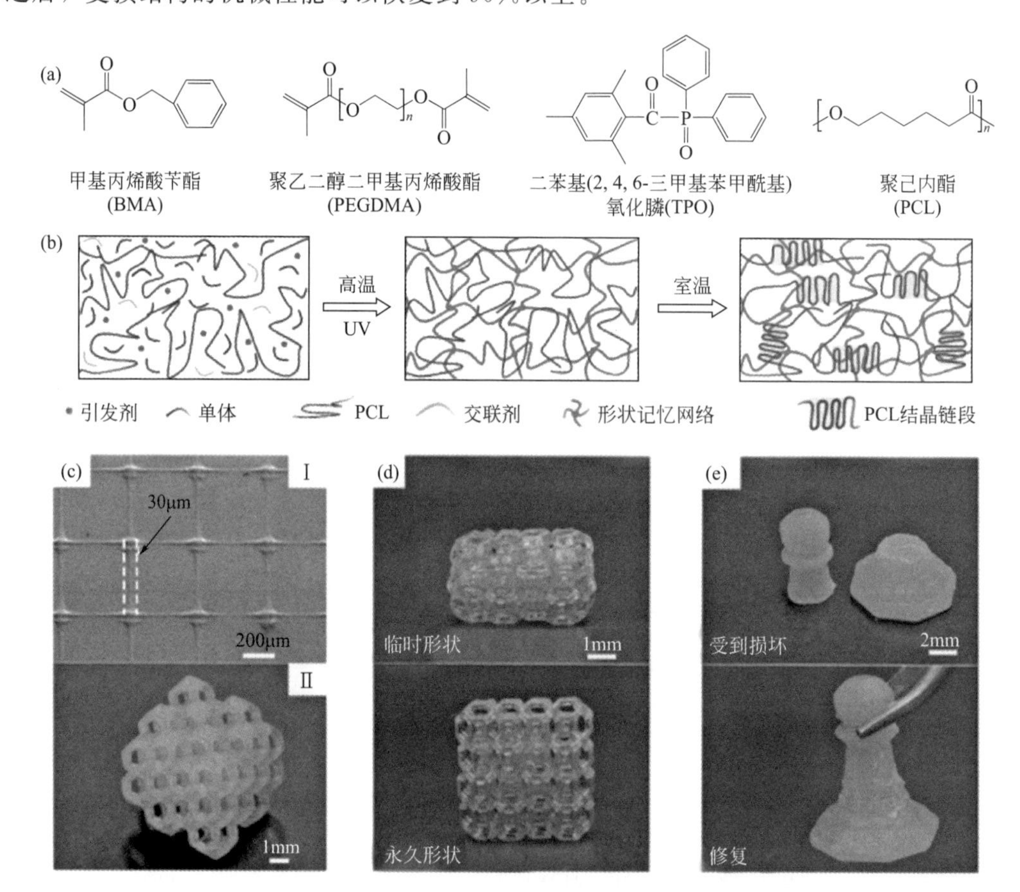

图 4-31　基于 DLP 技术的 SH-SMP 的 3D 打印（见彩图）

（a）SH-SMP 溶液中各组分的化学结构；（b）基于 UV 的 3D 打印过程中 SH-SMP 溶液的化学结构变化；（c）使用 SH-SMP 溶液印刷高分辨率复杂的三维结构（Ⅰ）3D 打印高分辨率网格（Ⅱ）3D 打印开尔文泡沫；（d）3D 打印的开尔文泡沫的临时形状（上）和永久形状（下）；（e）打印出的 3D 结构的自修复能力展示：80℃加热 5min，破碎的棋子（上）完全愈合（下）

通过上述的一些例子可知，目前所开展的具有自修复能力的形状记忆光固化打印材料的研究还不是很多，且大部分都是通过引入半结晶聚合物 PCL 来实现。随着科技的不断发展，将来会有更多类型及功能的 SMP 的打印材料出现。

4.4.2 形状记忆材料的光固化成形技术

目前用于形状记忆聚合物材料的 3D 打印成形技术主要包括光固化 3D 打印技术(SLA)、直写成形技术（DIW)、熔融材料 3D 打印技术（FDM)、聚合物喷射技术(Polyjet）等。其中，由于聚合物喷射技术所用的材料为 Stratasys 公司所提供的具有形状记忆行为的光固化型“数字材料”，该技术为非开放性的，而 FDM 技术不涉及光固化过程。因此，这里主要对前两项涉及光固化过程的成形技术进行介绍。在各种 3D 打印技术中，光固化 3D 打印技术因可以精确地控制喷出材料的喷射量、成形层厚度和成形的精度而广泛应用于各个领域，因此具有很大的发展潜力和广阔的应用前景。

4.4.2.1 立体光固化成形（SLA）

立体光固化 3D 打印技术是利用可塑液态光敏树脂在紫外线辐照条件下快速发生聚合，树脂由液态迅速转变为固态。立体光固化成形技术又可分为光扫描型 SLA 技术和数字光投影型 SLA 即 DLP 技术。光扫描型 SLA 是通过将一定强度与波长的激光聚焦到打印材料的表面，由点及线再由线到面的顺序逐层描绘物体，表面会发生固化进而层层叠加达到三维造型的目的；而 DLP 是利用数字光投影设备，投影过程中将整个面的激光聚焦到打印材料表面，整个材料的表面发生固化进而达到三维造型的目的。从打印速度上来说，DLP 从“面”到“面”的打印具有更快的打印速度（其原理如图 4-32 所示）。

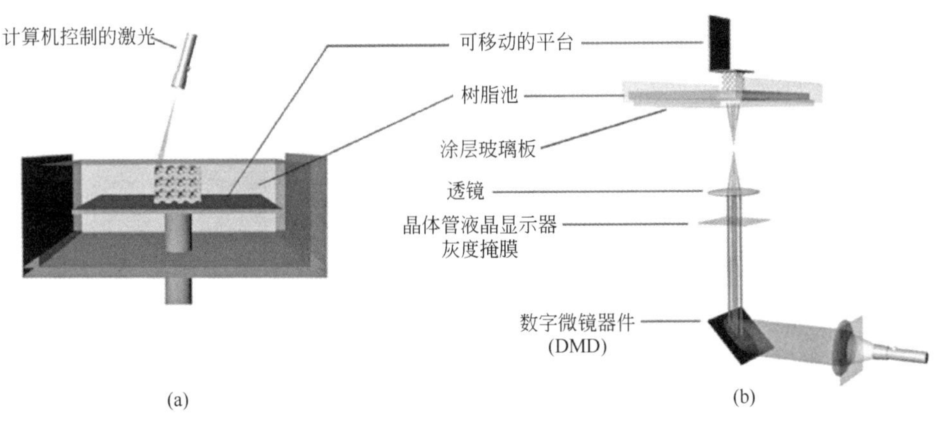

图 4-32 两种不同类型光固化打印机的工作原理

(a) 自下而上的扫描激光系统——SLA；(b) 自上而下带有数字光投影设备——DLP

(1) 光扫描型 SLA

光扫描型 SLA 技术同样可用于 SMPs 的成形，如中科院化学所黄伟等采用该技术打印出一种基于环氧-丙烯酸酯杂化光敏聚合物的形状记忆材料。他们选用双酚 A 二缩水甘油醚(DGEBA)、氢化双酚 A 二缩水甘油醚（DGEHBA)、3-乙基-3-羟甲基氧杂环丁烷（OXT)为原料，实现了环氧与丙烯酸混合光敏聚合物的 3D 打印（图 4-33)。采用该种材料所打印的结构具有优异的形状固定率、形状回复性能和耐疲劳性。

在组织工程中，3D 打印是制备复杂三维支架材料非常重要的手段。美国的 Miao 等使用一种新颖的、自行开发的台式立体光刻打印机利用光扫描型 SLA 技术将可再生大豆油环

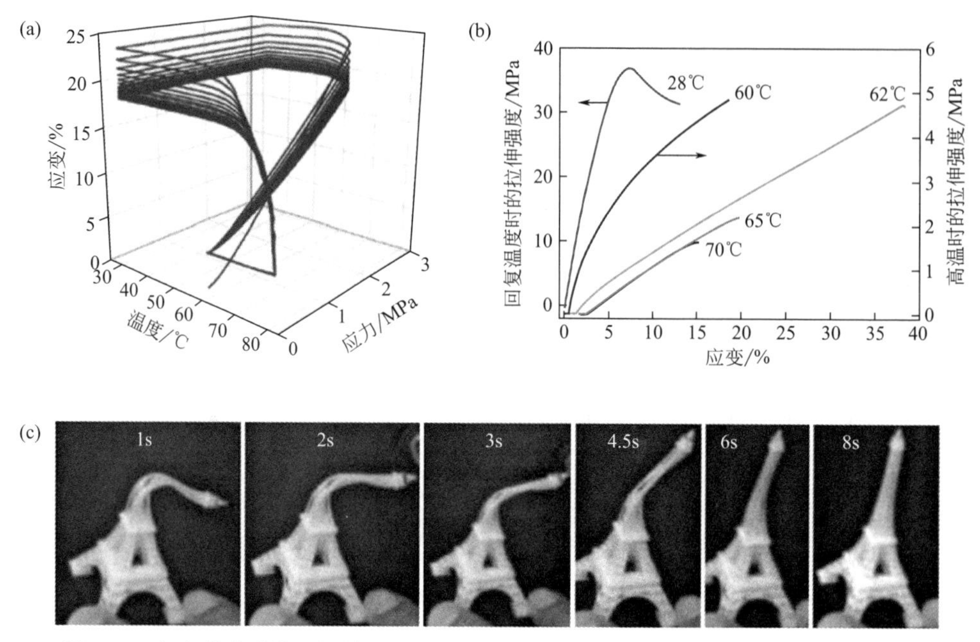

图 4-33　打印样品形状记忆循环测试的热机械曲线（a）、打印样品在室温和高温时的应力-应变曲线（b）和打印的埃菲尔铁塔的形状恢复过程（c）

氧化丙烯酸酯打印成具有优异生物相容的智能支架，其紫外（UV）激光器波长为 355nm，打印效果可以达到甚至优于商业立体光刻系统。该工作以环氧大豆油丙烯酸酯为原料，通过加入光引发剂双（2,4,6-三甲基苯甲酰基）苯基氧化膦（Ciba Irgacure 819）制备出可光固化的生物相容性液体树脂（图 4-34）。利用大豆油环氧化丙烯酸酯上的双键易于通过紫外激

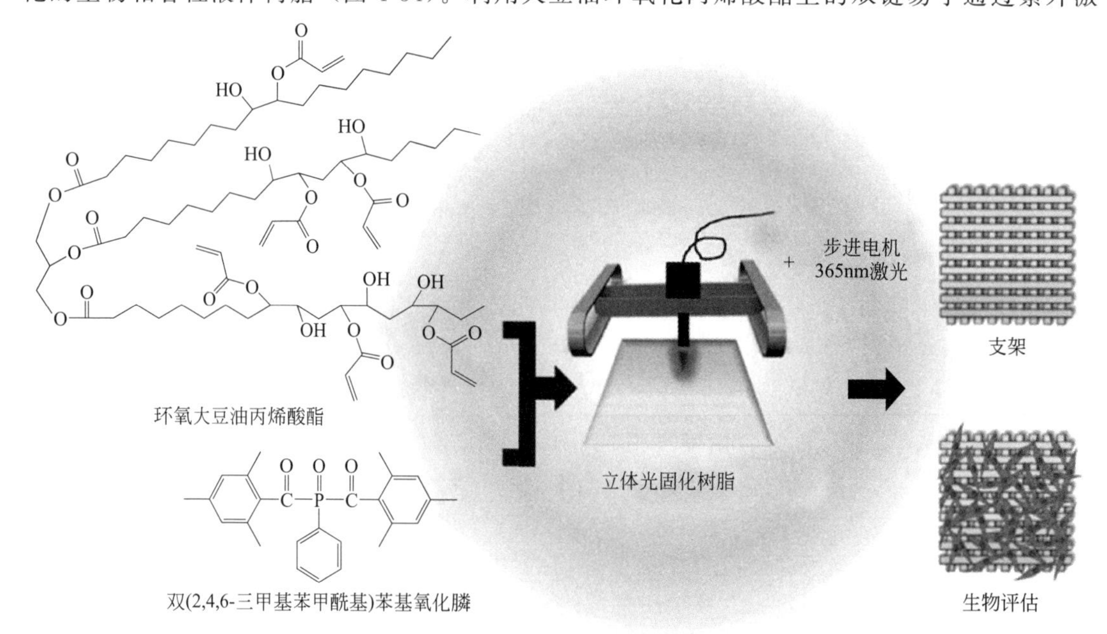

图 4-34　大豆油环氧化丙烯酸酯从原料到树脂制造和应用的制造工艺示意图

光聚合，采用光扫描型SLA打印技术将其打印成用于组织工程的细胞支架。

该报道还系统研究了打印过程中打印速度（10～80mm/s）、激光频率（8000～20000Hz）等相关参数对所打印支架样品每层厚度和宽度的影响（图4-35）。可以看出打印样品层的厚度和宽度均随打印速度的增加而减小，当打印速度从10mm/s增加到80mm/s时，样品层厚度减小到原来厚度的22%，小于100μm。宽度也随着打印速度的增加而减小到原来宽度的60%，仅为250μm。而激光频率对样品层厚度和宽度的影响刚好相反，在12000～20000Hz范围内，厚度和宽度随着激光频率的增加略有增加；在8000Hz以下，厚度和宽度急剧下降到最高厚度和宽度的78%左右。由此可见，通过调节打印速度和激光频率，可以有效地控制支架层的厚度和宽度。

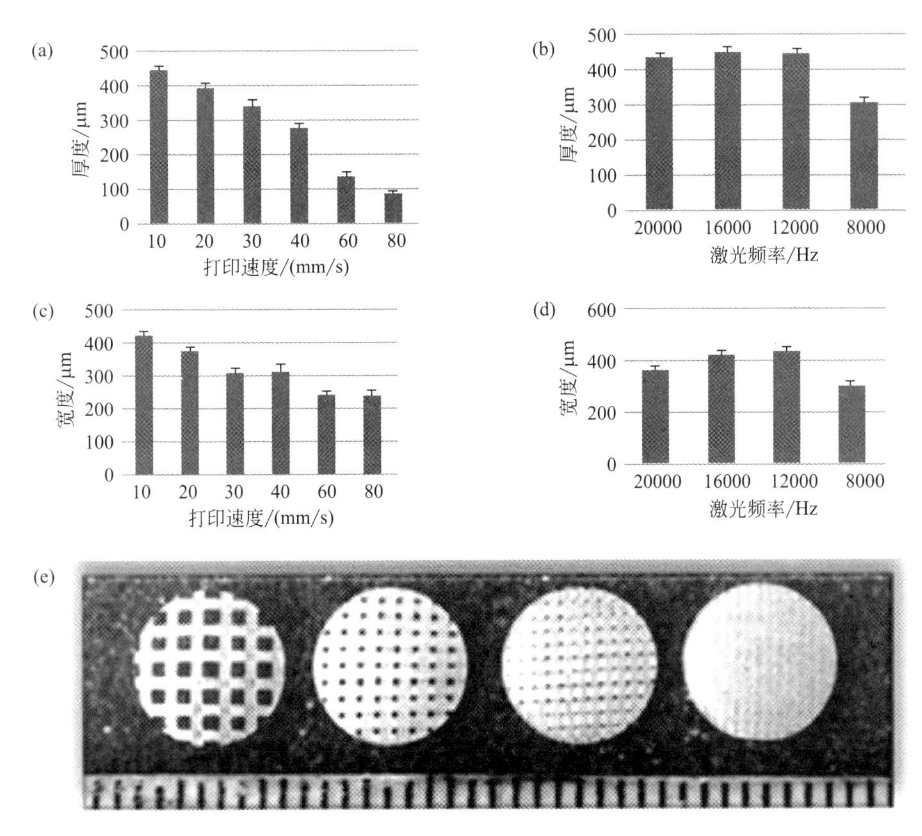

图4-35 打印速度和激光频率对支架的影响

（a）在12000Hz激光频率下，不同打印速度对支架样品厚度的影响；（b）在打印速度为10mm/s时，不同激光频率对支架样品厚度的影响；（c）在12000Hz激光频率下，不同打印速度对支架样品宽度的影响；（d）在打印速度为10mm/s时，不同激光频率对支架样品宽度的影响；（e）激光频率为12000Hz、打印速度为10mm/s时所得到的打印支架照片，其填充密度从左到右分别为20%、30%、40%和50%

和PEGDA相比，该细胞支架具有更好的生物相容性，表现出更好的人骨髓间充质干细胞（hMSCs）的黏附和增殖效果。而和FDA批准的生物材料PLA和PCL相比，该细胞支架没有统计学差异。此外，以环氧大豆油丙烯酸酯聚合物的玻璃化温度（T_g）为转变温度，该支架还呈现出优异的形状记忆性能。

(2) DLP

美国的Yang等将DLP和PμSL技术用于具有形状记忆功能的超材料的制造。其中，投影微立体光刻技术（projection micro-stereolithography，PμSL）在3D打印微型制造方面具有独特的优势，其主要原理是将一束带有特定预设图案的光聚焦到可通过紫外线光固化的液态树脂表面，通过逐层固化树脂最终得到3D固体产品。该研究团队以丙烯酸（AA）作为单体形成增长链，乙氧基化双酚A二甲基丙烯酸酯（BPA）作为交联剂通过光交联可得到一种温度响应的SMP，同时利用DLP和PμSL技术精确控制其微结构制造出一种可几何重构、功能可变以及机械可调的轻质机械超材料（图4-36）。其刚性调节范围超过了100倍，能够很好地控制减振。除此之外，这种超材料可以显著变形并且可以锁定在任意几何体中，同时保持其力学性能，即使在剧烈变形之后也能完全恢复原始的形状和刚度。

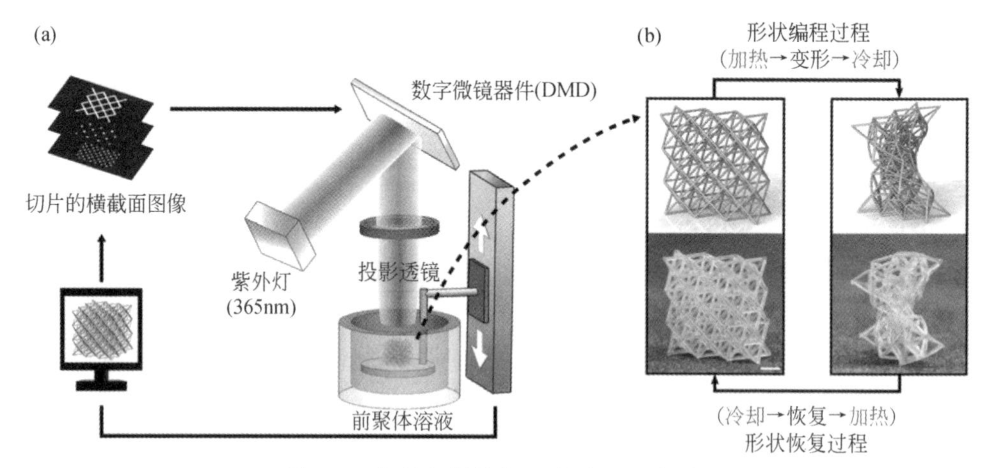

图4-36 机械超材料的4D打印（见彩图）

（a）数字增材制造工艺；（b）SMP微晶格的典型形状记忆周期：通过加热、变形和冷却完成形状编辑，加热后恢复到原来的形状

浙江大学的谢涛教授研究团队开发了一种以数字光投影型SLA技术实现SMP或水凝胶的快速打印新方法。其打印设备仅需要一台计算机控制的商用投影仪和装有可光固化单体的反应池。以蜡基形状记忆聚合物体系的打印为例，选用疏水性月桂基丙烯酸酯（LA）和1,6-己二醇二丙烯酸酯（HDDA）为反应原材料，通过调控投影仪对不同区域的曝光时间来精确控制在同一个水平面上的梯度交联，从而实现从2D到3D的构型转变。具体来说是将打印所得的平面结构浸入熔融的石蜡中，由于不同区域曝光时间不同引起的交联程度的不同，使材料发生区域化不均匀溶胀，从而在二维平面产生应力，变形为可控三维形状。将所得形状加热至高温时由于石蜡的熔化所形成的三维结构可被再次赋予新的形状，冷却降温时由于石蜡的凝固可使新形状固定，再次加热至高温时会回复至初始形状（图4-37）。

4.4.2.2 光固化辅助直写式成形

墨水直写打印（direct ink writing，DIW）技术是3D打印的一个重要分支，其原理与

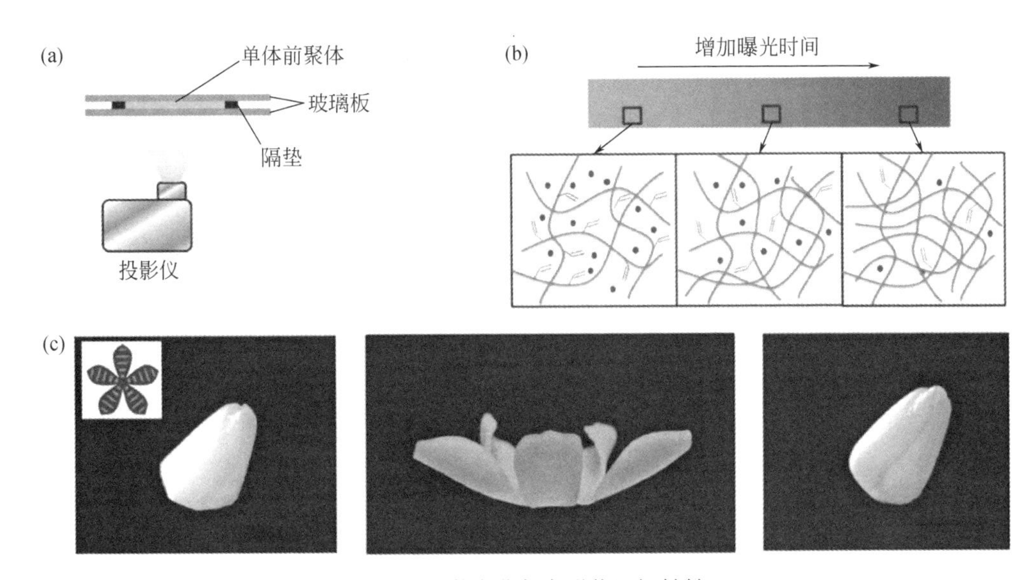

图 4-37　数字化打印形状记忆材料

(a) 打印设备；(b) 通过数字曝光进行像素化控制原理示意图；(c) 蜡基形状记忆聚合物体系的打印、梯度螺旋和郁金香花的形状记忆演示：从左到右的照片指的是指永久形状、临时形状和回复形状。插图表示平面印刷布局，较浅和较深的灰色分别对应于短曝光（2s）和长曝光（4s）

FDM 非常相似，都是基于挤出进行印刷成形（图 4-38）。与 FDM 相比，DIW 与材料的兼容性更好，除了热塑性塑料、胶体、聚电解质、水凝胶和溶胶-凝胶氧化物之外，还可以用于金属、陶瓷、生物细胞、食物等的制造。DIW 的关键在于调节墨水的流变性能，以确保在墨水离开喷嘴后的短时间内保持其形状。通过对“墨水”的流变性能进行调控，该项打印技术可用于可溶于快速挥发性溶剂、固化前具有剪切变稀特性及可“后交联”的 SMP 的 3D 打印。

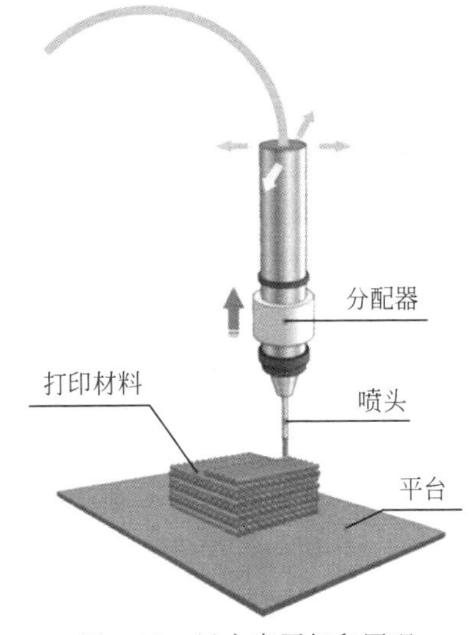

图 4-38　墨水直写打印原理

美国的 H. J. Qi 等设计了一种新型墨水，可以通过紫外线辅助 DIW 技术，打印出具有高延展性、形状记忆和自修复弹性体（图 4-39）。这种新型墨水的成分包括了脂肪族的氨基甲酸酯二丙烯酸酯、半结晶热塑性聚合物 PCL 以及一些作为流变改性剂的纳米粒子。所打印出的弹性体在拉伸时断裂生长率可达到 600%，同时在大形变下（230%），还可保持优异的形状记忆性能，形状固定率超过 93%，形状回复率超过 95%。

4.4.3　3D 打印形状记忆材料的应用前景

在前面我们已经介绍 SMPs 以其独特的优势在智能纺织、航空航天、生物医用、信息技

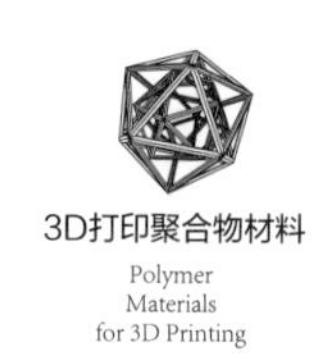

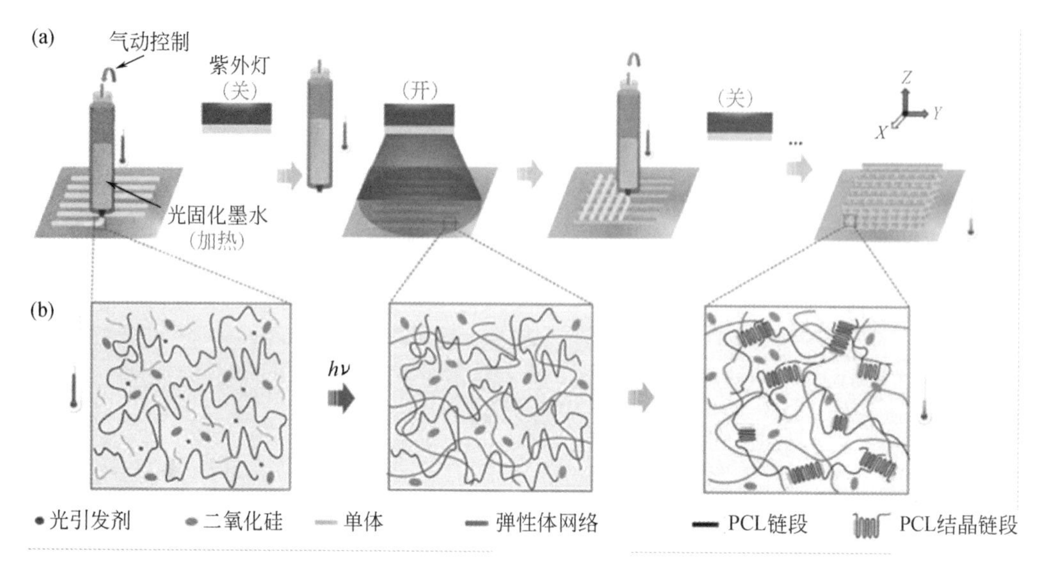

图 4-39　基于 UV 辅助 DIW 的 3D 打印半互穿网络弹性体复合材料的示意图（见彩图）

（a）配备有加热元件的基于 DIW 的 3D 打印机打印每层细丝，然后照射紫外线（50mW/cm²）以固化树脂；（b）在 70℃印刷时和印刷冷却后打印墨水的结构演变

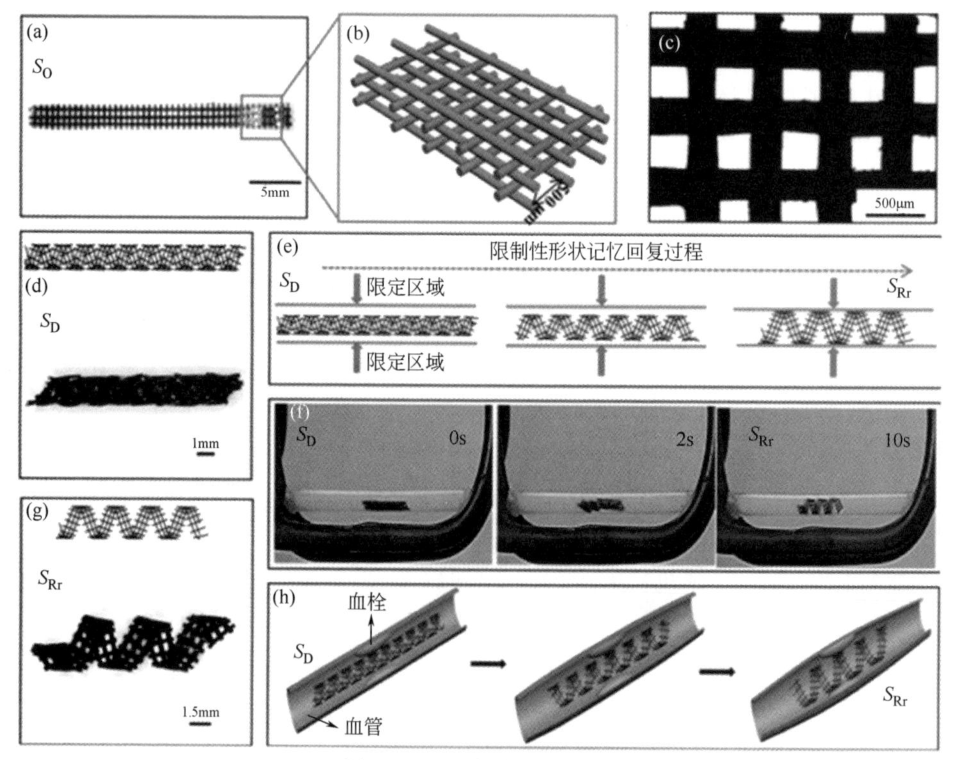

图 4-40　3D 打印磁性支架

术等领域具有巨大的应用潜力，但是受传统加工方式的限制，使其在一些需要复杂三维立体结构和个性化结构设计领域的应用受到极大的制约。3D 打印技术在 SMPs 制造中的应用和快速发展，突破了材料在加工过程中的瓶颈问题，使具有复杂三维立体结构或个体适应性 SMPs 的设计和成型变得简单方便。目前这项技术在生物医用、柔性电子器件、智能仿生材料、航空航天等领域显示出良好的发展势头和广阔的应用前景。

在微创医疗器械领域，利用 3D 打印技术可以实现复杂精确的智能化人体植入器件的智能制备，为实现专属的私人定制带来新的技术手段。3D 打印的 SMP 器件不仅结构可设计，而且可在应用前对器件进行变形处理，预先将其体积减小到最小值，使其对植入部位的伤害尽可能减小，待植入后，对变形器件施加相应的刺激使其主动地回复至所需尺寸进而发挥功能。哈尔滨工业大学的冷劲松教授团队在该领域开展了深入系统的研究，并成功开发了一系列通过 3D 打印制造的 SMP 材料。如他们以可紫外线交联的聚乳酸（PLA）基原料以及四氧化三铁（Fe_3O_4）磁性纳米颗粒为墨水通过光固化辅助 DIW 技术打印了 c-PLA/Fe_3O_4 形状记忆纳米复合材料支架。这种支架可在使用前进行折叠以减小尺寸，当其置于交变磁场中时，折叠的支架可展示出自扩张行为，整个过程仅需 10s（图 4-40）。这种 4D 支架结构实现了非接触控制和远程驱动，在微创血管支架领域具有非常好的应用前景。

以色列的 D. Cohn 研究团队通过 SLA 技术开发了一种个性化设计的形状记忆气管支架（图 4-41）。为了实现个性化治疗的目的，首先采用核磁共振仪对人体进行全身扫描，并获得其气管的数字化模型，并根据实际应用过程中可能面临的问题，对气管支架进行了开放式结构设计。然后以甲基丙烯酸酯化的聚己内酯（PCL）为原料，2,4,6-三甲基苯甲酰基二苯基氧化膦（TPO）为光引发剂，通过 SLA 技术打印得到了个性化气管支架。该支架可以通过调节 PCL 的分子量来调控其融入温度（T_m），最终实现驱动温度的调节。具有合理结构和交联程度的支架表现出十分优异的形状记忆性能，形状固定率为 99%，形状回复率为 98%，且展开过程只需 14s，充分保证了患者安全和展开效率。

在柔性电子器件领域，由于受传统加工方式的限制，电子元件通常只能被印刷于平面基板上或者是被加工成静态的二维结构，这无疑会限制其进一步发展及应用。利用 3D 打印制造的 SMP 复合材料可赋予电子元件结构的可设计性及形状的多边性，使其更加智能化。以色列的 D. Cohn 团队就利用商业 SLA 打印机和定制的加热树脂浴，以可光固化的聚己内酯二甲基丙烯酸酯（PCLDA）黏性熔体打印出具有复杂结构的形状记忆树脂。在此基础上，作者还将打印的部件与柔性电子相结合，通过在打印的 SMP 结构表面继续喷墨打印导电银浆制备了智能可变形的温度传感器（图 4-42）。将这种传感器的临时形状设计成未闭合的电路，当温度过高达到其热转变温度以上时，通过形状回复就能使电路闭合从而点亮连接在电路中的 LED 灯达到警示的目的。

在仿生机械手领域，3D 打印 SMP 实现了结构和功能的一体化成形，简化了复杂结构的成形工艺并增加了结构的智能性。因此，3D 打印 SMP 在机器人领域也显示出巨大的应用潜力及实用价值。新加坡的 Ge 等通过高分辨率的 DLP 技术打印出具有双网络结构的自修复-形状记忆仿生机械手。该机械手在受到损伤将其修复后，仍能具有较好的性能，能够很好地实现砝码的抓取和释放［图 4-43(a)］；Ge 等还通过多重 SMP 的 3D 打印制备了不同尺寸的仿生机械手结构，在热驱动下，机械手可成功实现螺丝钉的抓取和释放［图 4-43(b)］。

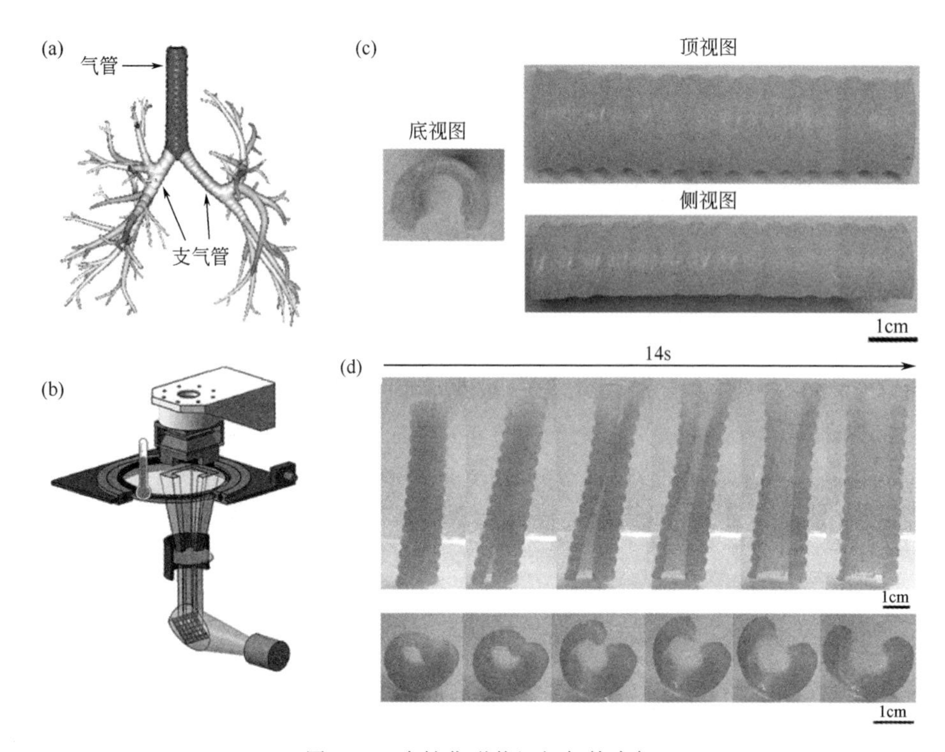

图 4-41　个性化形状记忆气管支架

（a）从 MRI 扫描获得的属于中年男性的气管支气管树的数字模型；（b）数字模型使用商用 SLA 打印机进行打印，该打印机具有在树脂熔化温度以上加热的定制加热浴；（c）打印的呈永久形状的气管支架；（d）不同视角下的个性化气道支架（永久形状为开放式结构）的宏观形状记忆行为的照片

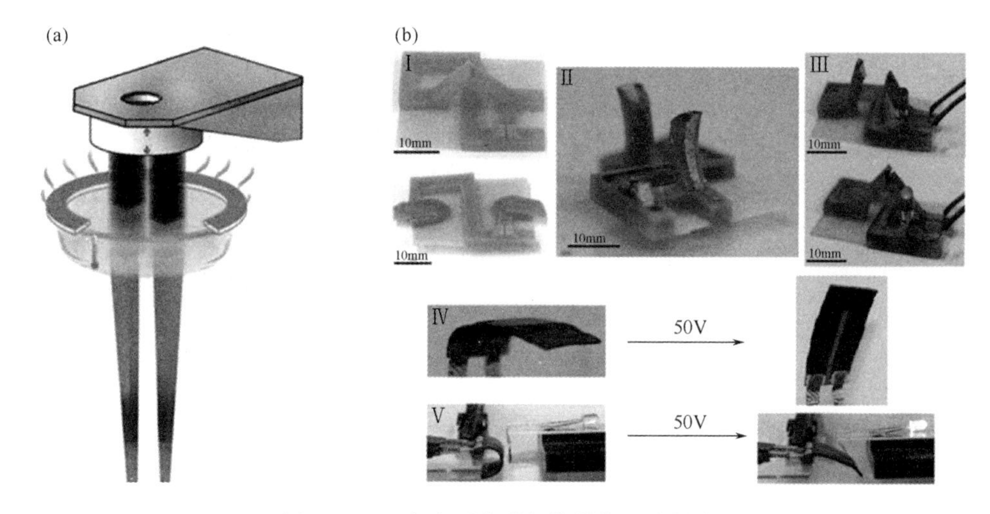

图 4-42　3D 打印可变形智能器件（见彩图）

（a）SLA 3D 打印机的示意图：打印平台下降到加热树脂浴，对于每一层而言，光源在与打印平台接触的薄层树脂上投射出器件的横截面，然后平台退出光聚合树脂，并启动下一层的打印；（b）打印出的可变形智能温度传感器、电响应连接器

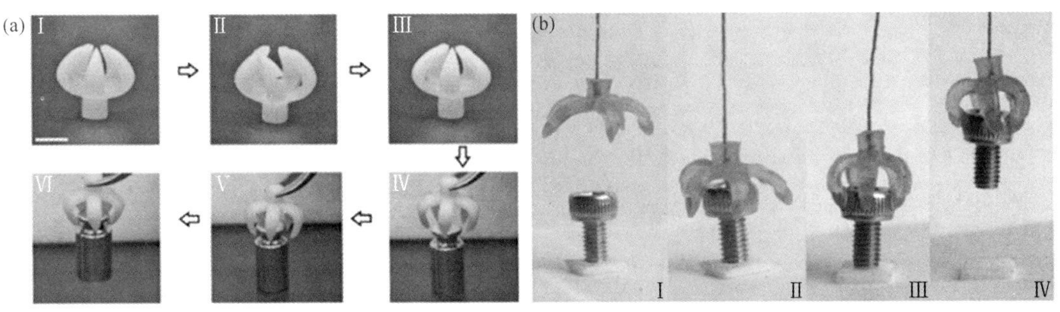

图 4-43 3D 打印 SMP 在仿生机械手方面的应用前景（见彩图）

从上面的介绍可以看出，3D 打印技术为不同类型 SMP 在复杂精确三维构型的制造提供了最灵活、便捷的方式，为形状记忆聚合物的复杂化、个性化、多功能化的发展提供了有力的支撑，为其更广泛的应用注入了生机和活力。

参考文献

［1］ 王小腾. 激光固化快速成型用光敏树脂的研制［D］. 青岛：青岛科技大学，2015.

［2］ 贾景霞，刘建平，薛俊杰. 紫外光固化树脂的研究进展［J］. 辽宁化工，2018，47（5）：435-436.

［3］ 王德海，等. 紫外光固化材料：理论与应用. 北京：科学出版社，2001.

［4］ 王亦农. 自由基-阳离子混杂光固化环氧/丙烯酸酯协同效应的研究［J］. 高分子通报，2012，（07）：111-115.

［5］ Bian W G，Li D C，Lian Q，et al. Fabrication of a bio-inspired beta-Tricalcium phosphate/collagen scaffold based on ceramic stereolithography and gel casting for osteochondral tissue engineer［J］. Rapid Prototyping J，2012，18（1）：68-80.

［6］ Vernon L B，Vernon H M. Producing molded articles such as dentures from thermoplastic synthetic resins：US2234993［P］. 1941-03-18.

［7］ Wei Z G，Sandstroröm R，Miyazaki S. Shape-memory materials and hybrid composites for smart systems：Part Ⅰ Shape-memory materials［J］. Journal of Materials Science，1998，33（15）：3743-3762.

［8］ Wei Z G，Sandstrom R，Miyazaki S. Shape memory materials and hybrid composites for smart systems：Part Ⅱ Shape-memory hybrid composites［J］. Journal of Materials Science，1998，33（15）：3763-3783.

［9］ Huang W M，Ding Z，Wang C C，et al. Shape memory materials［J］. Materials Today，2010，13（7-8）：54-61.

［10］ Leng J，Lan X，Liu Y，et al. Shape-memory polymers and their composites：stimulus methods and applications［J］. Progress in Materials Science，2011，56（7）：1077-1135.

［11］ Zhao Q，Qi H J，Xie T. Recent progress in shape memory polymer：New behavior，enabling materials，and mechanistic understanding［J］. Progress in Polymer Science，2015，49：79-120.

［12］ Sun L，Huang W M，Ding Z，et al. Stimulus-responsive shape memory materials：A review［J］. Materials & Design，2012，33：577-640.

［13］ Hu J，Zhu Y，Huang H，et al. Recent advances in shape-memory polymers：Structure，mechanism， functionality, modeling and applications [J]. Progress in Polymer Science, 2012, 37 (12): 1720-1763.

[14] Rainer W C, Redding E M, Hitov J J, et al. Polyethylene product and process: US3144398 [P]. 1964.

[15] Pilate F, Toncheva A, Dubois P, et al. Shape-memory polymers for multiple applications in the materials world [J]. European Polymer Journal, 2016, 80: 268-294.

[16] Wu J J, Huang L M, Zhao Q, et al. 4D Printing: history and recent progress [J]. Chinese Journal of Polymer Science, 2018, 36 (5): 563-575.

[17] Momeni F, Liu X, Ni J. A review of 4D printing [J]. Materials & Design, 2017, 122: 42-79.

[18] Ligon S C, Liska R, Stampfl J, et al. Polymers for 3D printing and customized additive manufacturing [J]. Chemical Reviews, 2017, 117 (15): 10212-10290.

[19] Zhang J, Xiao P. 3D printing of photopolymers [J]. Polymer Chemistry, 2018, 9 (13): 1530-1540.

[20] Zhao T, Yu R, Li X, et al. 4D printing of shape memory polyurethane via stereolithography [J]. European Polymer Journal, 2018, 101: 120-126.

[21] Ge Q, Sakhaei A H, Lee H, et al. Multimaterial 4D printing with tailorable shape memory polymers [J]. Scientific Reports, 2016, 6: 31110.

[22] Zarek M, Layani M, Cooperstein I, et al. 3D printing of shape memory polymers for flexible electronic devices [J]. Advanced Materials, 2016, 28 (22): 4449-4454.

[23] Wei H, Zhang Q, Yao Y, et al. Direct-write fabrication of 4D active shape-changing structures based on a shape memory polymer and its nanocomposite [J]. ACS applied materials & interfaces, 2016, 9 (1): 876-883.

[24] Yu R, Yang X, Zhang Y, et al. Three-dimensional printing of shape memory composites with epoxy-acrylate hybrid photopolymer [J]. ACS applied materials & interfaces, 2017, 9 (2): 1820-1829.

[25] Invernizzi M, Turri S, Levi M, et al. 4D printed thermally activated self-healing and shape memory polycaprolactone-based polymers [J]. European Polymer Journal, 2018, 101: 169-176.

[26] Kuang X, Chen K, Dunn C K, et al. 3D printing of highly stretchable, shape-memory, and self-healing elastomer toward novel 4D printing [J]. ACS Applied Materials & Interfaces, 2018, 10 (8): 7381-7388.

[27] Zhang B, Zhang W, Zhang Z, et al. Self-healing four-dimensional printing with ultraviolet curable double network shape memory polymer system [J]. ACS applied materials & Interfaces, 2019, 11: 10328-10336.

[28] Melchels F P W, Feijen J, Grijpma D W. A review on stereolithography and its applications in biomedical engineering [J]. Biomaterials, 2010, 31 (24): 6121-6130.

[29] Miao S, Zhu W, Castro N J, et al. 4D printing smart biomedical scaffolds with novel soybean oil epoxidized acrylate [J]. Scientific Reports, 2016, 6: 27226.

[30] Yang C, Boorugu M, Dopp A, et al. 4D printing reconfigurable, deployable and mechanically tunable metamaterials [J]. Materials Horizons, 2019.

[31] Huang L, Jiang R, Wu J, et al. Ultrafast digital printing toward 4D shape changing materials [J]. Advanced Materials, 2017, 29 (7): 1605390.

[32] Ambrosi A, Pumera M. 3D-printing technologies for electrochemical applications [J]. Chemical Society Reviews, 2016, 45 (10): 2740-2755.

[33] Zarek M, Mansour N, Shapira S, et al. 4D printing of shape memory-based personalized endoluminal medical devices [J]. Macromolecular Rapid Communications, 2017, 38 (2): 1600628.

[34] Jacobs P F. Stereo lithogfaphy and other RP&M technologies from rapid prototyping to Rapid tooling

[M]. New York：SEM，1995.

[35] Hull C W，Apparatus for Production of Three-Dimensional Objects by Stereolithography：Patent 4575330 [P]. 1988-04-18.

[36] Bertsch A，Jiguet S，Bernhard P，et al，Microstereolithography：a Review [J]. Mater Res Soc，2003，758：2-15.

[37] Elizabeth Palermo. What is Stereolithography? [EB/OL]. http：//www. livescience. com/38190-stereolithography. html.

[38] 刘伟军，等. 快速成型技术及应用 [M]. 北京：机械工业出版社，2005.

[39] 晁帅军. LED快速成型机光源系统与成型工艺研究 [D]：西安交通大学，2010.

[40] Lian Q，Yang F，Xin H，et al. Oxygen-controlled bottom-up mask-projection stereolithography for ceramic 3D printing [J]. Ceramics International，2017，43 (17)：14956-14961.

[41] 杨飞，连芩，武向权，等. 陶瓷面曝光快速成型工艺研究 [J]. 机械工程学报，2016.

[42] Tumbleston J R，Shirvanyants D，Ermoshkin N，et al. Continuous liquid interface production of 3D objects [J]. Science，2015，347：1349-1352.

[43] Lian Q，Yang F，Xin H，et al. Oxygen-controlled bottom-up mask-projection stereolithography for ceramic 3D printing [J]. Ceramics International，2017，43 (17)：14956-14961.

[44] 王赫，兰红波，钱垒，等. 连续面曝光陶瓷3D打印 [J]. 中国科学：技术科学，2019 (6).

[45] Kelly Brett E，Bhattacharya Indrasen，Heidari Hossein，et al. Volumetric additive manufacturing via tomographic reconstruction [J]. Science，2019：1-9.

[46] 翟缓萍，侯丽雅，贾红兵. 快速成型工艺所用光敏树脂 [J]. 化学世界，2002，43 (8)：437.

[47] 陈乐培，王海杰，武志明. 光敏树脂及其紫外光固化涂料发展新动向 [J]. 热固性树脂，2003，18 (5)：33.

[48] 王广春，赵国群. 快速成型与快速模具制造技术及其应用 [M]. 北京：机械工业出版社，2003.

[49] 王秀峰，罗宏杰. 快速原型制造技术 [M]. 北京：中国轻工业出版社，2001.

[50] 孙小英，曹瑞军，范圣强. 低体积收缩率光固化树脂的研究 [J]. 西安交通大学学报，2002，36 (7)：765-767.

[51] 陈小文，李建雄，刘安华. 快速成型技术及光固化树脂研究进展 [J]. 激光杂志，2011，32 (3)：1-3.

[52] 刘吉彪，张建军，陆旭. 立体光固化快速成型工艺过程分析 [J]. 工业设计，2011 (6)：131.

[53] Sim J H，Lee E D，Kweon H J. Effect of the laser beam size on the cure properties of a photopolymer in stereolithography [J]. International Journal of Precision Engineering and Manufacturing，2007，8 (4)：50-55.

[54] Jacobs P F. Rapid prototyping&manufacturing—Fundamentals of stereolithography [M]. New York：McGraw-Hill，1992：79-95.

[55] Nagamori S，Yoshizawa T. Research on solidification of resin in stereolithography [J]. Optical Engineering，2003，42 (7)：2096-2103.

[56] Khorasani E R，Baseri H. Determination of optimum SLA process parameters of H-shaped parts [J]. Journal of Mechanical Science and Technology，2013，27 (3)：857-863.

[57] Campanelli S L，et al. Statistical analysis of the stereolithographic process to improve the accuracy [J]. Computer-Aided Design，2007，39 (1)：80-86.

[58] 吴懋亮，方明伦，胡庆夕. 光固化快速成形制造时间的影响因素分析 [J]. 机械设计与研究，2004 (01)：43-44，57.

[59] Wang Q，Jackson J A，Ge Q，et al. Lightweight mechanical metamaterials with tunable negative ther-

mal expansion [J]. Physical Review Letters，2016，117 (17)：175901.

[60] Zheng X，Smith W，Jackson J，et al. Multiscale metallic metamaterials. Nat Mater，2016，15：1100-1106.

[61] Zheng X，Lee H，Weisgraber T H，et al. Ultralight，ultrastiff mechanical metamaterials [J]. Science，2014，344：1373-1377.

[62] 菲律宾兄弟冒死"分首"头部连体婴在美进行成功分离（组图）[EB/OL]. http：//news. sina. com. cn/s/2004-08-07/04463317398s. shtml

[63] Ligon S C，Liska R，Stampfl J，et al. Polymers for 3D printing and customized additive manufacturing [J]. Chemical Reviews，2017，117 (15)：10212-10290.

[64] 孔玮佳. 碳化锆陶瓷前驱体的合成与应用研究 [D]. 北京：中国科学院过程工程研究所，2018.

[65] Hazan Y de，Penner D. SiC and SiOC ceramic articles produced by stereolithography of acrylate modified polycarbosilane systems [J]. J Eur Ceram Soc，2017，37 (16)：5205-5212.

[66] Eckel Z C，Zhou C，Martin J H，et al. Additive manufacturing of polymer-derived ceramics [J]. Science，2016，351 (6268)：58-62.

[67] Zanchetta E，Cattaldo M，Franchin G，et al. Stereolithography of SiOC ceramic microcomponents [J]. Adv Mater，2016，28 (2)：370-376.

[68] Johanna Schmidt. Paolo colombo digital light processing of ceramic components from polysiloxanes [J]. Journal of the European Ceramic Society，2018，38：56-57.

[69] Yang W，Araki H，Tang C C，et al. Single-crystal SiC nanowires with a thin carbon coating for stronger and tougher ceramic composites [J]. Adv Mater，2005，17 (12)：1519-1523.

[70] Yang W，Araki H，Kohyama A，et al. Process and mechanical properties of in situ silicon carbide-nanowire-reinforced chemical vapor infiltrated silicon carbide/silicon carbide composite [J]. J Am Ceram Soc，2004，87 (9).

[71] Zhang J，Xiao P. 3D printing of photopolymers [J]. Polymer Chemistry，2018，9：1530-1540.

[72] Mousawi A A，Poriel C，Dumur F，et al. Zinc tetraphenylporphyrin as high performance visible light photoinitiator of cationic photosensitive resins for LED projector 3D printing applications [J]. Macromolecules，2017，50：746-753.

[73] Mousawi A A，Dumur F，Garra P，et al. Carbazole scaffold based photoinitiator/photoredox catalysts：Toward new high performance photoinitiating systems and application in LED projector 3D printing resins [J]. Macromolecules，2017，50：2747-2758.

[74] Mousawi A A，Lara M D，Noirbent G，et al. Carbazole derivatives with thermally activated delayed fluorescence property as photoinitiators/photoredox catalysts for LED 3D printing technology [J]. Macromolecules，2017，50：4913-4926.

[75] Mousawi A A，Garra P，Sallenave X，et al. π-Conjugated dithienophosphole derivatives as high performance photoinitiators for 3D printing resins [J]. Macromolecules，2018，51：1811-1821.

[76] Zhang J，Launay K，Hill N S，et al. Disubstituted aminoanthraquinone-based photoinitiators for free radical polymerization and fast 3D printing under visible light [J]. Macromolecules，2018，51：10104-10112.

[77] Wang J P，Stanic S，Altun A A，et al. A highly efficient waterborne photoinitiator for visible-light-induced three-dimensional printing of hydrogels [J]. Chemical Communications，2018，54：920-923.

[78] Cui K J，Zhu C Z，Zhang H，et al. Blue laser diode-initiated photosensitive resins for 3D printing [J]. Journal of Materials Chemistry C，2017，5：12035-12038.

[79] Schwartz J J，Boydston A J. Multimaterial actinic spatial control 3D and 4D printing [J]. Nature Com-

munications，2019，10：791-800.

［80］ Thrasher C J，Schwartz J J，Boydston A J. Modular eastomer photoresins for digital light processing additive manufacturing ［J］. ACS Applied Materials & Interfaces，2017，9：39708-39716.

［81］ Saeed S，Al-Sobaihi R M，Bertino M F，et al. Laser induced instantaneous gelation：aerogels for 3D printing ［J］. Journal of Materials Chemistry A，2015，3：17606-17611.

［82］ Yang X Y，Sun M，Bian Y X，et al. A room-temperature high-conductivity metal printing paradigm with visible-light projection lithography ［J］. Advanced Functional Materials，2019，29：1807615-1807625.

［83］ Wang Z J，Kumar H，Tian Z L，et al. Visible light photoinitiation of cell-adhesive gelatin methacryloyl hydrogels for stereolithography 3D bioprinting ［J］. ACS Applied Materials & Interfaces，2018，10：26859-26869.

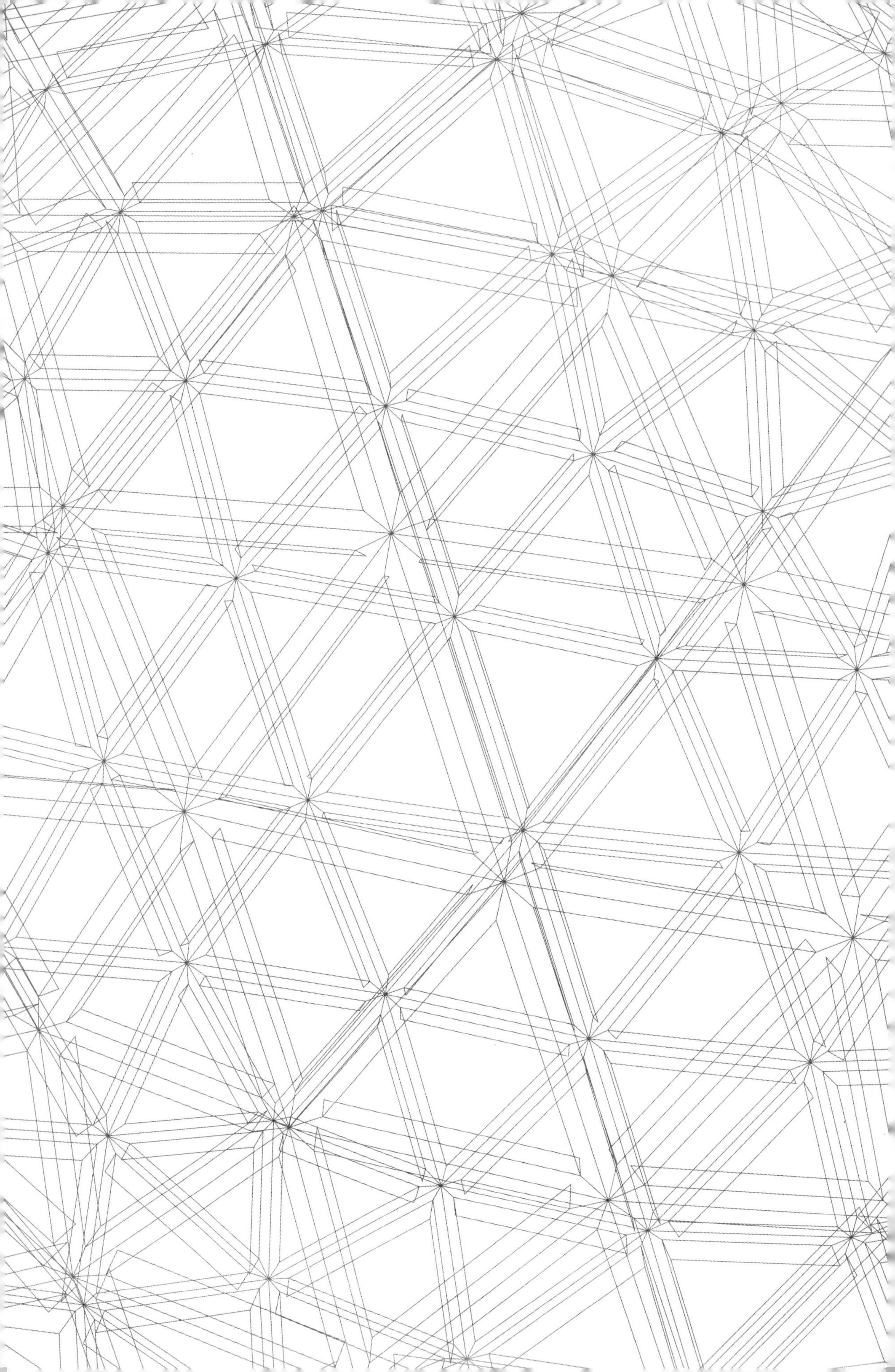

第 5 章
3D 打印聚合物水凝胶

目前3D打印成形技术主要以熔融沉积成形（FDM）、光固化成形（SLA&DLP）和激光选区烧结成形（SLS）为主，这几种成形技术所用的材料也占据了3D打印材料中的绝大部分，其中作为三大材料之一的聚合物材料，是3D打印生产应用中规模最大的材料体系之一，主要以通用塑料、工程塑料和光敏树脂为主，其制品几乎涵盖了大部分的民用领域。随着经济社会发展，生物医学逐渐成了人们最为关注的领域之一，3D打印技术在生物医学领域的应用也逐渐为科研工作者所重视。水凝胶材料由于其优异的生物力学性能成了生物3D打印的研究重点。本章主要阐述关于水凝胶的3D打印，包括成形技术、流变原理、水凝胶类别及在生物医学上的应用等方面，希望对读者了解和学习水凝胶材料及其3D打印技术有所帮助。

5.1 水凝胶3D打印技术及原理

水凝胶是亲水性聚合物依靠物理或者化学交联形成的三维网络软材料，具有高含水量和高保湿功能，在水中可以溶胀但不能溶解，能高度模拟天然细胞外基质环境，已被广泛应用于多个领域。水凝胶材料可调控水凝胶含水量和生物力学性能、类人体组织的多孔结构、良好的药物及营养物质渗透释放性，使其在生物医学领域具有非常高的应用价值和前景，目前在组织工程、药物递送、再生医学等领域引起了广泛的关注和研究。由于水凝胶材料的固有特性，传统的3D打印技术如熔融沉积成形、光固化和激光选区烧结等方式都不适合水凝胶的3D打印，现阶段水凝胶3D打印基本上以生物3D打印为主，通过打印前或打印后的交联，形成不会坍塌的三维复杂结构的水凝胶应用于各个领域中。

据统计，美国每隔15min就会增加新的器官移植需求者。虽然器官需求与日俱增，但只有不到三分之一的患者可以从捐赠者那里获得匹配的器官。在过去的十年中可移植器官的供应和需求存在巨大的缺口赤字，而克服这种器官短缺危机最有希望的技术之一就是生物3D打印。生物3D打印（bioprinting）的最终目的是为了解决移植器官来源有限的问题。在现有的医疗手段中，一个器官的获取要以另一个人的器官失去为前提，而主动或被动失去的器官数量又远远少于实际临床需求，因此3D生物打印是研究人员整合材料学、工程学、电子学、生物学、临床医学最终实现“打印”出一个跟人的器官完全一模一样的替代品，用于组织修复、器官移植，从而延续病人的生命、提高人们生活质量的一种先进技术。现在3D生物打印主要有三种方式：激光诱导前向转移（laser-induced forward transfer）、喷墨打印（inkjet printing）和机器人喷涂（robotic dispensing），三种打印方式的主要材料为生物材料、细胞和生长因子等，需要通过大量的科学研究和实验探索来获得针对每种器官相应的生物材料、细胞和生长因子的最佳组合，而且打印条件要温和，打印产品还要进行各种医学上的测试和应用潜能评估。现阶段3D生物打印能够打出带有细胞的器官，但是还做不到生物功能性，其主要原因是缺乏可以运输营养的血管系统，因此3D生物打印还需研究攻克大量核心和关键问题。

生物3D打印的发展历史可以追溯到20年前。Wake Forest再生医学研究所的Anthony Atala团队于1999年使用成形技术制备了人工膀胱支架，并且成功在体外用患者的细胞进行了包被培养，虽然合成的支架并没有使用3D打印技术，但是这个“实验室生长的器官”为生物3D打印技术的未来搭建了舞台。2003年，当时在克莱姆森的Tom Boland获得了第一项基于喷墨技术的生物打印技术专利；同年，密苏里大学的Garbor Forgacs及其团队为3D打印创造了多细胞球体，并且该技术被认为是细胞无支架打印的第一步。2004年，Douglas Chisey在海军研究实验室的团队应用激光技术将混有哺乳动物细胞的生物油墨打印成了三维结构，建立了关于生物3D打印的协同网络，并且第一次在国际相关的研讨会上对生物3D打印进行了演讲，并且将生物3D打印定义为“利用材料转移过程对具有规定组织的生物相关材料、分子、细胞、组织和生物可降解材料进行构筑和组装以实现一种或多种生物功能的技术”。生物3D打印的下一个重大进展发生在2009年，Organovo和Invetech创造了第一台商用生物打印机，Anthony Atala团队利用生物3D打印技术打印了人造皮肤，被认为是最接近功能性组织替代品的生物打印产品，并且随后还有耳性结构和心脏瓣膜结构模型也陆续问世。之后在2014年，Organovo应用生物打印技术生产出第一个商业上可用的肝脏组织模型，就此展开了生物3D打印的新篇章。图5-1所示为生物3D打印发展历史。

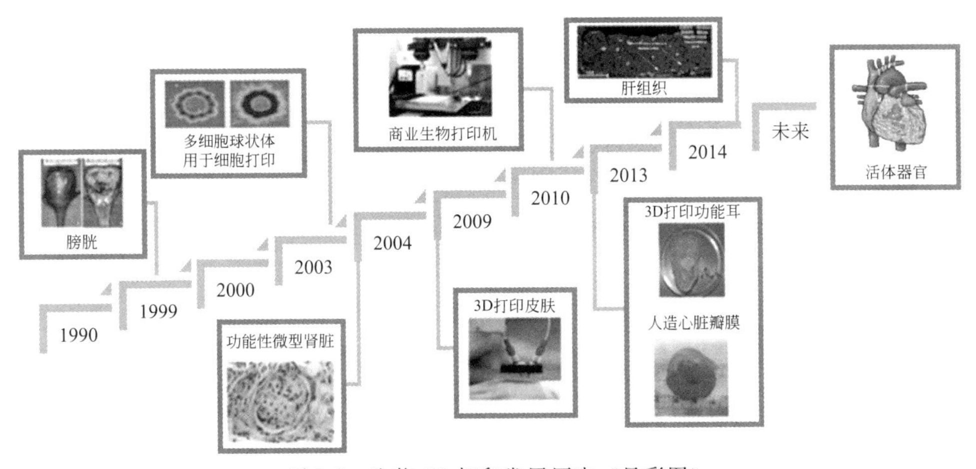

图5-1　生物3D打印发展历史（见彩图）

5.1.1　水凝胶3D打印技术系统

5.1.1.1　激光诱导生物3D打印

激光诱导前向转移（LIFT）生物3D打印一般主要由三个组件构成，包括脉冲激光、供体载玻片以及接收基板。LIFT技术的工作原理为激光聚焦在激光吸收层上，利用激光产生的能量蒸发材料，从而产生高气压将材料向接收基板推进，通过控制供体载玻片或基底的运动，可以将材料建成二维和三维结构。在生物医学应用中，为了处理生物材料，一般使用改进的LIFT技术，经过改良和发展，现阶段主要有两种不同的改良LIFT技术：基质辅助脉冲激光蒸发直接写入（MAPLE-DW）和吸收薄膜辅助激光诱导的正向转移（AFA-LIFT），这两种技术的主要区别在于供体载玻片的配置。在MAPLE-DW技术中，供体载玻片包括两个不同的层：激光透明支撑层和激光吸收层。激光透明层用于支撑和透过激光，激光吸收层吸收激光使得涂层蒸发，推动材料向基板转移，如果材料本身不能有效地吸收光，则需要将其与能吸收光并传递能量的基质混合打印，在细胞打印的情况下，该基质通常是水凝胶、添加甘油或细胞外基质的细胞培养基。在AFA-LIFT技术中，供体载玻片包含三个不同的层：激光透明支撑层、激光吸收层和具有沉积材料的层，该技术的激光吸收层一般有薄的额外金属涂层（约100nm），同样由吸收层吸收激光蒸发涂层，形成高气压气泡向表面扩展并最终形成材料沉积。一般在生物医学应用的改良LIFT工艺中，接收基板会涂有薄的（20～40μm）水凝胶层，以防止沉积的材料干燥，并且在打印细胞时减缓冲击。

除了功能区的主要区别外，MAPLE-DW和AFA-LIFT在生物医学应用中打印水凝胶方面也有着细微区别。在MAPLE-DW中，光吸收基质会与水凝胶材料混合打印，在光吸收层内激光的照射和产生的能量可能会在打印敏感材料时出现问题，但是由许多研究人员初步实验证实，该方式对细胞活性似乎没有很大的影响。在AFA-LIFT技术中，激光吸收层中会使用由Au、Ti或TiO_2等金属或金属氧化物材料组成的额外光吸收层，在该额外层的保护下，载有细胞的水凝胶材料不会受到辐射的损伤，该附加层的使用，增加了打印的可再现性和分辨率，并且拓宽了打印材料的选择范围，但是在其蒸发时，打印材料可能会受到污染，也存在一定的不足和弊端。然而，与其他生物3D打印方法相比，该生物打印机的制作麻烦且复杂，具有高分辨率和高强度的激光二极管非常昂贵，由于高额的成本，激光诱导生物打印机很少，除了设备成本高之外，激光诱导打印仍然不成熟，主要是因为未经探测的参数会影响液滴尺寸和打印质量，同时材料的特性，如表面张力、黏度等都会影响打印的准确性，这些问题的存在限制了该技术的应用。图5-2所示为激光诱导生物3D打印原理。

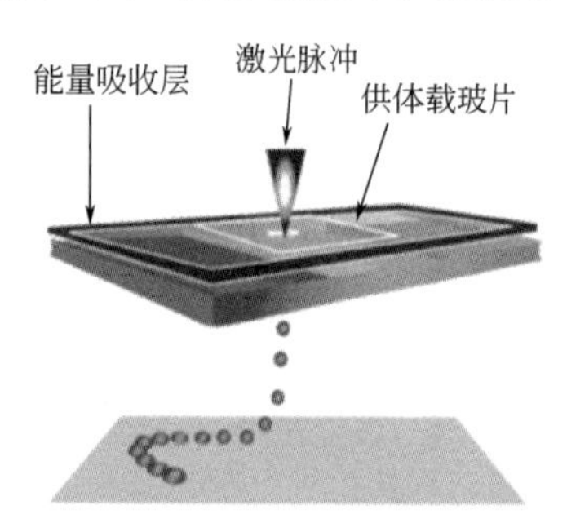

图5-2 激光诱导生物3D打印原理

5.1.1.2 喷墨生物3D打印

喷墨打印（inkjet printing）通常有两种操作模式：连续喷墨（CIJ）和按需喷墨（DOD）打印。在连续喷墨（CIJ）工艺中，打印时会持续产生喷射的液滴。通常这些液滴会被电极单独充上电荷并进行编排打印。打印过程中不需要的液滴收集在收集槽中，可以重复使用，该模式主要用作快速产品标记和编码。第二种喷墨打印模式是按需喷墨（DOD）打印，仅在需要打印时生成墨滴，其工作原理基于制动器产生的触发性脉冲，致使从储存器中排出限定体积的材料，在到达基板的途中，排出的材料将变成单个液滴黏附在基板上的预定位置。通常来说，DOD 打印的脉冲生成主要有热和电两种驱动力。在热驱动喷墨打印机中，使用加热器蒸发其周围的墨水，产生蒸汽泡，致使材料喷出。在电驱动喷墨打印机中，制动器施加的电压使压电晶体失真，致使触发的材料排出。

连续喷墨（CIJ）在实验室规模和生物医学应用中的主要缺点是伴随着连续滴流的高的材料用量，与其他打印方法相比，需要更多的材料，并且当材料被重复使用时可能出现由于加工而导致无法保障无菌性及潜在的材料性质变化从而发生打印不精准和失败。相比之下，DOD 工艺非常有效地利用材料，并且还可以制作小批量尺寸，这使其非常适合小规模的非工业应用，此外，DOD 喷墨打印的成形分辨率高于 CIJ 系统。在热喷墨打印机中，加热电阻器的温度可以达到 300℃，虽然如此，经过一些研究人员的测评，热驱动的 DOD 打印机仍然可以打印活细胞，其原因是在几微秒范围内的短暂加热脉冲仅导致材料轻微升温，而不会对细胞活力产生不良影响，但是在打印生物分子时的热损伤有待进一步的研究，以便于热喷墨打印在生物医学领域的使用。正是因为这种担忧，大多数使用喷墨打印机进行生物医学应用的研究人员使用压电 DOD 喷墨系统来避免因热而改变生物油墨性质。与热制动器相比，压电制动器的另一个重要优点是它们允许轻易改变压电晶体畸变并因此改变脉冲，使得能够控制所产生液滴的喷射速度和体积，使得该过程根据材料特性可更灵活地进行参数调节，有着更大的材料适用性。

从材料角度来看，喷墨打印可分为三个关键步骤：①喷墨；②飞行过程中的液滴形成；③收集后的液滴对基材的影响和相互作用。第一步主要与喷嘴的尺寸、油墨的黏度有关，一般喷墨打印机的喷嘴尺寸在 20～30μm 范围内，在生物医学应用中所使用的生物油墨的黏度通常要低于 20MPa/s，此外喷嘴的湿润会影响生物油墨的表面张力，并可能会导致在喷墨这一步形成喷雾而不是精准的液滴；同样，表面张力的影响对于第二步也非常重要，通常对于生物 3D 打印油墨形成的液滴表面张力在 20～70MJ/m^2 范围内才能保证液滴的大小是可控的，且压力脉冲也必须精准，否则在飞行过程中，液滴会出现拖尾现象从而导致每一个液滴的材料量不同，降低打印的精准率和分辨率。喷墨打印过程中的第三个关键步骤是收集后的液滴对基材的影响和相互作用。根据液滴速度（通常在 5～10m/s 范围内）和材料特性，液滴在撞击基板后可能会发生飞溅现象，液滴会在表面上扩散并增加其尺寸，将喷墨打印应用的分辨率限制在 75μm 左右，这些参数的调节和分辨率的改善等都是研究者们后续的研究内容。图 5-3 所示为喷墨型生物 3D 打印原理。

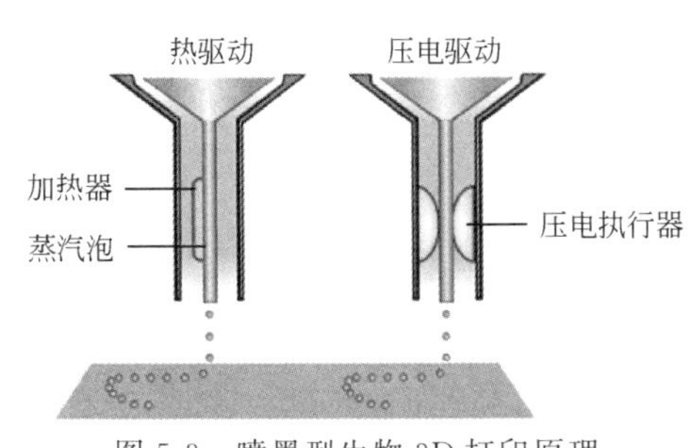

图 5-3　喷墨型生物 3D 打印原理

5.1.1.3　机器人喷涂生物 3D 打印

机器人喷涂（robotic dispensing）生物 3D 打印是相对较新且适用于生物制造领域的技术，主要是由于机器人喷涂可以在短时间内制造生物医学相关尺寸的 3D 物体，且材料的适用性广，优势明显。机器人喷涂 3D 打印主要是用连续的长丝打印成 3D 构型，将材料装入储存槽并通过喷嘴喷涂，通过喷嘴相对于基板的自动移动，以逐层堆叠的方式生成3D构造，与传统的熔融沉积工艺较为类似。机器人喷涂的驱动一般可分为气动或机械驱动两类，其中气动驱动装置使用较为频繁，通过加压空气和阀门的制动达到材料的精准喷涂。机械驱动的机器人喷涂主要是基于螺杆或活塞的驱动，基于活塞的系统通过控制柱塞的线性位移来控制材料的喷涂，活塞的位移与喷涂的体积呈线性关系，易于控制打印的精准性；在螺杆驱动的系统中，螺杆的旋转产生轴向压力将材料从喷嘴压出，材料的进料不仅可以通过螺杆的转速来控制，也可以通过螺杆的参数设计，如螺纹角度、螺距等的不同进行控制。所有机器人喷涂系统的共同点都是通过精细的喷嘴进行精准打印，因此喷嘴的设计对于打印的均匀性和精准性有很大影响，喷涂出来的材料直径必须与喷嘴直径相同，不能有模口胀大或缩小的情况，这样才易于3D打印精准性控制。由于生物医学应用的大多数打印机都使用一次性的可更换针头，在打印过程中根据喷嘴选择将剪切应力控制在对细胞无损伤的范围内，因此通过对生物油墨特性的测试并选择合适的针头是一个非常重要的步骤。

根据已知的熔融沉积（FDM）的概念来看，螺杆驱动系统是加工高黏度材料时的首选方法，因为该方式能够产生较高的压力将材料压出，并且调整螺杆设计有助于调整进料速率和喷涂的均匀性，然而螺杆驱动往往会产生过大的剪切应力，且相较于气动和活塞系统来说，是设置最为复杂的，因此螺杆驱动在生物制造中的应用是最少的。从机械工程角度来看，气动驱动系统是最为简单的类型，并且气动产生的高压相较于活塞驱动系统能够更好地打印高黏度材料，拥有更加广泛的材料适用性，因此成为最为通用的机器人喷涂系统，但是其缺点也较为明显，采用加压气体驱动材料会导致材料流动的开始或停止信号会与实际打印的出料与闭料存在明显的延迟，需要在设置上施加额外时间延迟来提升打印的精准性。活塞驱动系统对于材料的流出有着最为直接的控制，线性活塞位移可以直接使得材料流出，不存在延迟，但由于大多数的活塞型3D打印机都是使用塑料制成的一次性注射器作为喷头，因此最大的喷涂压力会受活塞稳定性以及活塞与机筒之间的密封质量的限制。因此综合上述考虑，在实验室的小规模使用中，使用一次性注射器的活塞系统和气动系统优于螺杆驱动系统。

正如其他的3D打印技术一样，机器人喷涂3D打印也对材料特性有着特殊要求。与喷墨打印将材料喷成液滴相比，连续链打印对材料的主要要求是打印堆叠过程中要避免材料的坍塌。众所周知，水凝胶材料是存在一定的流动性的，因此避免打印时的坍塌是对水凝胶材料较为苛刻的要求，需要通过材料的改性来改变水凝胶生物油墨的黏弹性来防止坍塌或达到自支撑，提高3D打印的保真度。当逐层构建3D结构式，基板和第一层的相互作用也是至关重要的，基板与材料之间的黏附与润湿行为都需要进行相关的调整。因此，正确地选择材料或组合适合的生物油墨对于机器人喷涂3D打印是重中之重的研究内容。图5-4所示为机器人喷涂生物3D打印原理。

5.1.1.4 上述制造方法的对比

上述章节已经介绍了激光诱导前向转移、喷墨打印和机器人喷涂三种在生物医学应用中的制造系统，并且将这些技术对水凝胶的加工进行了对比，表5-1列出了这三种方法的主要差异和特征比较。

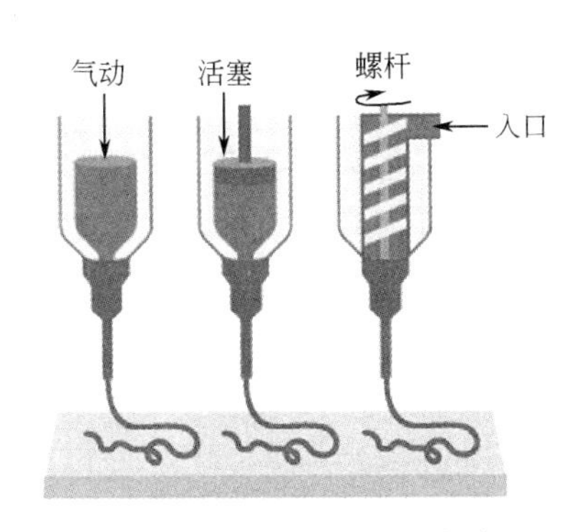

图 5-4 机器人喷涂生物 3D 打印原理

表 5-1 三种方法的主要差异和特征比较

特征	改进的 LIFT	喷墨打印	机器人喷涂
材料黏度范围	1～300MPa・s	3.5～12MPa・s	30～6×10^7MPa・s
运行规则	非接触型	非接触型	接触型
分辨率	10～100μm	约 75μm	100μm 至毫米级
喷嘴尺寸	无限制	20～150μm	20μm 至毫米级
装载量	>500nL	毫升级别	毫升级别
是否有易于更换的储存槽	是	否	是
准备时间	较长	较短	较短
制作时间	长	较长	较长
商业化价值	无	有	有
打印机成本	高	低	中
好处	精准	实惠,灵活多变	可打印大型制件
缺点	不适合毫米级别制件	喷头易堵塞	精准度不佳

下面主要从以下三个不同的方面比较三种制造工艺的区别：①材料和结构；②加工；③经济性。从材料和结构的角度来看，机器人喷涂是最通用的制造方法，该方法可以使用可互更换的喷头，因此可以简单地调节喷嘴直径，使其达到与材料的黏度相匹配，与其他工艺相比，该方法是采用长丝堆叠成形而不是单个液滴，因此增加了打印结构的完整性，但是从打印分辨率上来讲，机器人喷涂的打印分辨率是最低的，改进的 LIFT 工艺是这些技术中分辨率最高的技术，喷墨打印居中。但是比起机器人喷涂技术的直接接触型，喷墨打印和 LIFT 的非接触技术具有非常大的好处，可以不必在光滑的表面上进行打印。

从加工的角度来看，材料量对于制造打印来说非常重要，尤其是在实验室合成的规模上需要打印工艺可以适应少于克级的材料量，LIFT 是需要材料量最少的方法，通常可以打印数百纳升的材料量，但是材料需求量少的特点也导致该技术能够制造的尺寸受到非常大的限制，尽管已经有为了组织工程应用开发的高通量版本的 LIFT 技术，但是该技术还是上述技术中材料通量最低和制造尺寸最小的。喷墨打印也能够制备毫米级别的制件，但是由于是液滴堆叠，因此制作的时间较长。机器人喷涂可以在较短的时间内制造毫米级的构件，能够满足组织工程等领域制件的尺寸要求。

从经济的角度来看，主要是前期准备和构件制造的时间成本。先比较制造的时间成本，如果在不需要高分辨率且需要制造临床相关植入物的大型构件时，机器人喷涂是最佳的打印方式。在准备时间的比较上，在机器人喷涂和喷墨打印的准备时间很短，并且准备主要包括填充可以大到几毫升的储存器，而在改进的 LIFT 技术中，准备时间很长，因为需要将材料施加到色带上，并且当更换材料时（一个色带通常包含数百纳升体积的材料），需要制备新的色带，从而增加准备时间。但是从不同的角度来看，使用色带也是有益的，虽然在准备时间上比较多，但是色带的材料主要是由盖玻片组成的，比较低廉。现阶段生物 3D 打印的成本普遍还是偏高，设备、配件、材料等都是不小的开销，因此不能做到像工业级别的 FDM、SLA 等方式一样采用桌面机普及市场，相信随着越来越多专业人员和研究机构的出现，后续生物 3D 打印也能慢慢面向大众。

5.1.2 水凝胶 3D 打印流变学原理

在讨论完不同的 3D 打印技术以及这些技术对水凝胶的要求后，作为流体的水凝胶最重要的就是其流动特性，因此水凝胶的流变学研究对于 3D 打印也是非常重要的。由于水凝胶的类型千差万别，且各种不同的水凝胶及其分子特性（包括分子结构、分子间相互作用、油墨配方、离子强度和反应过程等）会对其材料性能产生非常大的影响，本节主要为水凝胶的设计和开发提供基础的信息。从流变学的角度来看，使用基于喷嘴系统的 3D 打印可以被认定为材料是通过喷嘴压缩后进行微管流动再进行打印的。在材料被挤出并堆积在基板上时，它需要经历快速的相变来保持形状从而堆叠制造 3D 结构，该相转变过程的速率对于 3D 打印是至关重要的，是可注射水凝胶和可打印水凝胶之间最大的差异之一。下面将介绍流体动力学的一些基本原理，对水凝胶的流变学有个初步了解。

5.1.2.1 非牛顿流体流变学

流体通常分为两类：牛顿流体和非牛顿流体。对于牛顿流体而言，材料的黏度与剪切速率无关，而对于非牛顿流体，黏度会表现出剪切速率的依赖性。非牛顿流体广泛存在于生活、生产和大自然之中，绝大多数生物流体都属于现在所定义的非牛顿流体。人身上血液、淋巴液、囊液等多种体液，以及像细胞质那样的“半流体”都属于非牛顿流体。根据黏度与剪切速率的依赖性可将非牛顿液体主要分为以下类型：假塑性流体、胀塑性流体、触变性流体和流凝性流体。假塑性流体和胀塑性流体是黏度仅与剪切速率相关的流体。假塑性流体是黏度随着剪切速率的增加而降低的材料，胀塑性流体是黏度随着剪切速率的增加而增加的材料，假塑性流体和胀塑性流体的黏度均只与剪切速率的变化有关，不会因为剪切时间的变化而发生改变；触变性流体和流凝性流体的黏度不仅与剪切速率相关，还与剪切的持续时间相关，触变性流体是在同一剪切速率下随着剪切时间的延长，材料黏度也会越来越小的流体；流凝性流体则与之相反，在同一剪切速率下随着剪切时间的延长，材料黏度也会越来越大的流体。从上述非牛顿流体的描述来看，用于 3D 打印时，剪切时间的依赖性会导致材料分配

的不均匀性，且胀塑性流体的剪切变稠也会使得打印变得困难，因此胀塑性流体、触变性流体和流凝性流体都不适合 3D 打印。

5.1.2.2 3D 打印的重要影响因素

在流变学中存在一种挤出胀大现象，也称为巴鲁斯效应，是第一个对打印具有重要影响的因素，这种现象在 3D 打印中的实际体现就是材料在离开流过的喷嘴后，材料的直径增加，产生的原因是材料由储物槽进入狭窄的喷嘴后被压缩取向，分子链被拉伸，当材料被喷涂后，由于链的弹性和压力的解除，材料会发生一定的回弹膨胀，从而导致喷涂直径增加，这种现象对于 3D 打印的高分辨率存在一定影响，因此只能从打印速度等其他参数的调节在一定程度上补偿挤出膨胀的影响。第二个重要的影响因素是材料在打印后转变为凝固态的速率。为了实现 3D 打印形状的保真度，材料必须在打印后经历快速的相转变，凝胶化的速度越快，所打印结构的分辨率和保真率就越高。因此想要将水凝胶适用于生物 3D 打印，就必须要有小的挤出膨胀率和快的打印后凝胶化速度，才能使得 3D 打印所得的物件拥有高的分辨率和保真率，这对于身为流体的水凝胶而言是一个较为苛刻的要求，因此通过材料的流变学分析并对材料进行改性就显得极为重要。总结一下，从流变学的角度来看，理想的水凝胶印刷油墨具有以下特点：

① 打印前的物理凝胶形成，剪切稀化但不具有触变和流凝性，即为假塑性流体，且黏度允许使用所选技术进行打印。

② 快速凝胶化以保证打印形状的高分辨率和高保真度。

③ 没有或几乎没有明显的挤出物膨胀。

5.1.2.3 流变学聚合物水凝胶模型

聚合物模型通常被用作水凝胶模拟系统，其中，浓度对于聚合物模型的流变学非常重要。在浓度非常低的时候，聚合物链之间的距离将大于它们的链尺寸，称为稀释溶液模型。在稀释溶液模型中，水凝胶的性质不会发生明显改变，即不会表现出各种流体特征。随着浓度的增加会导致分子链的重叠，我们称为半稀释溶液模型，虽然半稀释溶液模型中溶剂还是占据大部分的体积，但是分子链的重叠将对水凝胶的流变性质产生相当大的影响，逐渐表现出流体特征。进一步提高浓度后，我们用浓缩溶液模型来表示，此时的水凝胶分子链存在重叠和缠绕并占据主导作用，在流变剪切的作用下，分子链之间会发生相互作用以及解缠行为，流变特征明显。在浓缩溶液模型中，分子链的重叠是必然发生的，但是分子链的缠结却需要一定的条件。实验研究结果表明，分子链缠结需要分子链足够长且足够柔韧，存在一个与聚合物主链柔韧性相关的临界分子量。在相同浓度下，聚合物链越长就会缠结越多，流变的性质表现得就越明显。除了聚合物链之间的缠结外，分子链间的相互作用力也是必须考虑的因素。通常，浓度的增加将增加分子链间相互作用力，因此，溶液中的聚合物浓度对水凝胶的流变性质具有巨大的影响。在流变学测试中随着浓度的增加，零剪切黏度升高，剪切稀化开始向低值移动，这也是链段重叠和缠结慢慢占据主导作用而体现出来的结果。另外，分子量分布对聚合物模型的流变性质也有影响，分子量分布增加会使流体的非牛顿行为愈加明显。具有较宽分子量分布的溶液在较低剪切速率下就会产生非牛顿性质。因此，近期有研究人员采用分子量分布的影响来设计3D打印材料，他们通过将不同分子量分布的相同材料的混合或两种不同材料的混合来调整体系的流变性质，为3D打印材料的设计提供了另外一种思路。

5.2 3D打印水凝胶材料分类

3D打印聚合物水凝胶，包括由胶原、明胶、透明质酸、海藻酸钠、壳聚糖等天然聚合物及其改性产物形成的水凝胶，也包括聚丙烯酸类、聚乙二醇类等各种通过聚合反应合成并交联的聚合物体系水凝胶，还包括由天然聚合物与合成聚合物共同构建的三维聚合物网络结构。

天然聚合物水凝胶来源丰富，生物相容性与生物降解性好。胶原或胶原蛋白广泛存在于各种脊椎动物中，一般处于凝胶状态，易被胶原酶分解。胶原通过一定方法裂解生产明胶，明胶是使用最多生物打印的水凝胶材料，物理交联温度低于35℃，通常进行改性以额外交联来满足细胞最佳生长温度37℃。透明质酸是一种大分子黏多糖，每个糖单元都存在一个羧基，亲水性极强。从天然海藻中可大量提取海藻酸钠，海藻酸钠的钠离子容易与二价离子交换而发生快速的交联，最常见是钙离子交联海藻酸钠。壳聚糖由甲壳素脱乙酰制备，壳聚糖部分糖单元经过脱乙酰后暴露出带正电的氨基，有很好的抗菌性；壳聚糖易出现分子内与分子间的氢键而交联。

合成水凝胶材料则容易工业化生产，产品性能一致，重复性好，能通过分子设计以达到精密调控凝胶的各种性能。丙烯酸酯类能通过光照在一定条件下发生交联或者聚合，具有非常高的反应活性，聚合物类别也非常丰富，是合成水凝胶、3D打印水凝胶研究的热点。聚乙二醇具有高度的生物相容性，是生物医疗领域应用最广的合成水凝胶；聚乙二醇的端基有羟基，可对这个羟基进行修饰或者利用末端官能团制备接枝聚合物和嵌段聚合物。

3D打印水凝胶的交联可以通过共价键，也可以通过氢键、离子作用等非共价键实现。因此从交联方式分，水凝胶又可分为化学交联水凝胶和物理交联水凝胶。

5.2.1 化学交联水凝胶

化学交联水凝胶是指聚合物之间通过共价键形成三维网络结构，可以加入交联剂或者不加交联剂仅仅通过聚合物本身携带的官能团发生反应进行交联。化学交联水凝胶通过共价键构建三维网络，相比物理凝胶，化学凝胶容易实现很好的力学性能，三维结构更加稳定。实际操作中，化学交联反应与打印技术之间的矛盾，是一直以来研究工作的关键。3D打印化学凝胶的最常见问题是交联反应与打印过程不同步，难以实现交联程度与打印的全过程高度匹配。打印时只有极低程度的交联，或者是不交联的材料；在打印结束后，最好是材料迅速交联以保持打印产品形状的稳定性；材料的性质在打印的过程中不能有改变，否则将得到不均一的打印产品。3D打印化学凝胶的另一个重点是生物性能。作为生物医用的3D打印水凝胶，材料本身必须具有优良的生物相容性。材料将细胞包裹并进行打印，则又要求交联反应对细胞是无害的，而且打印的剪切作用也容易对细胞造成损伤。这很大程度上限制了外加交联剂进行交联的材料生物3D打印，因为交联剂与交联反应本身不能有害，且低程度的剪切不利于交联剂与聚合物材料的混合。图5-5所示为化学交联水凝胶3D打印过程原理。

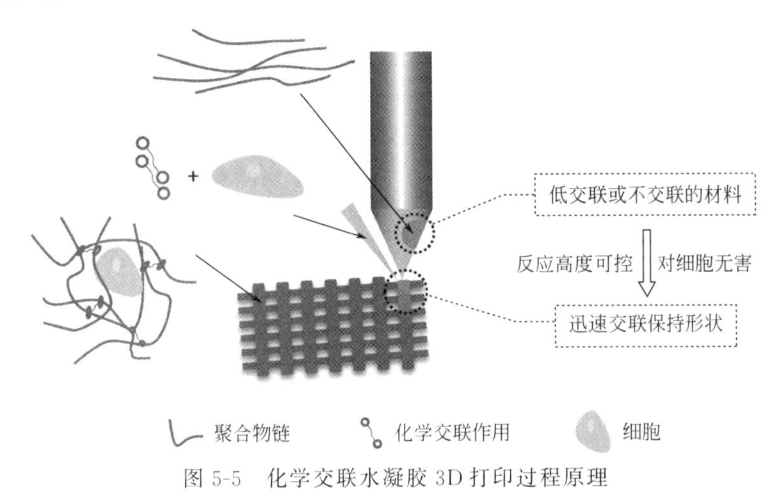

图5-5　化学交联水凝胶3D打印过程原理

5.2.1.1　光交联

化学凝胶的3D打印，关键在于打印的产物能迅速保持其形状稳定。化学凝胶的前驱体一般都会有可反应的官能团，比如丙烯酸类，能在形成产品的时候通过光照迅速交联。由于交联反应是通过光照进行，且交联速度较快，所以丙烯酸类材料在3D打印领域被广泛研究。丙烯酸类单体带有一个可进行聚合的双键，聚合得到聚丙烯酸类材料。通过在聚合过程中加入带有两个或以上个双键的交联剂，可直接通过聚合得到网络结构。聚丙烯酸侧基带有大量羧基，具有很强的亲水性，也可利用羧基官能团进行交联。目前的研究多在天然聚合物的侧基修饰丙烯酸酯，然后利用光交联固定打印产物的形状。也有很多工作是以聚丙烯酸类物质为主体，制备3D打印水凝胶。其中的代表是聚甲基丙烯酸羟乙酯，亲水性好，溶胶-凝胶性质优良。

选择合适材料进行细胞和生物材料的共沉积的生物打印是实验研究的热点，光交联操作性强，对材料、细胞的损伤小。Aleksander Skardal等合成了明胶的甲基丙烯酸酯化乙醇酰胺衍生物（GE-MA），并对GE-MA与甲基丙烯酸化的透明质酸（HA-MA）的混合物进行部分交联，交联产物作为可挤出的凝胶状流体。适度的光交联让材料同时能够打印并有着一定的强度与稳定性。打印后再对材料进行进一步的交联。两步光交联，使用简单的快速原型系统来进行3D打印。后续实验表明HA-MA/GE-MA水凝胶具有生物相容性，可以让细胞附着和增殖，水凝胶能与包载细胞进行打印。

Thomas Billiet等用甲基丙烯酰胺对明胶进行改性，并制造了高生物活性大孔改性明胶3D打印材料。实验对明胶的打印参数进行了细致的研究，分析了水凝胶聚合物含量/打印温度、压力、速度和单元密度对打印产品的影响。最终已设计成具有100％互连的孔网络，明胶质量体积比为10％～20％的3D打印产品。实验中使用了生物相容性更好的光引发剂VA-086；打印的细胞支架，肝癌细胞系的包载实验则表明打印压力和喷头形状会影响整体细胞活力。而且实验可以制备具有高细胞活力（＞97％）的机械稳定3D打印甲基丙烯酰胺改性的明胶支架。

光固化水凝胶材料，目前多数采用先逐层打印结束，再固定生成对象的形状的形式。如上文提到，如果打印出来的材料交联不够、强度不够，则打印产品的形状稳定性无法保证。Adrian Hiller等将聚（乙二醇）二丙烯酸酯水凝胶在挤出打印每层后固化，与完全打印后整个结构固化相对比，研究了不同固化方式对产品力学性能的影响。研究结果发现，整体固化的水凝胶物体，其断裂应力和断裂压缩比比分层固化要高。分层固化的产品由于层间的化学键合减少，易形成裂缝。然而分层固化物体具有更好的自支撑，仅通过中间固化才能形成比水凝胶的屈服应力所能实现的更高水凝胶物体。研究结果表明，分层固化会严重影响打印产品的层间结合力，但是会使打印的支撑性能提高。

5.2.1.2 聚合反应

通过单体的快速聚合产生聚合物链与三维的交联网络是面对应用的聚合物材料制备以及水凝胶材料制备的重要方法。

如前文所述，丙烯酸酯类可以在聚合时加入多双键交联剂直接就可交联。Jennifer N. Hanson Shepherd等通过光聚合水凝胶的“直写”打印了聚（甲基丙烯酸羟乙酯）(pHEMA）的3D微周期支架。打印原材料为由HEMA单体、共聚单体、光引发剂和pHEMA链组成的水溶液。pHEMA存在物理缠结，以满足打印过程对材料黏度的要求。在打印时，混合体系一旦暴露在紫外线下，HEMA和共聚单体发生聚合物，体系就转变为存在化学交联和物理缠结的pHEMA链的互穿网络水凝胶。此外，打印的支架通过吸收聚赖氨酸使得原代大鼠海马神经元具有生长顺应性，而且根据支架结构分化形成复杂的分支网络，具有一定的生物活性。

Yuemei Ye等利用纳米酶催化聚合二甲基丙烯酰胺并通过加入亚甲基双丙烯酰胺进行交联，制备可3D打印的水凝胶。纳米酶水凝胶由于其温和的聚合，交联发生速度适合，具有逐渐增加黏度的特性，因此可利用其来进行3D打印。本来由于存在重氧抑制作用，在生理条件下纳米酶催化聚合是一个很大的挑战。在实验中，利用葡萄糖氧化酶系统有效地调节氧浓度并产生过氧化氢，从而实现纳米酶催化聚合。而纳米酶和葡萄糖的反应原位产生的羟基自由基则使水凝胶材料具有抗菌性。

5.2.1.3 点击化学

点击化学的概念是由诺贝尔奖获得者美国化学家Sharpless提出，指一种可靠高效、选择性好的化学反应实现碳杂原子连接的快捷、实用的合成方法。点击反应对反应底物要求低，在生物聚合物材料的制备中应用很广。点击化学反应能适应3D打印特殊的交联环境，故被广泛研究。巯基-烯点击反应可以利用光照进行，适应现有的打印技术，是点击化学3D打印的代表。

Sarah Bertlein等将明胶进行烯丙基化修饰，经3D打印后再利用二硫苏糖醇进行巯基-烯点击反应进行光照交联。相比于丙烯酸酯类的交联，巯基-烯点击产生的交联能生物降解。烯丙基改性明胶能在较宽的聚合物浓度内进行打印，且后续实验证明材料具有良好的生物相容性。双键的聚合产生难降解的烯烃主链，而巯基点击反应，交联点必定存在杂原子硫，且更具交联剂的选择，容易实现良好的生物降解性与生物活性。外加交联剂虽然增加了生物性质方面的风险，但也可以提高材料的生物活性。

通过分子设计控制3D打印水凝胶的机械与生物性能是生物墨水制备研究的重点。Huey Wen Ooi等将海藻酸盐修饰降冰片烯，并负载细胞进行打印。降冰片烯的巯基-烯点击反应活性是目前研究的多个体系中最高的。交联剂选择巯基化聚乙二醇，通过快速地紫外线巯基-烯点击反应能特异性得到点击化学水凝胶。而且改变聚乙二醇的量可以调控水凝胶的溶胀性质。海藻酸盐本身又可进一步通过钙离子等交联。材料的交联发生迅速，高度可控，能控制制备生物相容性好的生物墨水。

对应打印过程与水凝胶的交联速率的冲突，Christopher B. Highley等研究使用微凝胶球进行生物的3D打印。水凝胶打印常规思路是使用浓度稍高的交联前的聚合物或在轻度交联的凝胶进行，以保障打印的黏度。但也如前文所述，化学交联的控制与3D打印的流程存在不一致性；而高浓度的聚合物又与生物应用不一致。微凝胶球生物墨水，剪切时黏度变低具有流动性；使用支撑材料，在打印到支持物中能微凝胶球又以3D形式快速沉积获得一定强度，然后可以进行二次交联。实验中使用了两种利用巯基-烯点击交联的微凝胶的混合物，即降冰片烯的透明质酸微凝胶与烯丙基官能化的聚乙二醇微凝胶两种凝胶的混合物。在进行实际打印时，微凝胶与热敏琼脂、细胞混合打印，获得微凝胶生物支架，后续测试结果表明细胞活力几乎没有降低。

5.2.1.4 其他反应以及可逆反应

3D打印研究工作已经提高或解决材料在机械性能、生物活性、降解性等的问题，因此开发新的能适应不同材料的生物墨水制备方法非常重要。这样既能提高现有3D打印材料的适应性，又能将新的材料引入3D打印的平台。现有的3D打印要求打印的材料有一定的黏度，且打印后能快速交联，这通常会要求原料有较高的聚合物浓度。而较高的聚合物浓度又不适合细胞的生存。Alexandra L. Rutz等提出聚合物的溶液先用端基官能化PEG进行轻度交联再进行打印，之后再次交联的方法。实验中挑选了不同的氨基功能化聚合物，并利用羧基化聚乙二醇进行预交联。聚合物与聚乙二醇的拓扑结构可以多种多样，第一次交联的反应和第二次交联的反应都可以进行设计。

水凝胶的化学交联手段多种多样，只要能够匹配3D打印技术的要求，化学交联的可控性好，对生物无害，理论上就可以作为3D水凝胶。

Cuidi Li等通过席夫碱反应，用水溶性羟丁基壳聚糖（HBC）和氧化硫酸软骨素

(OCS) 制备了共价水凝胶。并借助3D生物打印的牺牲模具技术，获得具有各种结构的HBC/OCS水凝胶。打印前进行了轻度的预交联，打印完成后交联固定支架的形状。后续实验评估了HBC/OCS水凝胶的体外和体内生物相容性，证明了人脂肪来源的间充质干细胞可以在HBC/OCS水凝胶中进行3D培养，而且发现水凝胶能抑制巨噬细胞的炎症促进基因表达，并在7天内抑制急性免疫应答。材料有望作为可定制形状的关节软骨的修复再生支架。

水凝胶的3D打印存在重新塑形的过程，打印时，需要一定的较弱的模量，打印后需要形状固定。控制化学交联是材料设计的重点，通过调节可逆交联反应也是解决办法之一。Leo L. Wang等提出了利用具有剪切稀化和自修复性质的动态共价化学交联水凝胶进行3D生物打印。水凝胶主体材料是透明质酸，用酰肼或醛基团改性并混合以形成含有动态腙键的水凝胶。由于它们的剪切稀化和自愈合性质，水凝胶被挤出后，每一层材料的形状保真度高、稳定性强，并且进行打印后包载的成纤维细胞存活率超过80%。为了增加支架功能，还可以通过巯基-烯反应进行正交光固化和光图案化，获得互穿网络的结构，提高支架的模量，改善支架的力学性能。

5.2.2 物理交联水凝胶

在物理交联水凝胶中，聚合物分子非共价键的相互作用构成三维网络，连接作用可以是氢键、离子键、主客体作用、分子间力等。物理交联有着高度的可逆性，在特定条件下容易实现溶胶与凝胶的互相转变。也正是可逆的交联，赋予水凝胶独特的自修复性能。水凝胶的形状缺陷可以通过非共价键的重新产生而修复，力学性质也能在很大程度上得到恢复。物理交联水凝胶一般都有触变性，或者剪切变稀的现象。剪切作用会导致物理交联水凝胶的交联结构破坏，大大增加凝胶的流动性，降低凝胶的强度。当剪切作用消失，交联点重建，凝胶的强度得到恢复。在3D打印时材料需要有一定的、比较低的交联。物理水凝胶的剪切变稀作用能很好地满足这一要求。但是交联网络的形成需要一定时间，溶胶-凝胶的转变也需要一定的时间。因此能用金属离子快速凝胶的海藻酸盐备受青睐。相比于化学凝胶，物理凝胶的不足在于力学性能较弱。打印出来的材料即使有足够的时间进行凝胶化转变，也有着一定的强度，但仍然难以支撑多层材料的叠加。提高物理交联水凝胶的强度一直以来是研究工作的重点。目前从材料设计的角度上看，主要是以增加交联密度来提高水凝胶强度，而且多以增加化学交联点的方式来加强材料的力学性能。图5-6所示为物理交联水凝胶3D打印过程原理。

5.2.2.1 离子与金属配位键

天然的水凝胶材料多含有丰富的亲水基团，比如透明质酸、壳聚糖，利用电荷的相互作用可以获得三维交联网络。海藻酸钠通过钠离子与二价金属离子，如钙离子交换，出现凝胶化，是最典型的离子交联水凝胶。作为非共价交联水凝胶，海藻酸钙水凝胶机械强度不够，进行3D打印没法得到具有一定纵深强度的产品。一些工作通过对海藻酸进行改性，或者将海藻酸与其他的聚合物共混，获得另外的交联以提高强度。Huijun Li等将海藻酸盐（Alg）与食品常用增稠剂甲基纤维素（MC）混合得到具有高度触变性（剪切变稀）的复合凝胶

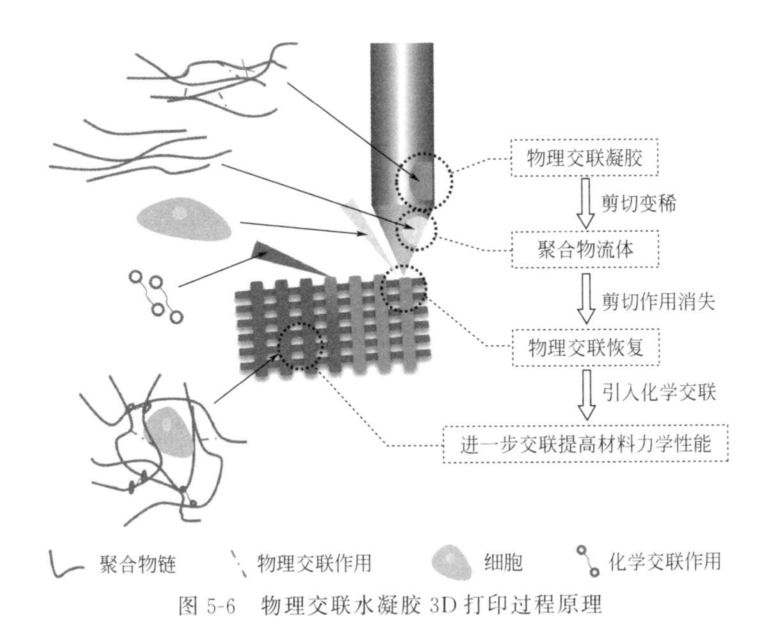

图 5-6　物理交联水凝胶 3D 打印过程原理

Alg/MC，并进行 3D 打印。为了改善界面层的结合性能，实验中使用了双注射 3D 打印机，在每一层复合凝胶上打印载有细胞的柠檬酸三钠（TSC）溶液。TSC 通过螯合作用去除了打印出的凝胶表面的钙离子，然后产品再在 $CaCl_2$ 溶液中处理重新进行交联，增加界面结合力。这样可以打印 150 层的 Alg/MC 凝胶。此外 Huijun Li 等将三种阴离子水凝胶海藻酸盐、黄原胶、κ-角叉菜胶与三种阳离子水凝胶壳聚糖、明胶、甲基丙烯酸配对组合，使用双注射 3D 打印机制备复合凝胶。每一层凝胶与紧邻的两层凝胶具有相反的电荷，界面层由于电荷的相互作用，黏合力极强，打印产品的结构非常完整。而且实验结果中质量分数为 2% 的 κ-角叉菜胶水凝胶和质量分数为 10% 的甲基丙烯酸水凝胶是打印的力学性能最佳的带相反电荷的水凝胶。

聚电解质水凝胶（PIC）由于其优异的力学性能，近年来逐渐被研究者们关注。PIC 中存在着各种强弱的电荷作用，强的电荷作用保证了材料的整体性，弱的相互作用作为动态的在外力作用下可牺牲的键。Fengbo Zhu 等通过溶胶-凝胶转变将具有较高机械强度的 PIC 进行 3D 打印挤出成形得到复杂结构的水凝胶。所使用的 PIC 是从混合的聚［3-(甲基丙烯酰基氨基）丙基三甲基氯化铵］和聚（对苯乙烯磺酸钠)(PMPTC 和 PNaSS）中沉淀，并且通过碱性水增塑制备。PIC 原材料黏度低、易打印。而后盐和反离子在水中析出后，PIC 变为平衡的凝胶，产品成形且非常坚韧。

可逆金属配位键拥有良好的剪切变稀与自修复性能。Liyang Shi 等在自然多糖透明质酸（HA）的大分子骨架上接枝了二膦酸盐（BP)，并使用钙离子与之形成可逆配位键，得到能进行 3D 打印的可逆金属离子配位交联水凝胶。同时，为了确保印刷结构的稳定性，在 HA 上修饰了丙烯酰胺键，进行光交联。

5.2.2.2　主客体

共价交联通常得到的材料力学性能稳定，但是交联太慢无法成形，交联太快会滞留在打

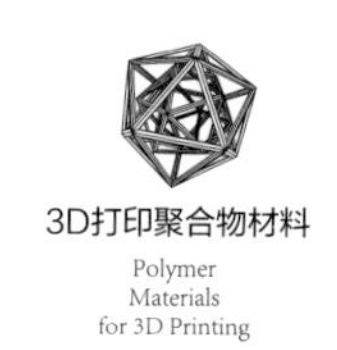

印机器里。

可逆的物理交联水凝胶大多会出现剪切变稀的现象，并在剪切作用消失后，力学性质恢复，出现自修复作用。非特异性识别或者仅长程有序的物理链接，在剪切变稀后恢复会比较慢，所以在进行3D打印时，此类自修复往往还没有进行，而聚合物已经流动开了。基于聚肽自组装的水凝胶虽然没有上述问题，但聚肽合成的困难性极大，限制了其在3D打印的应用。主客体水凝胶同样有着剪切变稀的特性，而且其具有特异性识别，能在较合适的时间自修复。

Liliang Ouyang等研究了双交联透明质酸可打印水凝胶。水凝胶在一方面有环糊精与金刚烷的主客体交联作用，当通过注射器注射时出现剪切稀化的现象，剪切力移除后在几秒钟内重新组装。此外，实验中用甲基丙烯酸酯修饰HA，进行二级共价交联以提高产品的力学性能。在打印过程中出现了主客体交联的失效与自修复，这样保证了打印的可行与打印产品一定的稳定性。另一方面，打印出来的材料经光照发生丙烯酸酯的化学交联，产品形状固定。整个过程不需要额外的支撑材料。

类似的，Claudia Loebel等通过对透明质酸（HA）进行修饰，使HA能通过主客体相互作用形成水凝胶。HA通过酯化反应接枝上金刚烷（客体），通过酰胺化作用接枝β-环糊精（主体），同时修饰丙烯酸酯用于光交联。并且进一步修饰了荧光团用于体外和体内成像。后续的实验证明了所设计的材料能包载细胞，具有良好的生物相容性和生物降解性。

5.2.2.3 氢键

Fei Gao等通过3D打印高强度聚（*N*-丙烯酰基甘氨酰胺）PNAGA水凝胶制备了软骨组织替代材料。所打印的生物混合支架，转化生长因子TGF-β_1和β-TCP在每层的分布都可控，重现骨软骨整体组织及其微环境。材料设计上，为了使基于PNAGA的水凝胶在水中可印刷和不可溶，研究者合成了PNAGA和*N*-三（羟甲基）甲基丙烯酰胺（THMMA）的共聚物水凝胶（PNT水凝胶）。掺入PTHMMA可以减轻氢键相互作用，从而调节共聚物水凝胶的凝胶-溶胶温度，使材料满足打印要求。而且PTHMMA的本身氢键还能够降低水凝胶溶胀的影响。

Milena Nadgorny等利用*N*-羟乙基丙烯酰胺（NAGA）与甲基乙烯基酮（MVK）共聚物PHEAA-*co*-PMVK与双官能羟基胺交联来制备3D可打印的肟水凝胶。通过热诱导相分离对3D打印的肟水凝胶进行后印刷处理，这促进了氢键和肟交联点的形成，材料具有双动态、快速自我修复的特点。并且通过良好控制的方式显著提高了软肟物体的机械强度。此外，通过冷冻能影响凝胶微观结构，调节胶的力学性能。

5.2.2.4 分子间力与自组装

热凝胶聚合物，比如环状亚氨基醚和聚（*N*-异丙基丙烯酰胺），当升温达到临界温度时，聚合物就会聚集成胶束；而体积分数超过5%时，胶束进一步堆积成整块的材料，也就是凝胶。Thomas Lorson等合成了一系列热凝胶嵌段共聚物并进行3D打印，包含亲水性链段聚（2-甲基-2-噁唑啉）PMeO$_x$和热敏性链段聚（2-正丙基-2-噁唑啉）PnPrOx。该材料具有高度细胞相容性，可产生稳定的水凝胶。合成的热凝胶材料具有非常高的机械强度

(G'≈4kPa)。同时，这种材料表现出独特的温度-黏度变化和明显的剪切稀化。后续实验水凝胶容易装载细胞且打印对细胞活力没有影响。

大分子之间进行识别并组装是控制制备水凝胶的良好方法。聚肽能通过自组装进行仿生。作为聚肽的重要组成，两亲性聚肽 PA 因其纳米纤维结构，有着特殊的生物活性。PA 还可以与肝素、透明质酸 HA 等进行共同自组装，增加结构的复杂性和生物活性，模拟细胞外基质。Clara L. Hedegaard 等将 PA 与多种取向或无定向的纤维蛋白/多肽进行共组装，制备了可进行 3D 打印的自组装肽基水凝胶。通过自组装与 3D 打印两次结构设计，得到了复杂多层次的细胞包载支架。材料力学性能可调，仿生细胞外基质为细胞的生长提供合适的环境。

Bella Raphael 等使用基于新型商业化自组装肽（Alpha1，AlphaProB）的水凝胶（Pepti Gel Design. Ltd），进行了结构高度可控、力学性能优秀且能包载细胞的 3D 打印。水凝胶利用特殊的肽进行合成，当呈现生理水平离子强度时，前体肽链从流体自组装形成纳米纤维水凝胶。通过优化打印参数，偏软或偏硬水的凝胶都可以进行打印。这种三维水凝胶基质具有可调节的力学性能，不需要物理或化学后处理，有着良好的细胞相容性，能促进细胞生长和迁移。

5.2.2.5 复杂交联

部分聚合物材料的力学性能不足以满足打印的要求，很多时候采取预交联以适当增加原材料的强度，打印出来后再进行一次交联。这样一种两次交联的方法，扩大了 3D 打印水凝胶的材料范围。可逆的物理交联，有剪切变稀和自修复性能，且多数依靠天然材料，不外加交联剂，在温和的条件下就能进行，非常适合作为第一次交联。而第二次交联则需要提高材料的力学性能，保持打印产品形状的稳定，使用化学交联很合适。两次交联更能得到互穿网络水凝胶或双网络水凝胶，大大提高材料的力学性能。实际上，如上面提到的例子一样，很少会出现仅通过单一的物理交联就能完成 3D 打印。物理交联多是作为前一次交联。因此，这一小节不继续关注物理交联与化学交联的联用应用，而关注一个体系内的多个物理交联作用。

Shannon E. Bakarich 等证明离子-共价复合缠结（ICE）海藻酸-丙烯酰胺水凝胶可以通过改进的挤出打印工艺进行制造。实验中根据水凝胶前体溶液的流变学性质制备了系列的水凝胶，并评价它们的力学性能和溶胀行为。丙烯酰胺在光照下进行交联，海藻酸在钙离子的作用下进行交联。ICE 凝胶表现出优异的力学性能，拉伸模量达到 $260kJ/m^3$。聚合物网络中的离子交联作为牺牲者，能在应力下消散能量。氯化钙溶液中的交联，还能极大减少水凝胶溶胀给力学性能带来的影响。

丝素蛋白与细胞外基质均存在复杂的物理交联。丝素蛋白（SF）是由家蚕生产的天然纤维蛋白，可以加工成不同的形式和结构，包括在全水处理条件下的薄膜、凝胶、膜、粉末和多孔海绵，并已应用于组织工程。SF 还可以通过化学修饰（例如偶联反应、氨基酸修饰和接枝反应等）以调节其物理生物性能。Soon Hee Kim 等利用环氧与 SF 侧基的氨基反应，使用甲基丙烯酸缩水甘油酯（GMA）对 SF 进行化学修饰，制备 3D 打印 SF 材料 Sil-MA。Sil-MA 在打印后通过光照进行丙烯酸酯的交联，且通过改变 GMA 的修饰含量，材料的力学性能实现可控。此外，实验证明了通过打印制备的 Sil-MA 水凝胶具有优秀的生物相容性，并且能够模拟打印不同器官的复杂结构。

Ashley M. Compaan 等利用海藻酸盐作为牺牲水凝胶，通过对丝素蛋白进行两步凝胶化，打印得到了化学交联的丝素蛋白水凝胶。具体地讲，先将含有细胞的藻酸盐/丝素蛋白混合物进行打印并通过钙离子快速凝胶；然后用辣根过氧化物酶（HRP）催化丝素蛋白的酪氨酸残基进行共价交联；最后利用螯合作用去除钙离子，海藻酸部分液化，得到丝素蛋白水凝胶。通过两次交联，确保丝素蛋白凝胶的结构完整。

通过组织工程技术将组织细胞脱除可获得脱细胞外基质（dECM），dECM 支架的溶液在 37℃环境下，引入生理盐度及 pH 后将其转变为稳定的水凝胶。一般 dECM 的凝胶过程比较慢，但有研究表明，肌腱的细胞外基质的胶原含量高，用于 3D 打印时，来源于肌腱的 dECM 凝胶时间短。Burak Toprakhisar 等通过去细胞化和溶解方法制备了牛腱 dtECM 水凝胶。根据 dtECM 的凝胶动力学，将 dtECM 用于活塞式微毛细管吸出-挤出的生物打印系统。打印不需要额外交联辅助，材料的机械强度合适，不需要另外的支持结构。

5.3 3D 打印水凝胶的生物学应用

5.3.1 组织工程

组织工程学是由美国国家科学基金委员会于 1987 年正式提出和确定的，是应用细胞生物学、生物材料和工程学的原理，研究开发用于修复或改善人体病损组织或器官的结构、功能的生物活性替代物的一门科学。人体组织损伤、缺损会导致功能障碍。传统的修复方法是自体组织移植术，虽然可以取得满意疗效，但它是以牺牲自体健康组织为代价的办法，会导致很多并发症及附加损伤；人体器官功能衰竭，采用药物治疗、暂时性替代疗法可挽救部分病人生命，但供体器官来源极为有限，因免疫排斥反应需长期使用免疫抑制剂，由此而带来的并发症有时是致命的。自 20 世纪 80 年代科学家首次提出“组织工程学”这个概念，通过复制“组织”“器官”，为众多的组织缺损、器官功能衰竭病人的治疗带来了曙光。水凝胶是一类具有化学或在物理交联的三维网状结构的材料，能够吸收水，但是又不溶解于水，质地柔软，富有弹性，与活体的软组织相适应，能够模拟天然细胞外基质，通过对水凝胶的孔隙率、孔径大小、内表面积的调节，实现细胞的生长与分化；同时，水凝胶富含水分（可高达 99%），有利于氧气、营养物质和细胞代谢产物运输，对周围组织的摩擦和机械刺激小，已经广泛地应用到组织工程学应用。由于不同的患者以及不同的缺损组织部位，在外形和微观

结构上存在着巨大差异，而采用冻干法、静电纺丝、超临界等为代表的传统方法制备水凝胶支架难以在结构特点上实现对组织差异的个性化特征进行调控。3D打印作为一门新技术，不仅能够实现支架与患者缺损或病变部位的完美匹配，在形态上模仿天然组织的微观结构，甚至还能携带一些细胞与材料一起打印，通过控制细胞的排列，促进细胞在支架上的生长与分化，从而获得理想的修复效果。因此，3D打印水凝胶在组织工程领域取得了越来越广泛的关注。

血管组织具有独特的三层结构，即内壁面是一层内皮细胞，中层主要是由弹性纤维组织、胶原和平滑肌组成，最外层包围着疏松的结缔组织，这种结构决定了天然血管具有良好的抗凝血和弹性。理想的血管支架要求能够具有或模拟天然血管的三层结构，不易产生血栓，具有血管的黏弹性及能够承受一定压力的力学特性等特点。Boland等应用喷墨打印技术将牛血管内皮细胞与海藻酸盐水凝胶同步打印，形成内皮细胞-水凝胶三维复合物，研究发现黏附于水凝胶支架内部的内皮细胞存活时间较长并具有良好的细胞活性。Miller等首先将碳水化合物玻璃（由50%～80%的无定形碳水化合物多糖、10%～40%的重结晶抑制剂以及水组成）打印成网格状模板，用浇注法复合载细胞水凝胶形成管道状血液通路，并证实这些血管通路能够有效地保持工程化组织中肝细胞的新陈代谢功能。Kolesky等则利用3D打印构建了由多种类型细胞和细胞外基质组成的三维支架，支架内存在复杂的充满了内皮细胞的血管网络，该支架可以用于药物筛选模型以及考察伤口愈合和血管形成的基础性研究。

骨组织是一种由无机纳米羟基磷灰石颗粒与胶原及少量非胶原蛋白等基质自主装形成的多孔复合材料。与其他组织相比，骨组织的结构与功能相对较简单，因此，骨组织工程获得广泛关注并取得飞速发展。研究者希望骨组织工程支架的设计能尽量模仿天然骨的复杂多孔微观结构，因为微环境不仅会对细胞的增殖分化行为产生影响，也会对支架材料的力学性能、渗透性/扩散性造成影响。研究认为，具有较大孔径的材料能获得较高的细胞密度，而高渗透性、多孔通道和高力学强度的支架能明显促进成骨细胞的信号表达。3D打印技术能够准确控制微孔的分布、空间走向和相互连通等结构特征。刘文广等将聚（*N*-丙烯酰基甘氨酰胺）与黏土采用3D打印技术打印成高强度水凝胶支架应用于骨组织修复，结果发现打印的水凝胶支架能促进原代大鼠成骨细胞的成骨分化，高效促进胫骨缺损大鼠胫骨新生骨的再生。为了解决高浓度的PNAGA水凝胶软化温度高、熔融挤出加工困难的问题，高菲等将聚*N*-三（羟甲基）甲基丙烯酰胺引入到PNAGA水凝胶中，增加了水凝胶的打印性能，β-TCP纳米颗粒结合到生物油墨中，形成3D打印梯度支架的底层，从而增强与骨的生物活性结合。同时，将TGF-β_1加载到上层水凝胶层中，促进软骨再生。

由于软骨组织无血液供应和神经支配，并且软骨细胞的低代谢活性以及高密度的细胞外基质限制了软骨细胞向缺损区域移行，在受损后很难自行修复，因此组织工程在软骨修复中具有极大的应用前景。软骨基质的化学成分主要为嗜碱性软骨黏蛋白，它以长链的透明质酸分子为主干，干链上以许多较短的蛋白质链连接硫酸软骨素A、C和硫酸角质素。这种羽状分支的大分子结合着大量的水，大分子又相互结合，并和胶原纤维结合在一起形成凝胶结构。Woodfield等利用3D打印技术制成的PEGT/PB支架，其模量和刚度分别在0.05～2.50MPa和0.16～4.33MPa之间，与天然软骨组织（模量0.27MPa，刚度4.10MPa）的力学性能相似，植入裸鼠皮下具有明显的成软骨作用。Lima等以聚乙二醇二甲基丙烯酸酯

(PEGDMA)/软骨细胞混合液为墨水，通过紫外线聚合打印软骨凝胶支架，细胞通过层层打印聚合方式能够在凝胶支架内均匀分布并保持了较好的细胞活性，支架与周围组织能够较紧密地结合，在植入物和天然软骨组织界面上有大量蛋白多糖沉积并有大量的黏多糖分泌。需注意的是，这种对于软骨的单一修复仍存在与受损部位结合不牢固等问题。在正常骨和软骨组织中，软骨与软骨下骨之间通过钙化层相连，此外钙化层也将软骨与软骨下骨分隔在不同的生存环境中。由于软骨缺损时，其下的软骨下骨常出现硬化、退变，而新生软骨是无法与病变的软骨下骨进行整合的，所以在修复软骨的同时，必须还要重视软骨下骨的修复。目前的解决方法是采用分层结构材料来促进关节软骨/骨组织的协同一体化修复。如 Teoh 等以 PCL 为原料，利用 3D 打印制备了骨软骨一体化支架，并将成骨细胞与软骨细胞分别种植于支架的两部分，两种细胞在支架中分泌出不同的细胞外基质，在成骨细胞种植区出现了较高的骨钙分泌，而在软骨细胞种植区测量含有较高的碱性磷酸酶，该结果表明这种复合支架可应用于骨-软骨的一体化修复。

神经组织是人和高等动物的基本组织之一，是神经系统的主要构成成分。中枢神经作为人体神经系统的最主体部分，能够接受全身各处的传入信息，经它整合加工后成为协调的运动性传出，或者储存在中枢神经系统内成为学习、记忆的神经基础。然而中枢神经的系统损伤会导致神经细胞死亡、组织破坏，造成神经功能永久性的缺失，这已成为困扰生物医学界的一大难题。神经损伤治疗常用的方法是对小的神经缺损或间隙进行端到端直接的外科再连接。自体神经移植被认为是修复神经间隙的黄金标准。它能在不受张力的情况下恢复神经干的连续性，为轴突的再生提供理想的支持。其他组织移植如血管、肌肉和肌腱也被用于临床治疗神经损伤。通过将先进的生物材料与细胞和 3D 打印相结合制备的 3D 生物打印导管用于神经损伤修复成为近几年研究的热点，Liqun Ning 采用海藻酸盐、纤维蛋白、透明质酸（HA）和/或 RGD（Argi-Gly-Asp）肽作为支架材料，将施万细胞封装到支架材料中，3D 打印的支架可以促进支架内施万细胞的排列，从而为引导背根神经节神经元沿着打印链的延伸提供触觉策略线索，显示了其在神经组织工程领域的巨大应用潜力。

除此之外，3D 生物打印技术已经成功地实现了皮肤、脂肪、肝、耳等组织的打印。Lee 等利用 3D 生物打印技术，以胶原水凝胶作为基体，打印出人造皮肤替代物，能够避免皮肤移植的不良预后结果。该研究使用的 Print Alive 生物打印机不同于 FDM 3D 打印机的材料堆积，而是通过挤出由生物聚合物、角质形成细胞和成纤维细胞混合成的水凝胶“活绷带”。该水凝胶被打印成蜂窝结构，来模仿自然皮肤细胞组织。由于其可以简单覆盖到烧伤创面上，这对于烧伤的治疗是非常有效的。2013 年美国康奈尔大学借助可注入胶原蛋白和含细胞的水凝胶，使用牛耳细胞打印出人造耳。经过 3 个月的观察研究，发现 3D 打印的人造耳膜与人耳膜非常相似。此外，Mannoor 团队以藻朊酸盐水凝胶为基体，已经成功研制出一种仿生耳，该研究采用体外培养耳的外周软骨组织，随后通过电感耦合信号监测耳蜗形电极。打印的耳可以增强听觉感知（图 5-7）。

5.3.2 生物小分子递送系统

生长因子是一类由细胞分泌的、类似于激素的信号分子，多数为肽类物质，具有调节细胞生长与分化的作用。生长因子在目标区域可控性释放是优化细胞生长和分化的关键。为了

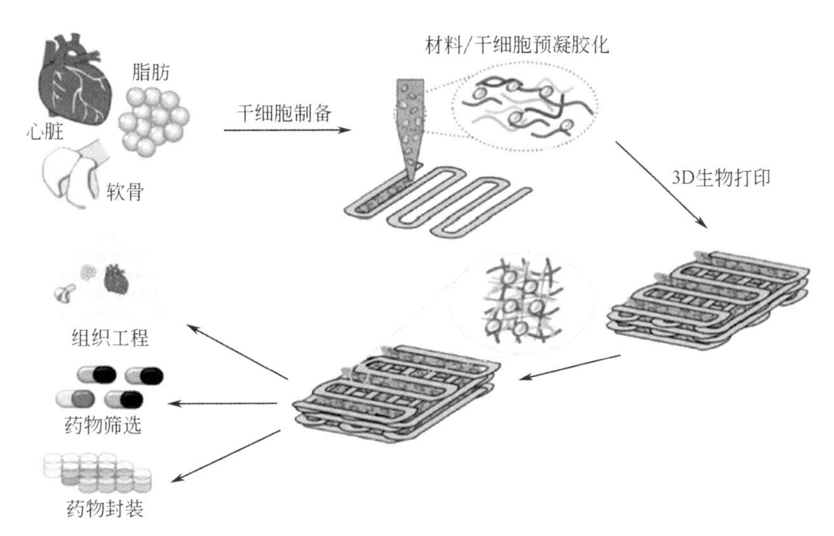

图 5-7　3D 打印组织工程应用（见彩图）

实现这个功能，负载生长因子型纳米颗粒被用于干细胞工程，为骨和软骨再生提供生长和分化因子，为血管组织工程提供黏附分子、细胞外基质、紧密连接蛋白和信号分子。将载生长因子的微粒子和纳米颗粒进行生物 3D 打印，被应用于各种组织中。载有骨形态蛋白 BMP-2 的明胶微粒，在含有山羊多能基质细胞的海藻酸盐生物墨水中形成，可连续 3 周释放 BMP-2，使大鼠和小鼠成骨分化和骨形成显著。生物 3D 打印被用于多细胞类型的打印结构，通过调整每种细胞的类型，控制生长因子的释放。通过生物打印可以制备具有体内区域物性的血管内皮生长因子（VEGF）微球，使得血管支架在特定区域释放 VEGF。生物 3D 打印通过调整每一层细胞的类型，保证了多细胞类型中的生长因子的控制性释放。仿生 3D 纳米复合材料含有生长因子的骨软骨再生支架用于软骨形成和成骨分化（TGF-β_1 和设计了 BMP-2）。骨层和软骨用纳米球功能化层以有效生长因子封装和持续交付。显著改善干细胞在骨和软骨中的黏附和分化同时获得层。类似的方法采用核壳的持续释放特性纳米球将 TGF-β_1 递送至人骨髓 MSC 在生物打印的软骨构造中。

药物速递系统是根据需求在体内输送药物，安全地达到理想治疗效果的技术体系，涉及方法、系统、技术和制剂等方面。随着药物递送系统的研究，药物的控释、缓释及个性化定制不断发展，3D 打印作为一门加工制造技术，由于其具有计算机精确控制等特点，在药物递送领域的应用也逐步开展。Martinez 等使用聚乙二醇二丙烯酸酯（PEGDA）负载布洛芬制造药物水凝胶，使用 3D 打印进行控制制作，通过控制凝胶中水的含量，控制药物的释放速度。Goyanes 等将 3D 扫描与 3D 打印结合，制造了含水杨酸的抗痤疮药物的载药凝胶。研究表明，这种方法不仅可以控制剂量，还可以控制载药凝胶的尺寸，进行符合患者特征的个性化给药。由于对一些复杂的疾病及多种病症的治疗，往往需要多种药物进行联合治疗。S. A. Khaled 等以羟丙基甲基纤维素水醇凝胶等材料为载体，通过 3D 打印技术，制备了含有卡托普利、硝苯地平和格列吡嗪三种药物的多功能药品，该药片采用多室的设计，以确保活性药物成分分离，并且可以实现各种药物所需的独立控制释放，实现治疗糖尿病并发高血压等疾病的功能。S. A. Khaled 等还通过 3D 打印技术制备了包含阿司匹林、氢氯噻嗪、普伐他汀、阿替洛尔、雷米普利五种药物的片剂。

5.3.3 软体制动器

传统的制动器大多数由金属和塑料等材料制备而成，具有功率大、精度高、性能稳定等特点，但是在生物医疗领域，刚性制动器在柔韧性和动作的灵活性等方面仍具有局限性。软体制动器是采用软材料制备的一种机器人，具有柔性高、环境适应性好及亲和性强等特点，可以实现爬行、抓取、蠕动、游动及跳跃等灵活性运动，能够完全克服传统的刚性制动器在狭小缝隙中运行受限的特点，有着广阔的应用空间。随着材料科学、控制技术和 3D 打印技术的不断发展，3D 打印技术已广泛应用于制备软体制动器。Daehoon Han 将丙烯酸和交联剂进行混合，在打印过程中，通过光线投射在光敏溶液上变成凝胶，制备的这种 3D 打印水凝胶置于盐水溶液（或电解质）中，两根细导线用于触发运动：向前走、逆转路线、抓取和移动物体，这种 3D 打印水凝胶有望在软机器人、人造肌肉和组织工程等领域得到应用（图 5-8）。Rafael Mestre 采用透明质酸、明胶、纤维蛋白原制备成水凝胶，在里面加入 C_2C_{12} 小鼠成肌细胞进行 3D 生物打印，制造了一个由骨骼肌组织和两个可用作力测量平台的人工柱组成的概念验证生物制动器。通过训练方案和动态基因表达分析研究力生成的演变，证明了 3D 生物打印的生物执行器可以通过修改机械约束的刺激频率和刚度来适应多种不同的应用方式。

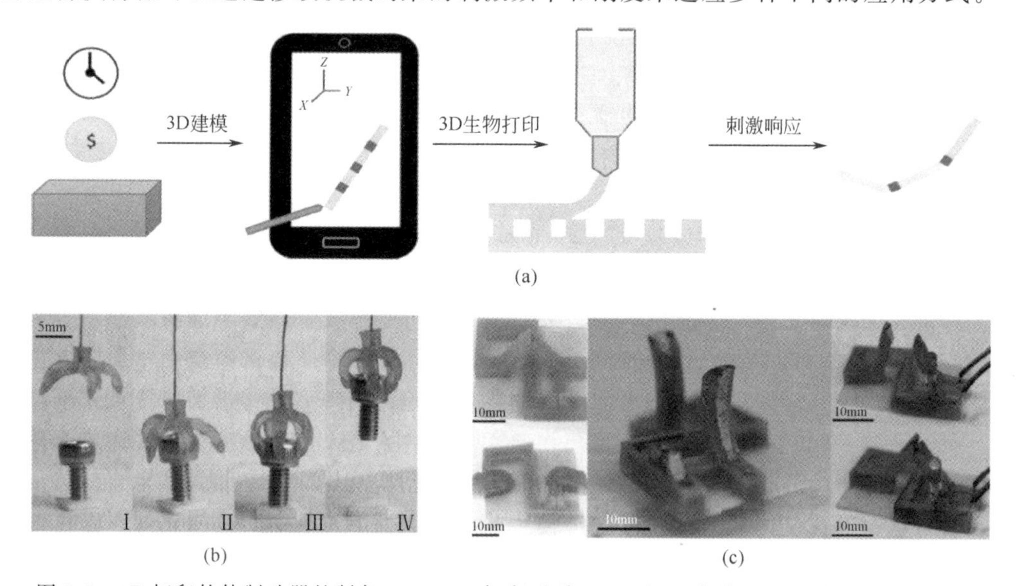

图 5-8　3D 打印软体制动器的制备（a）、3D 打印爪手（b）及 3D 打印电子开关（c）（见彩图）

5.3.4 药物筛选

在药物筛选领域，细胞筛选模型和高通量筛选由于细胞的生长状态与其在体内的微环境差异很大，使得药效测试准确度不高，而且有的药物必须在体内代谢活化才能起作用，体外筛选技术难以实现。动物实验虽然在体内进行，但是实验周期长、成本高，且受体内诸多因素制约，难以研究单一过程和实时观察药物在体内的作用。因此以水凝胶为基体，与细胞混合进行的3D打印制备成细胞芯片，为构建准确、高效、高通量的多组织药物筛选模型提供了一个新的途径。Huang等利用3D生物打印技术，以聚乙二醇双丙烯酸酯为基体材料，打印出了具有不同孔径的血管特性的仿生芯片。研究发现，海拉细胞在较窄的通道中以较快的速度迁移，而成纤维细胞的迁移速度不受通道宽度的影响。这项工作介绍了一种方法来模拟癌细胞和非癌细胞对不同通道宽度的不同反应，这可能被用作筛选抗迁移分子的工具。Zhan等以明胶、海藻酸盐和纤维蛋白原制备的混合水凝胶为基体，再混入海拉细胞打印出了一个10mm×10mm×2mm的网格状宫颈肿瘤模型。3D打印的肿瘤模型较二维模型具有更好的复制异质性和模拟自然微环境的能力，表现出更高的增殖率和更高的模拟肿瘤特征，包括基质金属蛋白酶蛋白（MMP）表达和对紫杉醇抗癌治疗的耐药性。图5-9所示为普通药物筛选模型与3D打印药物筛选模型的比较。

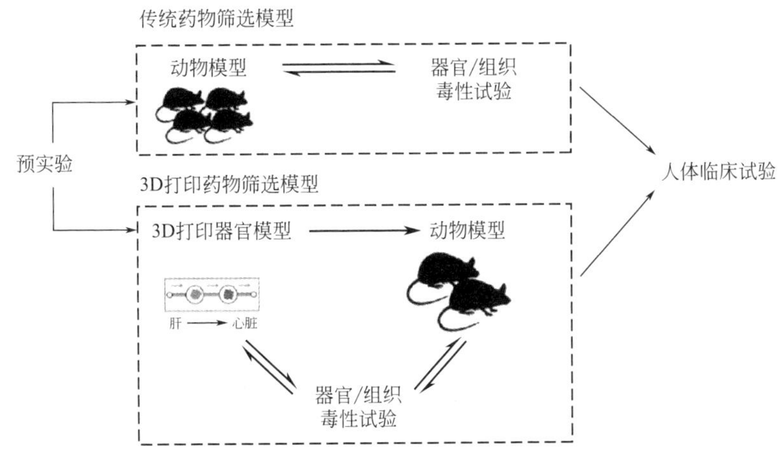

图5-9　普通药物筛选模型与3D打印药物筛选模型比较

5.4 总结及展望

3D打印技术由于其自身优点，正在慢慢取代传统的减材制造技术，它可以成形复杂结构，也可以利用各种材料成形，如聚合物材料、金属、蜡、木材、布料、食品和生物材料，该技术已经融入众多市场，从简单的零部件制造到终端产品的产出，正在渗入人们生活的各个角落。3D 打印全球市场份额在 2012 年达到了 22 亿美元，在 2015 年达到了 52 亿美元，2018 年达到 100 亿美元，以每年 30%的速度在高速增长，也体现了 3D 打印市场的快速发展。

据相关数据显示，生物材料在组织工程和再生医疗领域产品如支架、组织植入物和仿生材料等在 2010 年的全球市场份额为 559 亿美元，而在 2016 年达到了 897 亿美元，保持着每年 8.4%的增速，此外，生物材料在全球总的市场份额正在以每年 20%的比率增长，2018 年的全球市场规模已经超过了 2000 亿美元，预计将突破 3000 亿美元，是一个庞大而又发展迅速的产业。

生物材料在 3D 打印上的应用基本上处于基础研究阶段，但是生物材料结合 3D 打印技术的市场前景是非常巨大的。①医疗市场需求非常巨大，全球每年需要移植器官才能活下去的人有 6000 万，这个数字在我国是 150 万，现阶段基本上只有获得器官捐赠才能有活下去的机会，我国每 150 万人中只有 1 万人能有这个机会，因此若能采用 3D 生物打印技术直接打印出器官供患者移植，那将会是医疗领域的一大福音；②3D 打印技术与医疗市场的应用非常契合，支架、组织植入物、器官等一般都有其独特、复杂的结构和性能，这使得材料和成形方式都极其苛刻，只有生物材料结合 3D 生物打印技术才能满足要求。

生物 3D 打印是近二十年来发展起来的旨在打印活体器官的先进技术，能够打印负载细胞的生物材料而不是打印出支架后再进行细胞培育，可以使得支架中的细胞呈现三维生长，有着很大的优势。现阶段，用于细胞打印的材料主要限定于水凝胶，由于其良好的生物相容性及类胞外基质，能够负载细胞进行直接打印。适用于水凝胶 3D 打印的方法主要有：LIFT、喷墨印刷和机器人喷涂，每种方法都有其优缺点，但是目前为止只有机器人喷涂 3D 打印成了唯一允许临床相关 3D 制造的方法。

对于水凝胶流变学的分析，我们为 3D 打印水凝胶的设计提供了标准。可 3D 打印的水凝胶首先应该是假塑性流体，即存在剪切稀化现象但不具备触变性，并且不会表现出挤出膨胀现象，如果是负载细胞打印，那么材料必须具有良好的生物相容性，并且在打印的过程中剪切应力不能超过细胞的存活限度，最重要的是，水凝胶在打印后应具备快速相转变能力，才能保证水凝胶打印的分辨率和准确率。

除了流变要求外，对于水凝胶的本身特性也有着非常高的要求。水凝胶一般可以通过化学方式使化学键形成或物理、非共价分子相互作用进行交联。化学交联凝胶在机械上更强，一旦形成网络，通常不会表现出可逆性。相比之下，由于网络形成相互作用的可逆性，物理凝胶是动态的，这对于打印过程是有利的，而打印后的机械稳定性通常较低。然而，大多数稳定的 3D 打印水凝胶一般会将两种交联方式组合：用于调节打印流变性质的物理交联组分及后加工稳定打印形貌的化学交联，最常用的是紫外线的后交联加工，用于稳定打印结构。但是，目前为止生物 3D 打印的研究主要依赖于已经建立的水凝胶系统，研究人员可能为工程人员而非化学或材料学家，主要从水凝胶油墨的配方优化来实现更好的生物医学应用，而不是开发新的水凝胶体系，因此在生物医学领域的应用上会受到材料的限制，因此新型 3D 打印水凝胶材料的研发是后续生物 3D 打印发展的新方向。

未来，生物材料的3D打印的研发重点还是在材料上，发展完善现有材料，开发攻克更多的新生物材料是主体思路。相信随着研究的深入，3D打印生物材料在临床上的应用将会逐渐扩大，受益的患者将会不断增多，3D生物打印将会慢慢改变我们的生活。

参考文献

[1] Parak A，Pradeep P，Kumar P，et al. Functionalizing bioinks for 3D bioprinting applications [J]. Drug Discovery Today，2019，24 (1)：198-205.

[2] Yang E，Miao S，Zhong J，et al. Bio-based polymers for 3D printing of bioscaffolds [J]. Polymer Reviews，2018，58 (4)：668-687.

[3] Ngo T D，Kashani A，Imbalzano G，et al. Additive manufacturing (3D printing)：A review of materials，methods，applications and challenges [J]. Composites Part B：Engineering，2018，143：172-196.

[4] Ryan L Truby，Jennifer A Lewis. Printing soft matter in three dimensions [J]. Nature，2016，540 (7633)：371-378.

[5] Ligon S C，Liska R，Stampfl J，et al. Polymers for 3D printing and customized additive manufacturing [J]. Chemical Reviews，2017，117 (15)：10212-10290.

[6] Lee J-Y，An J，Chua C K. Fundamentals and applications of 3D printing for novel materials [J]. Applied Materials Today，2017，7：120-133.

[7] Xin Wang，Man Jiang，Zuowan Zhou，et al. 3D printing of polymer matrix composites：A review and prospective [J]. Composites Part B，2016，110：442-458.

[8] Patra S，Young V. A review of 3D printing techniques and the future in biofabrication of bioprinted tissue [J]. Cell Biochemistry and Biophysics，2016，74 (2)：93-98.

[9] Mandrycky C，Wang Z，Kim K，et al. 3D bioprinting for engineering complex tissues [J]. Biotechnology Advances，2016，34 (4)：422-434.

[10] Li J，Chen M，Fan X，et al. Recent advances in bioprinting techniques：approaches，applications and future prospects [J]. Journal of Translational Medicine，2016，14：271.

[11] Jungst T，Smolan W，Schacht K，et al. Strategies and molecular design criteria for 3D printable hydrogels [J]. Chemical Reviews，2015，116 (3)：1496-1539.

[12] Damian Kirchmajer，Robert Gorkin，Marc in het Panhuis. An overview of the suitability of hydrogel-forming polymers for extrusion-based 3D-printing [J]. J Mater Chem B，2015，3：4105-4117.

[13] Chia H N，Wu B M. Recent advances in 3D printing of biomaterials [J]. Journal of Biological Engineering，2015，9：4.

[14] Murphy S V，Atala A. 3D bioprinting of tissues and organs [J]. Nature Biotechnology，2014，32 (8)：773-785.

[15] Jose R R，Rodriguez M J，Dixon T A，et al. Evolution of bioinks and additive manufacturing technologies for 3D bioprinting [J]. ACS Biomaterials Science & Engineering，2016，2 (10)：1662-1678.

[16] Chrisey D B，Pique A，McGill R，et al. Laser deposition of polymer and biomaterial films [J]. Chem Rev，2003，103：553-576.

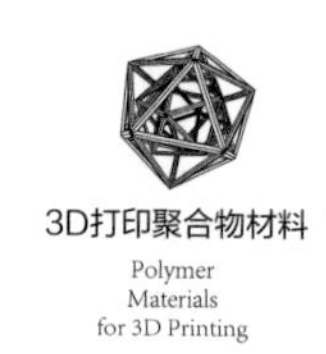

[17] Ringeisen B R, Othon C M, Barron J A, et al. Jet-based methods to print living cells. Biotechnol J, 2006, 1: 930-948.

[18] Schiele N R, Corr D T, Huang Y, et al. Laser-based direct-write techniques for cell printing [J]. Biofabrication, 2010, 2: 032001.

[19] Boland T, Xu T, Damon B, et al. Application of inkjet printing to tissue engineering [J]. Biotechnol J, 2006, 1: 910-917.

[20] Calvert P. Inkjet printing for materials and devices [J]. Chem Mater, 2001, 13: 3299-3305.

[21] de Gans B J, Duineveld P C, Schubert U S. Inkjet printing of polymers: state of the art and future developments [J]. Adv Mater, 2004, 16: 203-213.

[22] Chang C C, Boland E D, Williams S K, et al. Direct-write bioprinting three-dimensional biohybrid systems for future regenerative therapies [J]. J Biomed Mater Res: Part B, 2011, 98B: 160-170.

[23] Dababneh A B, Ozbolat I T. Bioprinting technology: A current state-of-the-art review [J]. J Manuf Sci Trans ASME, 2014, 136: 061016.

[24] Ozbolat I T, Yu Y. Bioprinting toward organ fabrication: challenges and future trends [J]. IEEE Trans Biomed Eng, 2013, 60: 691-699.

[25] Møller P C F, Fall A, Bonn D. Origin of apparent viscosity in yield stress fluids below yielding [J]. Europhys Lett, 2009, 87: 38004.

[26] Schurz J. The yield stress-an empirical reality [J]. Rheol Acta, 1990, 29: 170-171.

[27] Coussot P. Yield stress fluid flows: A review of experimental data [J]. J Non-Newtonian Fluid Mech, 2014, 211: 31-49.

[28] Hiller A, Borchers K, Tovar G E M, et al. Impact of intermediate UV curing and yield stress of 3D printed poly (ethylene glycol) diacrylate hydrogels on interlayer connectivity and maximum build height [J]. Additive Manufacturing, 2017, 18: 136-144.

[29] Skardal A, Zhang J, McCoard L, et al. Photocrosslinkable hyaluronan-gelatin hydrogels for two-step bioprinting [J]. Tissue Engineering Part A, 2010, 16 (8): 2675-2685.

[30] Shepherd J N H, Parker S T, Shepherd R F, et al. 3D microperiodic hydrogel scaffolds for robust neuronal cultures [J]. Advanced Functional Materials, 2011, 21 (1): 47-54.

[31] Ye Y M, Xiao L L, He B, et al. Oxygen-tuned nanozyme polymerization for the preparation of hydrogels with printable and antibacterial properties [J]. Journal of Materials Chemistry B, 2017, 5 (7): 1518-1524.

[32] Bertlein S, Brown G, Lim K S, et al. Thiol-ene clickable gelatin: A platform bioink for multiple 3D biofabrication technologies [J]. Advanced Materials, 2017, 29 (44).

[33] Highley C B, Song K H, Daly A C, et al. Jammed microgel inks for 3D printing applications [J]. Advanced Science, 2019, 6 (1).

[34] Ooi H W, Mota C, Calore A, et al. Thiol-ene alginate hydrogels as versatile bioinks for bioprinting [J]. Biomacromolecules, 2018, 19 (8): 3390-3400.

[35] Li C, Wang K, Zhou X, et al. Controllable fabrication of hydroxybutyl chitosan/oxidized chondroitin sulfate hydrogels by 3D bioprinting technique for cartilage tissue engineering [J]. Biomed Mater, 2019, 14 (2): 025006.

[36] Rutz A L, Hyland K E, Jakus A E, et al. A multimaterial bioink method for 3D printing tunable, Cell-compatible hydrogels [J]. Advanced Materials, 2015, 27 (9): 1607.

[37] Wang L L, Highley C B, Yeh Y C, et al. Three-dimensional extrusion bioprinting of single-and doub-

le-network hydrogels containing dynamic covalent crosslinks [J]. J Biomed Mater Res A, 2018, 106 (4): 865-875.

[38] Li H J, Tan Y J, Leong K F, et al. 3D bioprinting of highly thixotropic alginate/methylcellulose hydrogel with strong interface bonding [J]. Acs Applied Materials & Interfaces, 2017, 9 (23): 20086-20097.

[39] Li H J, Tan Y J, Liu S J, et al. Three-dimensional bioprinting of oppositely charged hydrogels with super strong interface bonding [J]. Acs Applied Materials & Interfaces, 2018, 10 (13): 11164-11174.

[40] Shi L Y, Carstensen H, Holzl K, et al. Dynamic coordination chemistry enables free directional printing of biopolymer hydrogel [J]. Chemistry of Materials, 2017, 29 (14): 5816-5823.

[41] Zhu F B, Cheng L B, Yin J, et al. 3D printing of ultratough polyion complex hydrogels [J]. Acs Applied Materials & Interfaces, 2016, 8 (45): 31304-31310.

[42] Gao F, Xu Z Y, Liang Q F, et al. Direct 3D printing of high strength biohybrid gradient hydrogel scaffolds for efficient repair of osteochondral defect [J]. Advanced Functional Materials, 2018, 28 (13).

[43] Nadgorny M, Collins J, Xiao Z Y, et al. 3D-printing of dynamic self-healing cryogels with tuneable properties [J]. Polymer Chemistry, 2018, 9 (13): 1684-1692.

[44] Loebel C, Rodell C B, Chen M H, et al. Shear-thinning and self-healing hydrogels as injectable therapeutics and for 3D-printing [J]. Nature Protocols, 2017, 12 (8): 1521-1541.

[45] Ouyang L L, Highley C B, Rodell C B, et al. 3D printing of shear-thinning hyaluronic acid hydrogels with secondary cross-linking [J]. Acs Biomaterials Science & Engineering, 2016, 2 (10): 1743-1751.

[46] Hedegaard C L, Collin E C, Redondo G C, et al. Hydrodynamically guided hierarchical self-assembly of peptide-protein bioinks [J]. Advanced Functional Materials, 2018, 28 (16).

[47] Lorson T, Jaksch S, Lubtow M M, et al. A thermogelling supramolecular hydrogel with sponge-like morphology as a cytocompatible bioink [J]. Biomacromolecules, 2017, 18 (7): 2161-2171.

[48] Raphael B, Khalil T, Workman V L, et al. 3D cell bioprinting of self-assembling peptide-based hydrogels [J]. Materials Letters, 2017, 190: 103-106.

[49] Bakarich S E, Panhuis M I H, Beirne S, et al. Extrusion printing of ionic-covalent entanglement hydrogels with high toughness [J]. Journal of Materials Chemistry B, 2013, 1 (38): 4939-4946.

[50] Compaan A M, Christensen K, Huang Y. Inkjet bioprinting of 3D silk fibroin cellular constructs using sacrificial alginate [J]. Acs Biomaterials Science & Engineering, 2017, 3 (8): 1519-1526.

[51] Kim S H, Yeon Y K, Lee J M, et al. Precisely printable and biocompatible silk fibroin bioink for digital light processing 3D printing [J]. Nature Communications, 2018, 9: 1620.

[52] Toprakhisar B, Nadernezhad A, Bakirci E, et al. Development of bioink from decellularized tendon extracellular matrix for 3D bioprinting [J]. Macromolecular Bioscience, 2018, 18 (10).

[53] Mandrycky C, Wang Z J, Kim K, et al. 3D bioprinting for engineering complex tissues [J]. Biotechnology Advances, 2016, 34: 422-434.

[54] Murphy S V, Atala A. 3D bioprinting of tissues and organs [J]. Nature Biotechnology, 2014, 32: 773-785.

[55] Zhang Y S, Yue K, Aleman J, et al. Bioprinting for tissue and organ fabrication [J]. Additive Manufacturing of Biomaterials, Tissues and Organs, 2017, 45: 148-163.

[56] Connell G, Garcia J, Amir J. 3D bioprinting: new directions in articular cartilage tissue engineering, ACS biomater [J]. Sci Eng, 2017, 3: 2657-2668.

[57] 田冶，曾庆慧，胡相华，等. 3D打印技术及在组织工程领域的研究进展. 中国医疗器械信息，2015, 8: 7-12.

[58] Zhai X Y, Ma Y F, Hou C Y, et al, 3D-printed high strength bioactive supramolecular polymer/clay nanocomposite hydrogel scaffold for bone regeneration, ACS biomater [J]. Sci Eng, 2017, 3: 1109-1118.

[59] Gao F, Xu Z Y, Liang Q F, et al. Direct 3D printing of high strength biohybrid gradient hydrogel scaffolds for efficient repair of osteochondral defect. Adv Funct Mater, 2018, 28: 1706644-1706657.

[60] Ning L Q, Sun H Y, Lelong T, et al. 3D bioprinting of scaffolds with living Schwann cells for potential nerve tissue engineering applications [J]. Biofabrication, 2018, 10: 035014.

[61] Bougueon G, Kauss T, Dessane B, et al. Micro-and nano-formulations for bioprinting and additive manufacturing [J]. Drug Discovery Today, 2019, 24: 163-178.

[62] Castro N J, et al. Biomimetic biphasic 3D nanocomposite scaffold for osteochondral regeneration [J]. AIChE J, 2014, 60: 432-442.

[63] Zhu W. 3D bioprinting mesenchymal stem cell-laden construct with core-shell nanospheres for cartilage tissue engineering [J]. Nanotechnology, 2018, 29: 185101.

[64] Martinez P R, Goyanes A, Basit A W, et al. Fabrication of drug-loaded hydrogels with stereolithographic 3D printing [J]. International Journal of Pharmaceutics, 2017, 532: 313-317.

[65] Goyanes A, Det-Amornrat U, Wang J, et al. 3D scanning and 3D printing as innovative technologies for fabricating personalized topical drug delivery systems [J]. Journal of Controlled Release, 2016, 234: 41-48.

[66] Khaled S A, Burley J C, Alexander M R, et al. 3D printing of tablets containing multiple drugs with defined release profiles [J]. International Journal of Pharmaceutics, 2015, 494: 643-650.

[67] Khaled S A, Burley J C, Alexander M R, et al. 3D printing of five-in one dose combination polypill with defined immediate and sustained release profiles [J]. Journal of Controlled Release, 2015, 217: 308-314.

[68] Han D, Farino C, Yang C, et al. Soft robotic manipulation and locomotion with a 3D printed electroactive hydrogel [J]. ACS Appl Mater Interfaces, 2018, 10: 17512-17518.

[69] Mestre R, Patiño T, Barceló X, et al. Force modulation and adaptability of 3D-bioprinted biological actuators based on skeletal muscle tissue [J]. Adv Mater Technol, 2019, 4: 1800631.

[70] Lee V, Singh G, Trasatti JnP, et al. Design and fabrication of human skin by three-dimensional bioprinting [J]. Tissue Engineering Part C-methods, 2014, 20: 473-484.

[71] Ng W L, Wang S, Yeong W Y, et al. Skin bioprinting: Impending reality or fantasy? [J]. Trends in Biotechnology, 2016, 34: 689-699.

[72] Mannoor M S, Jiang Z W, James T, et al. 3D printed bionic ears [J]. Nano Letters, 2013, 13: 2634-2639.

[73] 王颖，张雷，周咏，等. 3D生物打印技术在再生医学中的应用. 中华生物医学工程杂志，2016, 22: 265-272.

[74] Huang T Q, Qu X, Liu J S, et al. 3D printing of biomimetic microstructures for cancer cell migration [J]. Biomed Microdevices, 2014, 16: 127-132.

[75] Ma X Y, Liu J S, Zhu W, et al. 3D bioprinting of functional tissue models for personalized drug

screening and in vitro disease modeling [J]. Advanced Drug Delivery Reviews，2018，132：235-251.

[76] Zhao Y，Yao R，Ouyang L L，et al. Three-dimensional printing of Hela cells for cervical tumor model in vitro [J]. Biofabrication，2014，6：35001.

[77] Mandrycky C，Wang Z J，Kim K K，et al. 3D bioprinting for engineering complex tissues [J]. Ann Biomed Eng，2017，35：148-163.

[78] Mazzocchi A，Soker S，Skardal A. 3D bioprinting for high-throughput screening：Drug screening，disease modeling，and precision medicine applications [J]. Applied Physics Reviews，2019，6：011302.

[79] Zolfaghariana A，Kouzania A Z，Khooa S Y. Evolution of 3D printed soft actuators [J]. Sensors and Actuators. 2016，250：258-272.

[80] Ge Q，Sakhaei A H，Lee H，et al. Multimaterial 4D printing with tailorable shape memory polymers [J]. Scientific Reports，2016，6：31110.

[81] Zarek M，Layani M，Cooperstein I，et al. 3D printing of shape memory polymers for flexible electronic devices [J]. Adv Mater，2015，28：4449-4454.

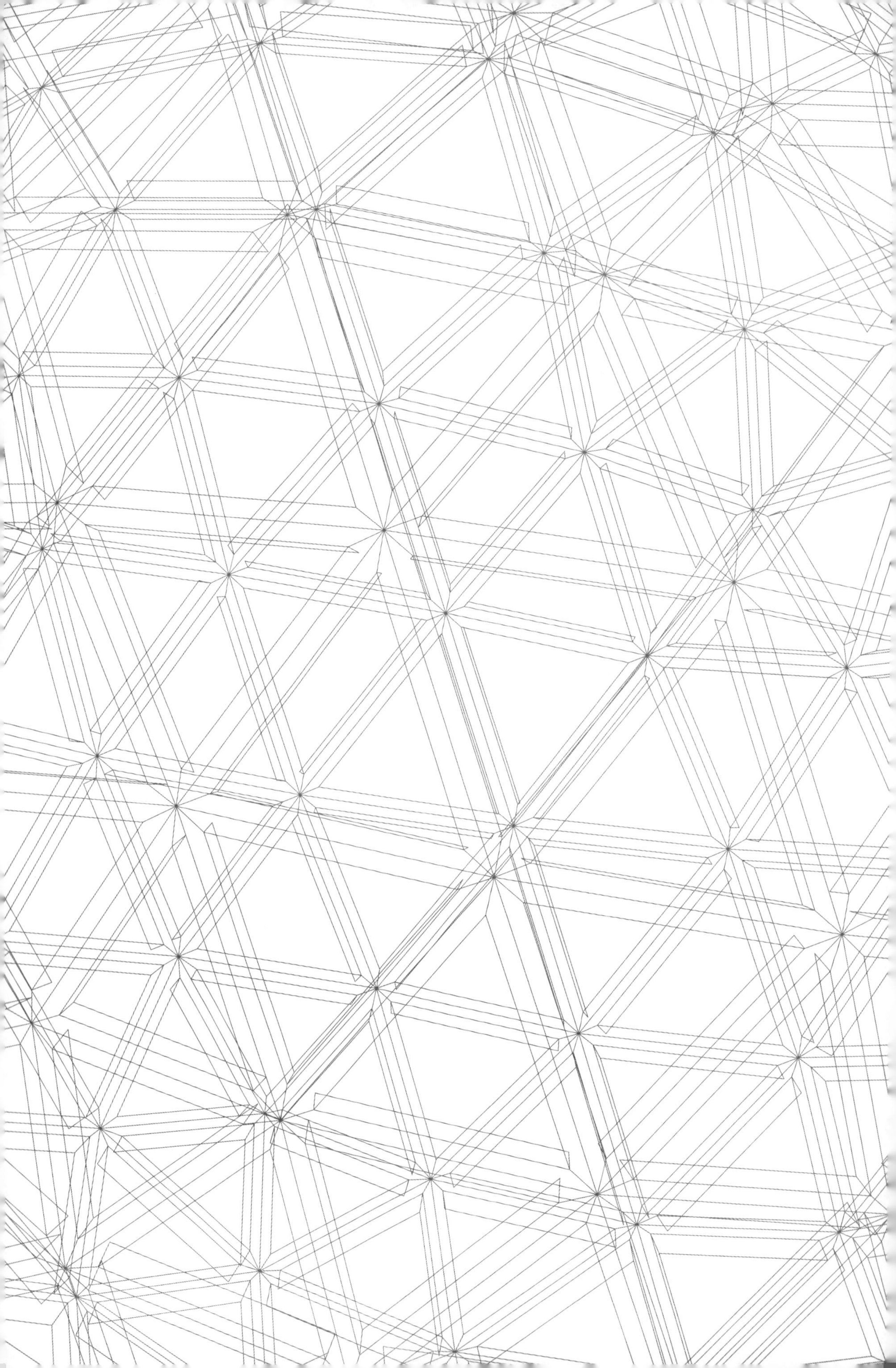

第 6 章
其他 3D 打印聚合物材料

6.1 喷墨3D打印

6.1.1 喷墨打印原理

喷墨打印通常由连续喷墨（CIJ）或液滴按需定制（DOD）的方法来实现（图6-1）。其中，连续喷墨（CIJ）打印是将墨水连续地从打印喷头泵出，墨滴尺寸和相互间隔非常均一，适合高速、大批量的打印任务。而DOD模式下的喷墨打印则可用于更为复杂多变的任务，如电子元件或电路的打印，因为其利用热/压电产生的声脉冲可以对单个墨滴进行定制，获得更高的打印精度。

在喷墨打印中，油墨通常由低黏度流体组成。打印液滴的形成取决于油墨材料的物理化学性质和相关打印参数，包括油墨的密度（ρ）、黏度（μ）、表面张力（γ）和特征液滴长度（L，大多数情况下等于液滴直径），以及喷射液滴的速度（v）和喷嘴直径（d）。在打印过程中，为获得良好的打印精度必须严格控制上述参数，以实现黏度、表面张力和惯性力之间的平衡。这通常可以由无量纲参数Z来衡量，Z参数由Ohnesorge数（Oh）的倒数给出，其将惯性、表面张力与黏性力关联如下：

$$Z=1/Oh=Re/\sqrt{We}=\left[\sqrt{(\rho\gamma L)}\right]/\mu \tag{6-1}$$

Re和We分别是Reynolds数和Weber数。其中，如果由黏性力主导（低Z），则在打印过程中不会形成墨滴。如果惯性或表面张力占主导（高Z），则在打印过程中喷射的液滴容易飞溅或分裂成多个卫星液滴，打印精度将会下降。通常，当Z在1和10之间时能够获得理想的打印液滴，此时液滴的速度也应不小于$\sqrt{4\gamma/\rho d}$。打印油墨的流体力学因素，包括液滴形成过程、浸润性和物质扩散等对最终打印物体的表面粗糙度和最小特征尺寸（约10～100μm）有重要影响。在喷墨打印中，μ、L和v的典型数值分别为2～20mPa·s、10～30μm和1～10m/s，所以油墨不能是难以喷射或易造成堵塞的流体，如聚合物浓溶液、熔体，或含有直径超过100nm的填料的溶液。但随着新型的喷墨打印头设计，这些材料流体力学上给喷墨打印带来的限制也可得到很好的补偿。目前，最先进的多喷嘴阵列可以有数千个喷嘴，每秒可输送超过1亿个由不同材料组成的升级液滴。

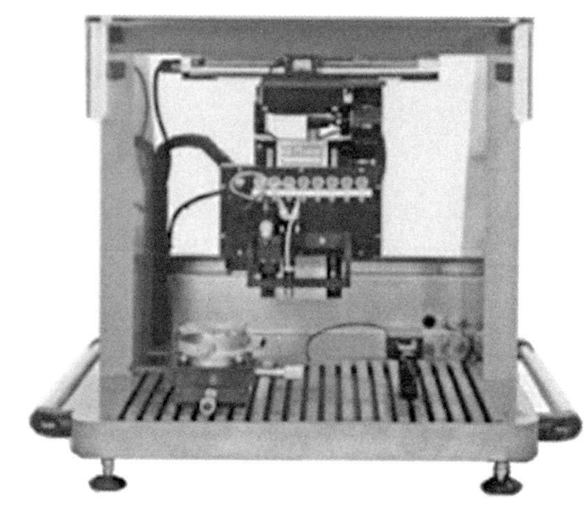

图6-1 喷墨打印装置

6.1.2 光/热固化喷墨打印用聚合物材料

光/热固化辅助喷墨 3D 打印（inkjet printing）在喷墨打印制造中占有较大比重。对于光固化辅助而言，喷墨 3D 打印所选用的墨水可与光固化 3D 打印（SLA、DLP 等）通用；对于热辅助喷墨 3D 打印，通常墨水需要在打印头中具备极低黏度，而在打印后通过打印平台对其加热固化。此类打印材料通常有环氧树脂、三聚氰胺甲醛树脂等。

由于油墨的低黏度，喷墨 3D 打印通常要求在打印过程中加入可打印的支撑材料，且要求其在一定的打印温度下具有足够低的黏度。Schmidt 等报道了一种在 70～90℃下黏度为 10～16mPa・s 的氨基甲酸酯-丙烯酸酯基树脂。该树脂包含甲基丙烯酸四氢糠酯、二甲基丙烯酸三甘醇酯（20%～45%）和 5%～15%的惰性氨基甲酸酯蜡。该惰性蜡在 40℃下冻结，用于在光固化之前将反应性油墨保持在适当位置。对于光固化辅助喷墨打印技术而言，值得一提的是，为了能够维持长时间打印作业（5h 以上），喷墨 3D 打印所用的树脂必须具有非常好的热稳定性，并且暴露在光线下时能够快速固化。

已报道的许多喷墨打印相关的专利都着重于支撑材料的开发。最早由 Objet 公司开发的支撑材料是基于水溶性的单体和聚合物，其在光固化后能够用水去除。聚乙二醇（PEG）是这种体系的主要成分，该体系同时包含了 PEG 基单/双丙烯酸酯、光引发剂、稳定剂等。Dikovsky 等报道了一种用作支撑材料的 PCL-PEG-PCL 嵌段共聚物，其中在打印之前或之后添加入第二组分脂肪酶。他们发现 20%的假单胞菌脂肪酶溶液在 2h 的时间范围内可以充分分解该聚合物。Levy 等报道了另一种去除支撑材料的策略，他们使用热可逆的聚（*N*-异丙基丙烯酰胺）(PNIPAM）凝胶作为支撑材料，然后在打印后冷却至其最低临界溶解温度以下，使 PNIPAM 流动和释放。

6.2 3D 粉末黏合打印

6.2.1 3D 粉末黏合打印原理

1986 年，Sachs 等开创了 3D 粉末黏合技术（3D powder binding，3DP）。图 6-2 显示了 3DP 打印机的关键特征，该 3DP 打印机包括粉末分配单元，可垂直移动的打印平台，以及由 CAD 软件引导的喷墨打印头。粉末分配器水平移动在打印平台上沉积粉末，然后由喷墨打印头分配液体，该液体将颗粒黏合或熔合在一起，从而形成固体层。之后打印平台向下移动一层厚度，以便能够打印下一层。残留的粉末颗粒保留在打印平台上，在打印期间作为支撑，在完成打印后回收并重新使用。残留的黏附粉末可用加压空气清除，再通过烧结或树脂渗透等方式进行后处理。用水性油墨黏合在一起的各种廉价粉末，包括淀粉和石膏，都可以用3DP进行增材制造，但这些打印部件的精度低于SLA或SLS成形方式。即使通过树脂渗透或烧结后处理，制件的力学性能和表面粗糙度仍不能满足许多领域的应用需求。然而，3DP的一个突出优势是可以使用不同颜色墨水进行按需滴定，构建具有多种颜色的制件。除了聚合物，3DP也广泛应用于陶瓷和金属材料，可快速构筑注塑和精密铸造所需的模具或是快速制造零件。

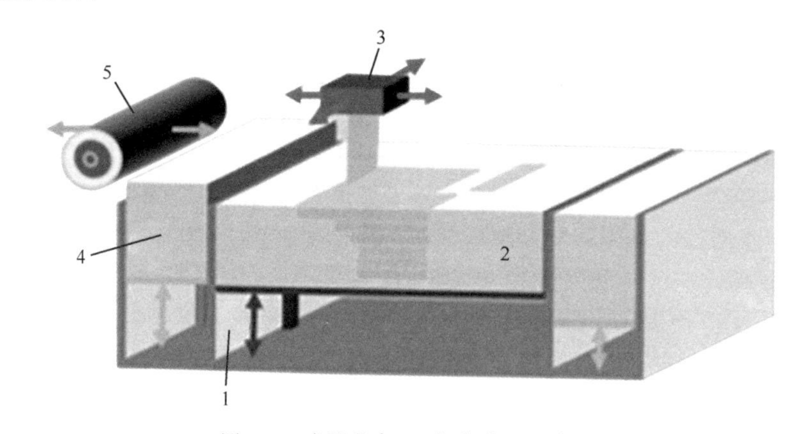

图6-2 喷墨黏合3D打印装置示意图

1—可升降打印平台；2—粉末床；3—打印喷头；4—可升降粉末喂料器；5—粉末分配滚筒

6.2.2 3D粉末黏合打印用聚合物材料

3DP打印材料通常可以由黏合剂添加于油墨中或嵌入粉末颗粒中区分。此外，黏合剂溶液可以通过不同的机理起黏合作用。一般而言，黏合剂由良溶剂或溶剂混合物组成，可溶胀聚合物粉末，通过聚合物分子链相互扩散和缠结引起颗粒熔合；或者，将成膜聚合物和聚合物分散液用作黏合剂。其中，亲水性聚合物粉末如淀粉、石膏和水泥需要水性黏合剂，而疏水性聚合物颗粒如聚乳酸（PLA）、聚（丙交酯-*co*-乙交酯）（PLGA）、聚己内酯（PCL）等需要通过有机溶剂黏合在一起。

油墨中添加黏合剂常用于3DP打印。其机理为黏合剂在干燥时形成薄膜并牢固地黏附在颗粒上。例如，25%柠檬酸用作磷酸钙类粉末的黏合剂，用于再生医学中的骨组织支架打印。反应性树脂，如糠醇和环氧则可作为非水性黏合剂。而在另一种打印类型中，黏合剂包埋在粉末组分中，然后用适当的溶剂通过喷墨印刷方式将其活化，进而引发黏合，这种方式降低了打印头堵塞的风险。

水性油墨的喷墨打印可用于黏合固化水溶性聚合物类粉末，例如聚乙烯醇（PVA）、石膏、淀粉、麦芽糖糊精和纤维素衍生物。值得一提的是，水性及生物相容3DP打印材料受到了较大的关注。例如，为了改善与骨组织的相容性，钙可以很好地通过3DP打印与磷酸盐陶瓷或聚合物生物支架混合在一起。使用水性油墨黏合打印石膏粉末支架，然后用磷酸铵水溶液后处理即可在支架表面形成具有良好骨相容性的磷酸钙。不过需要注意的是使用水性油墨的制件通常不耐水并且当暴露于水或湿气环境时容易疲劳失效或者降解。因此，该打印方式需要通过树脂渗透，例如氰基丙烯酸酯渗透进行后处理，以保护制件免受潮湿环境的侵蚀。聚羧酸盐离聚物和氧化锌粉末混合物在水作用下形成的原位聚合锌离聚物表现出优异的打印精度和力学性能，是一种新型 3DP 打印材料。

使用非水性黏合剂进行 3DP 打印的典型聚合物包括脂肪族聚酯，如 PLA 和 PLGA。氯仿和其他氯化溶剂可用作黏合剂，选择性地喷射到聚合物上，以构建不同形状且自支撑的部件。此外，聚合物在 3DP 制造中也常用于制件的后处理。除上述提及的氰基丙烯酸酯用于改善制件耐水性外，环氧或聚氨酯通过对制件打印缺陷的填充来提高制件的力学性能和表面光洁度。值得一提的是，将碳纳米纤维分散在聚合物树脂中进行渗透填充，可赋予 3DP 打印陶瓷材料导电性能。

2016 年，Hewlett-Packard Inc. 推出了 HP Multijet Fusion 技术，该技术类似于使用尼龙 12（PA12）粉末的 SLS，但其不需要 SLS 中的激光对聚合物颗粒进行融合。该方法中，喷墨头在特定打印区域选择性地施加一种特殊黏合剂，附着到聚合物颗粒上但不直接黏合，而是通过红外光源加热固化黏合剂区域。黏合剂由水、助溶剂、表面活性剂和炭黑组成，其中炭黑充当红外线吸收剂。该技术目前可以进行打印的聚合物材料包括 PA12、PET 和高密度聚乙烯（HDPE）。据称该工艺比 SLS 快 10 倍，并且力学性能优异。此外，该技术除黏合剂外，还添加了一种细节剂，其可以沉积在烧结区域和未喷涂黏合剂的松散区域之间的边界线上，其功能是通过水的蒸发冷却来防止松散区域聚合物颗粒在红外线烧结过程中产生不必要的融合，从而提高打印精度和表面质量。此外，使用所谓的体素转换剂（voxel transforming agents）进行多重喷射打印能够实现特定区域功能化，其分辨率高达一个体积像素。例如，可以实现多色彩打印，用于设计和制造多功能彩色制件。

6.3 直接书写 3D 打印

6.3.1 直接书写 3D 打印原理

在环境条件下对黏弹性材料进行直接书写 3D 打印（direct ink writing，DIW）技术是

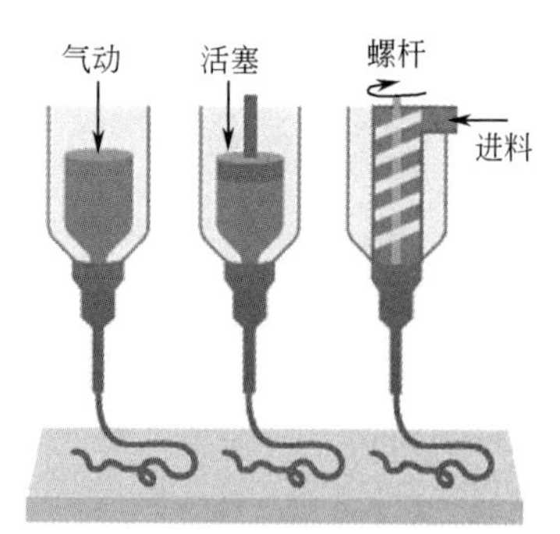

图 6-3 DIW 打印技术原理示意图
从左至右分别为 DIW 气动、
活塞和螺杆挤出打印方式

FDM 打印技术的一个重要衍生品，如图 6-3 所示。直接书写打印的关键在于使用具有良好触变性的聚合物浓溶液、易挥发性有机物和树脂等。这些打印材料具有剪切变稀特性，即受到打印头挤出剪切时，其黏度急剧下降，而在打印后很快恢复初始的高黏度而具有自支撑性。这些剪切应力屈服的流体可以用 Herschel-Bulkley 模型描述：

$$\tau=\tau_y+K\gamma^n \qquad (6\text{-}2)$$

式中，τ 是剪切应力；τ_y 是屈服应力；K 是稠度；γ 是剪切速率；n 是流动指数，剪切变稀流体 $n<1$。进一步地，流体在打印过程中的剪切速率可以由一般形式的 Rabinowitsch-Mooney 方程给出（默认打印头为圆形）：

$$\gamma=[(3n+1)/4n]4Q/\pi r^3 \qquad (6\text{-}3)$$

式中，Q 为流体体积流速；r 为挤出直径；n 为流动指数。

打印材料的表观黏度、最小挤出直径和打印速度的典型值分别为 $10^2\sim10^6$mPa・s（取决于剪切速率）、1～250μm 和 1mm/s～10cm/s。为了引导打印材料流过喷嘴，打印头中施加的应力必须超过打印材料的屈服应力 τ_y，进而使其流动。当材料离开喷嘴时，迅速恢复其原始的 τ_y 值和剪切弹性模量 G'。在 DIW 打印中常常需要额外的后处理手段（例如光固化或热固化）以使打印部件完全固化。

6.3.2 直接书写 3D 打印用聚合物材料

DIW 打印作为 FDM 等打印技术的替代品，其可兼容海量的聚合物材料，将 3D 打印技术推广到除工程塑料外的功能聚合物体系，如导电聚合物体系以及多物质材料体系，如水凝胶/硅基弹性体、聚合物基复合材料等。

(1) 导电聚合物材料

Liu 等利用 DIW 技术构筑了柔性微超级电容器（fMSC）的交叉指型电极。其打印材料由高浓度、高黏性的氧化石墨烯（GO）/聚苯胺（PANi）复合材料组成，具有成本低、可扩展性和可加工性强的特点。通过 DIW 打印的基于 GO/PANi 的全固态对称 fMSC 交叉微电极可以在 5mV/s 下提供 153.6mF/cm^2 的高面积电容和 19.2F/cm^3 的体积电容。

Park 等利用 DIW 技术一体化制备了高性能聚合物基光电探测器。该探测器由聚（3,4-乙烯二氧噻吩)-聚苯乙烯磺酸盐（PSS：PEDOT）和聚（3-己基噻吩)-富勒烯衍生物（P3HT：PCBM）等聚合物半导体组成。针对光电探测器的有源层进行优化，该器件实现了 25.3%的外部量子效率，与传统半导体加工的器件性能相当。同时，该器件可以通过 3D 打印直接在柔性基板或半球形表面上构筑，并集成为具有高灵敏度和宽视场的图像传感阵列。

(2) 聚合物基复合材料

最早由 Compton 等报道了一种基于 DIW 技术的由定向无机纤维（如 SiC 纤维）填充环氧树脂组成的 3D 打印蜂窝孔状复合材料（图 6-4），其材料自身的多级结构赋予了优异的力

图 6-4 基于 DIW 技术的聚合物基复合材料 3D 打印示意图

学性能。由于填料的高纵横比以及沿打印方向的定向排列，因此通过设计打印路径本身可用于在空间上控制该复合材料内部的微观结构，为复合材料的工程制造和优化增加了一个全新的设计维度。

Siqueira 等通过直接书写加工具有黏弹性和水溶性的高浓度纤维素纳米晶（CNC)-聚合物单体绿色复合材料。打印过程中的强剪切作用可以获得沿打印方向高度取向的 CNC 颗粒排列。利用这种特性，模仿木材和其他生物复合材料中的设计原则，可以对打印制件的微观结构进行编程，使这些材料对所施加的机械载荷具有明显的各向异性。

(3) 4D 聚合物材料

在 3D 打印基础上引入时间维度，即为 4D 打印。具有智能功能［如形状记忆（shape memory）和自修复（self-healing)］的柔性和可拉伸材料的 3D 打印非常适合未来 4D 打印技术的开发，并进一步应用于软机器人、可扩展的智能医疗设备和柔性可穿戴电子设备。Kuang 等报道了一种具有高拉伸、形状记忆和自修复功能的 4D 打印材料，由脂肪族聚氨酯二丙烯酸酯和线型半结晶聚合物 PCL 通过紫外线光固化辅助 DIW 打印制得。该 4D 聚合物材料通过聚氨酯链间氢键、PCL 区域结晶性以及聚合物互穿网络缠结等物理交联使得其拉伸率达 600%，并具有协同的形状记忆功能和多次自修复性能。这种 3D 打印的弹性体在软机器人以及生物医学方面的潜在应用，例如可以构筑热响应软体制动器以及血管修复装置。Yang 等通过炭黑/聚氨酯网络构筑了红外线响应的形状记忆材料，并通过 DIW 技术制备了具有仿生花瓣开闭合等功能的复杂 4D 材料。

除前述的几种有代表性的 3D 打印方式及与其相适应的聚合物材料外，还有许多专门应用于特定领域的特殊打印方式，例如专门用于半导体电子电路制造的喷雾喷射 3D 打印（aerosol jet printing，AJ-P）或薄板层压制造技术（laminated object manufacturing，LOM)；在聚合物材料方面，除了工程塑料、复合材料、功能聚合物等体系外，3D 打印用聚合物材料还可以拓展至天然高分子材料，如纤维素材料、蛋白质（用于食品增材制造）甚至是 DNA 等遗传物质（用于类生命体构筑)。未来，随着全新打印概念的提出以及新型聚合物材料的问世，3D 打印制件将不断刷新人类创造的纪录。

参考文献

[1] De Gans B J, Duineveld P C, Schubert U S. Inkjet printing of polymers: state of the art and future developments [J]. Advanced Materials, 2004, 16 (3): 203-213.

[2] Truby R L, Lewis J A. Printing soft matter in three dimensions [J]. Nature, 2016, 540 (7633): 371.

[3] Derby B. Inkjet printing of functional and structural materials: fluid property requirements, feature stability, and resolution [J]. Annual Review of Materials Research, 2010, 40: 395-414.

[4] Fromm J E. Numerical calculation of the fluid dynamics of drop-on-demand jets [J]. IBM Journal of Research and Development, 1984, 28 (3): 322-333.

[5] Ligon S C, Liska R, Stampfl J, et al. Polymers for 3D printing and customized additive manufacturing [J]. Chemical Reviews, 2017, 117 (15): 10212-10290.

[6] Schmidt K A, Doan V A, Xu P, et al. Ultra-violet light curable hot melt composition: US Patent 6841589 [P]. 2005-1-11.

[7] Napadensky E. Compositions and methods for use in three dimensional model printing: US Patent 6569373 [P]. 2003-5-27.

[8] Dikovsky D, Napadensky E. Three-dimensional printing process for producing a self-destructible temporary structure: US Patent 8470231 [P]. 2013-6-25.

[9] Levy A. Reverse thermal gels and the use thereof for rapid prototyping: US Patent 6863859 [P]. 2005-3-8.

[10] Pfister A, Walz U, Laib A, et al. Polymer ionomers for rapid prototyping and rapid manufacturing by means of 3D printing [J]. Macromolecular Materials and Engineering, 2005, 290 (2): 99-113.

[11] Allen S M, Sachs E M. Three-dimensional printing of metal parts for tooling and other applications [J]. Metals and Materials, 2000, 6 (6): 589-594.

[12] Curodeau A, Sachs E, Caldarise S. Design and fabrication of cast orthopedic implants with freeform surface textures from 3D printed ceramic shell [J]. Journal of Biomedical Materials Research, 2000, 53 (5): 525-535.

[13] Leukers B, Gülkan H, Irsen S H, et al. Biocompatibility of ceramic scaffolds for bone replacement made by 3D printing [J]. Materialwissenschaft und Werkstofftechnik, 2005, 36 (12): 781-787.

[14] Seitz H, Rieder W, Irsen S, et al. Three-dimensional printing of porous ceramic scaffolds for bone tissue engineering [J]. Journal of Biomedical Materials Research Part B, 2005, 74 (2): 782-788.

[15] Khalyfa A, Vogt S, Weisser J, et al. Development of a new calcium phosphate powder-binder system for the 3D printing of patient specific implants [J]. Journal of Materials Science: Materials in Medicine, 2007, 18 (5): 909-916.

[16] Suwanprateeb J, Sanngam R, Suwanpreuk W. Fabrication of bioactive hydroxyapatite/bis-GMA based composite via three dimensional printing [J]. Journal of Materials Science: Materials in Medicine, 2008, 19 (7): 2637-2645.

[17] Moon J, Caballero A C, Hozer L, et al. Fabrication of functionally graded reaction infiltrated SiC-Si composite by three-dimensional printing (3DP™) process [J]. Materials Science and Engineering: A, 2001, 298 (1-2): 110-119.

[18] Shanjani Y，Toyserkani E，Pilliar R. Solid freeform fabrication of calcium polyphosphate dual-porous structure osteochondral scaffold [C] //SFF Symp Proc，2008：613-620.

[19] Chumnanklang R，Panyathanmaporn T，Sitthiseripratip K，et al. 3D printing of hydroxyapatite：effect of binder concentration in pre-coated particle on part strength [J]. Materials Science and Engineering：C，2007，27 (4)：914-921.

[20] Suwanprateeb J，Suvannapruk W，Wasoontararat K. Low temperature preparation of calcium phosphate structure via phosphorization of 3D-printed calcium sulfate hemihydrate based material [J]. Journal of Materials Science：Materials in Medicine，2010，21 (2)：419-429.

[21] Yu D G，Zhu L M，Branford-White C J，et al. Three-dimensional printing in pharmaceutics：promises and problems [J]. Journal of Pharmaceutical Sciences，2008，97 (9)：3666-3690.

[22] Ge Z，Tian X，Heng B C，et al. Histological evaluation of osteogenesis of 3D-printed poly-lactic-co-glycolic acid (PLGA) scaffolds in a rabbit model [J]. Biomedical Materials，2009，4 (2)：021001.

[23] Lowmunkong R，Sohmura T，Suzuki Y，et al. Fabrication of freeform bone-filling calcium phosphate ceramics by gypsum 3D printing method [J]. Journal of Biomedical Materials Research Part B，2009，90 (2)：531-539.

[24] Brauer D S，Gentleman E，Farrar D F，et al. Benefits and drawbacks of zinc in glass ionomer bone cements [J]. Biomedical Materials，2011，6 (4)：045007.

[25] Lozo B，Stanić M，Jamnicki S，et al. Three-dimensional ink jet prints-impact of infiltrants [J]. Journal of Imaging Science and Technology，2008，52 (5)：51004-1-51004-8.

[26] Czyżewski J，Burzyński P，Gaweł K，et al. Rapid prototyping of electrically conductive components using 3D printing technology [J]. Journal of Materials Processing Technology，2009，209 (12-13)：5281-5285.

[27] Emamjomeh A，Prasad K A，Haddick G T. Three-dimensional (3d) printing system：US Patent Application 15/507474 [P]. 2017-8-31.

[28] Hardin J O，Ober T J，Valentine A D，et al. Microfluidic printheads for multimaterial 3D printing of viscoelastic inks [J]. Advanced Materials，2015，27 (21)：3279-3284.

[29] Lewis J A. Direct ink writing of 3D functional materials [J]. Advanced Functional Materials，2006，16 (17)：2193-2204.

[30] Gratson G M，Xu M，Lewis J A. Microperiodic structures：Direct writing of three-dimensional webs [J]. Nature，2004，428 (6981)：386.

[31] Clausen A，Wang F，Jensen J S，et al. Topology optimized architectures with programmable Poisson's ratio over large deformations [J]. Advanced Materials，2015，27 (37)：5523-5527.

[32] Ober T J，Foresti D，Lewis J A. Active mixing of complex fluids at the microscale [J]. Proceedings of the National Academy of Sciences，2015，112 (40)：12293-12298.

[33] Therriault D，Shepherd R F，White S R，et al. Fugitive inks for Direct-Write assembly of Three-Dimensional microvascular networks [J]. Advanced Materials，2005，17 (4)：395-399.

[34] Compton B G，Lewis J A. 3D-printing of lightweight cellular composites [J]. Advanced Materials，2014，26 (34)：5930-5935.

[35] Winslow H. Herschel，Ronald Bulkley. Konsistenzmessungen von Gummi-Benzollösungen [J]. Kolloid-Zeitschrift，1926 (39)：291-300.

[36] Yong X Gan. Continuum mechanics—progress in fundamentals and engineering applications [M]. Rijeka：InTech，2012.

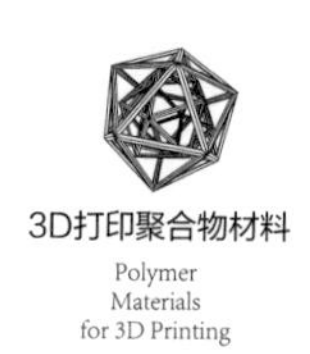

[37] Liu Y, Zhang B, Xu Q, et al. Development of graphene oxide/polyaniline inks for high performance flexible microsupercapacitors via extrusion printing [J]. Advanced Functional Materials, 2018, 28 (21): 1706592.

[38] Park S H, Su R, Jeong J, et al. 3D printed polymer photodetectors [J]. Advanced Materials, 2018, 30 (40): 1803980.

[39] Siqueira G, Kokkinis D, Libanori R, et al. Cellulose nanocrystal inks for 3D printing of textured cellular architectures [J]. Advanced Functional Materials, 2017, 27 (12): 1604619.

[40] Kuang X, Chen K, Dunn C K, et al. 3D printing of highly stretchable, shape-memory, and self-healing elastomer toward novel 4D printing [J]. ACS Applied Materials & Interfaces, 2018, 10 (8): 7381-7388.

[41] Yang H, Leow W R, Wang T, et al. 3D printed photoresponsive devices based on shape memory composites [J]. Advanced Materials, 2017, 29 (33): 1701627.

图 3-14　German RepRap 的 TPU 93 弹性体材料打印样品

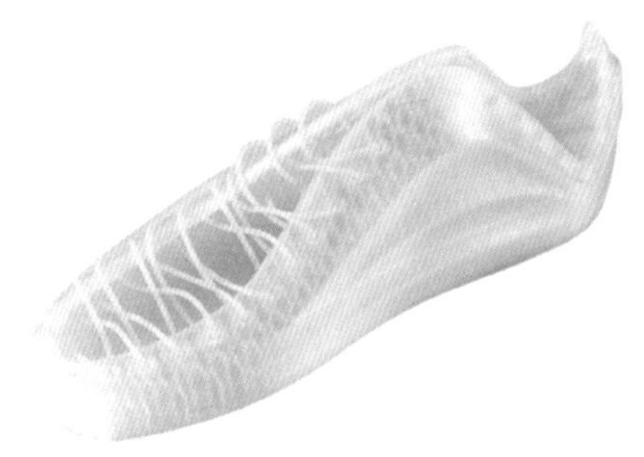

图 3-15　eSUN 的 eTPU-95A 弹性体材料打印样品

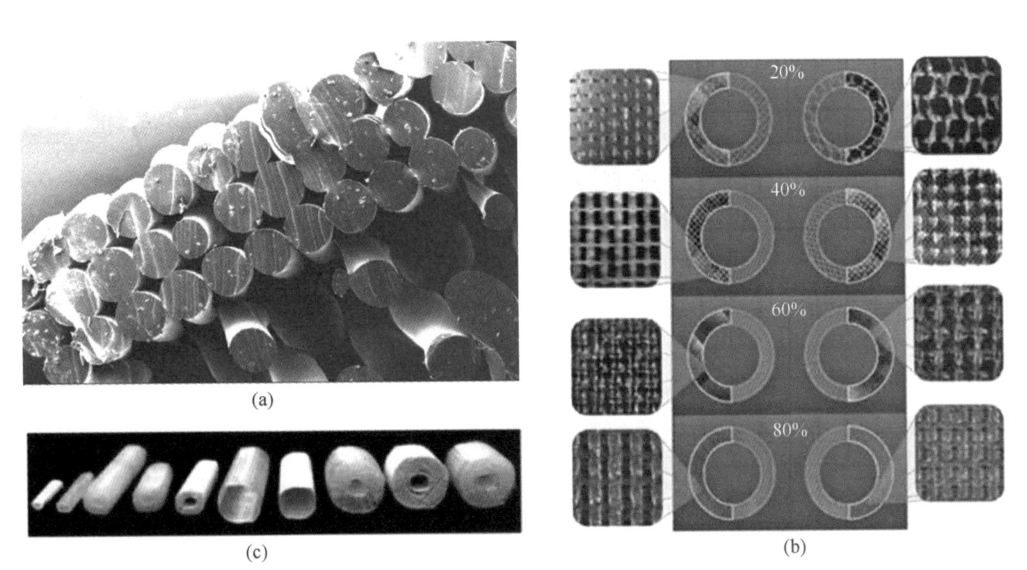

图 3-21　Achala de Mel 博士团队采用 FDM 技术打印 TPU 材料的塑料管状结构

（a）外形图；（b）各种 3D 打印管内部的填充结构；（c）管的形状和尺寸

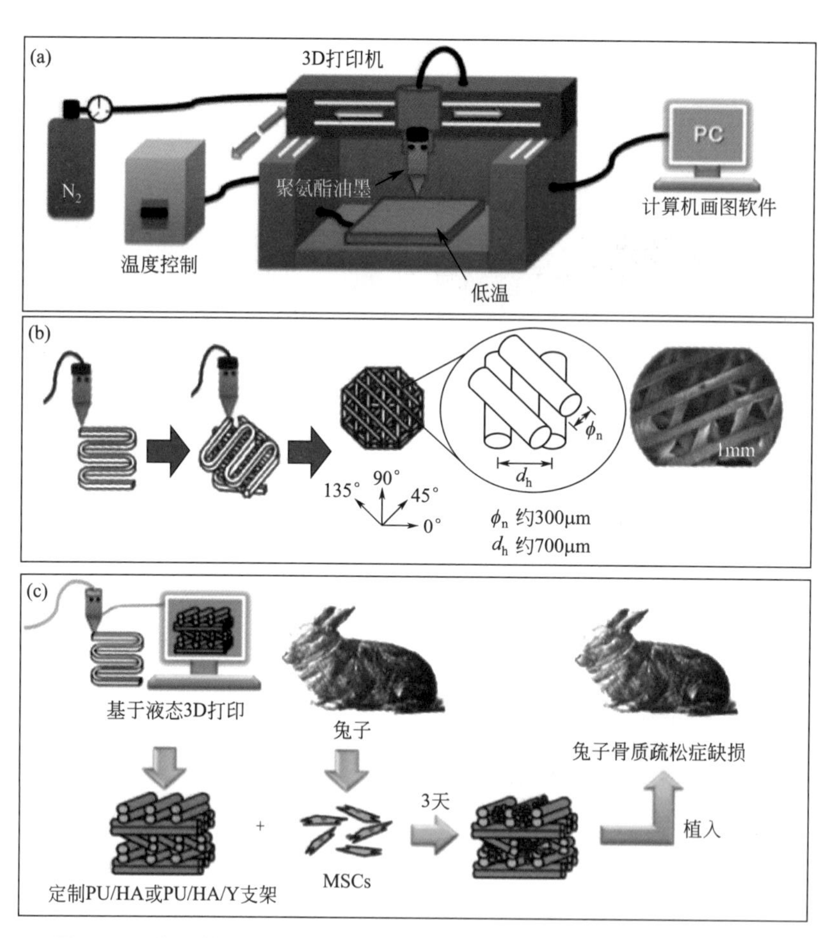

图 3-22 低温熔融沉积（LFDM）3D 打印方式制成聚氨酯支架（a）、打印过程及微观组织（b）和动物实验示意图（c）

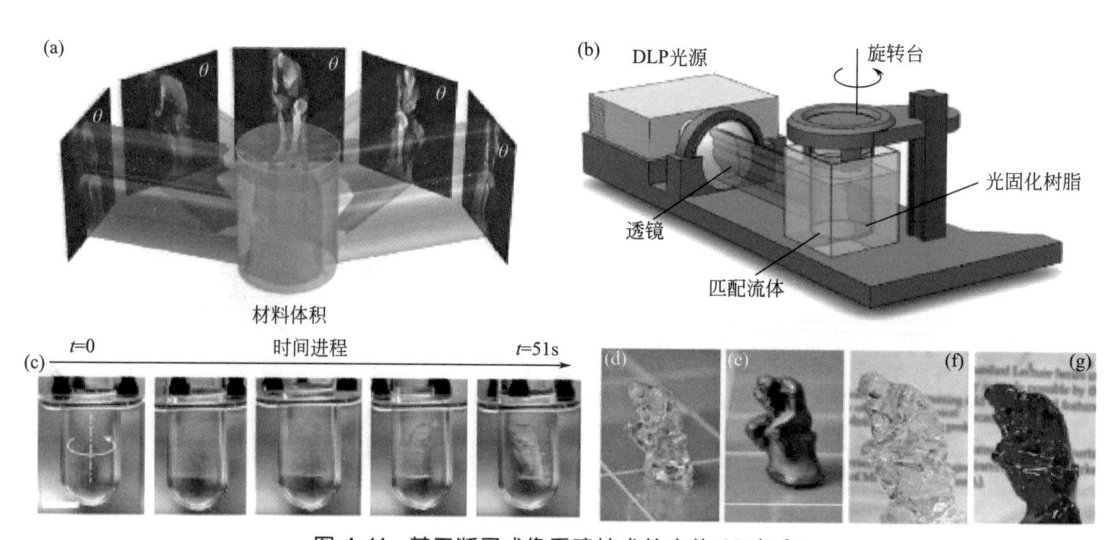

图 4-11 基于断层成像重建技术的立体 3D 打印

（a）、（b）成形原理；（c）成形过程；（d）~（g）成形零件

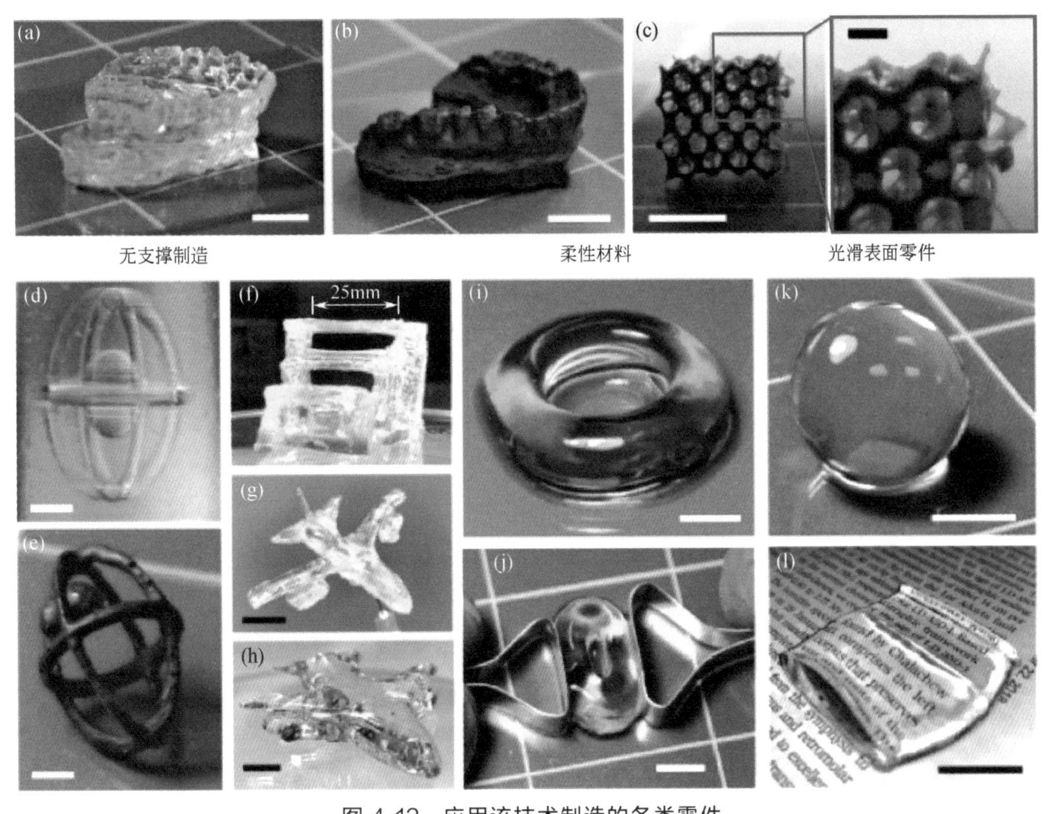

图 4-12　应用该技术制造的各类零件

（a）~（c）复杂结构零件；（d）~（h）无支撑制造零件；（i）、（j）柔性材料零件；（k）、（l）光滑表面零件；图中未注线段均为 2mm

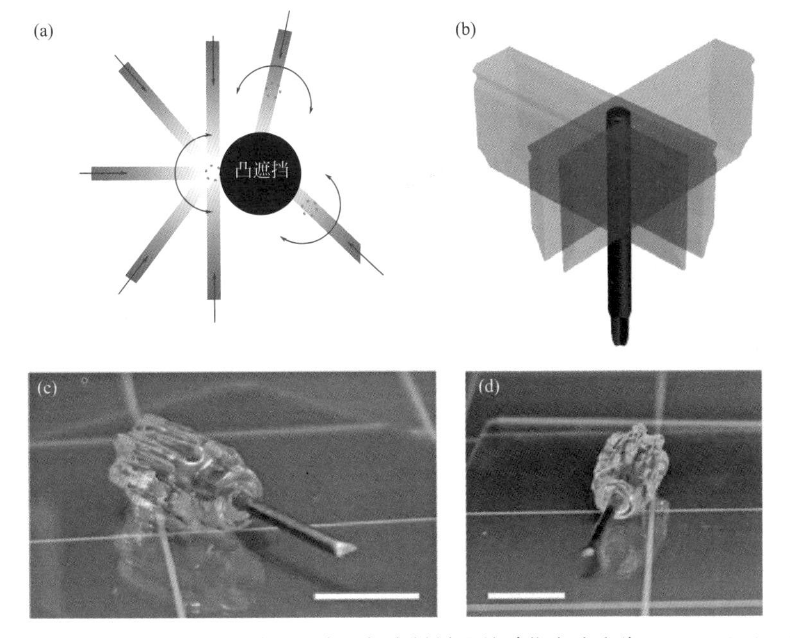

图 4-13　通过预置其他材料一次成形复合材料零件（作者称之为 over-printing）

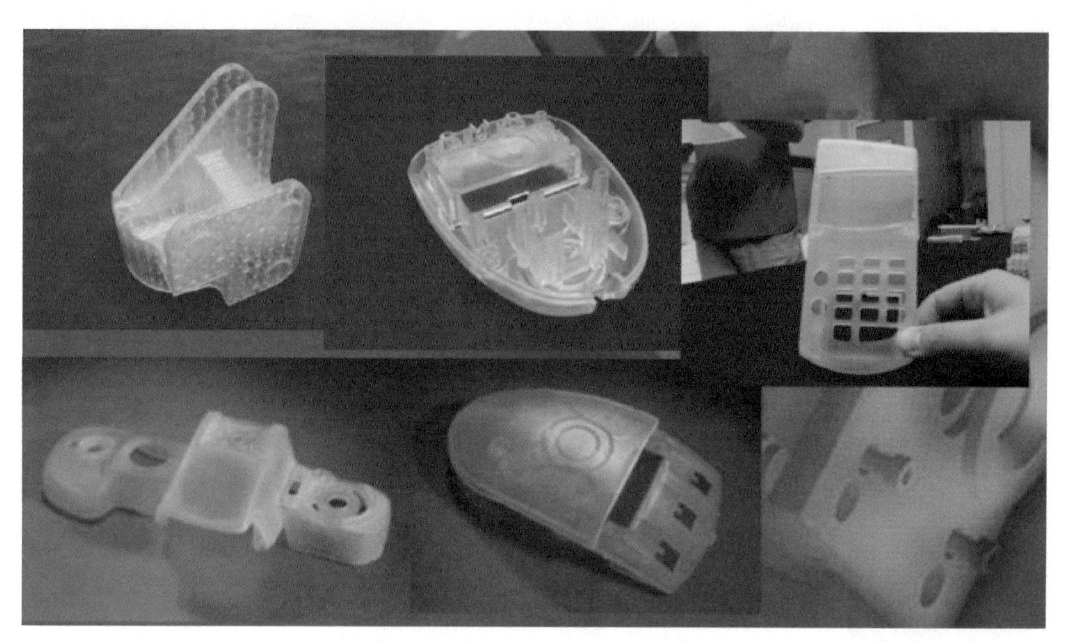

图 4-17　光固化成形技术制造模具案例（西安交通大学与陕西恒通智能机器有限公司合作）

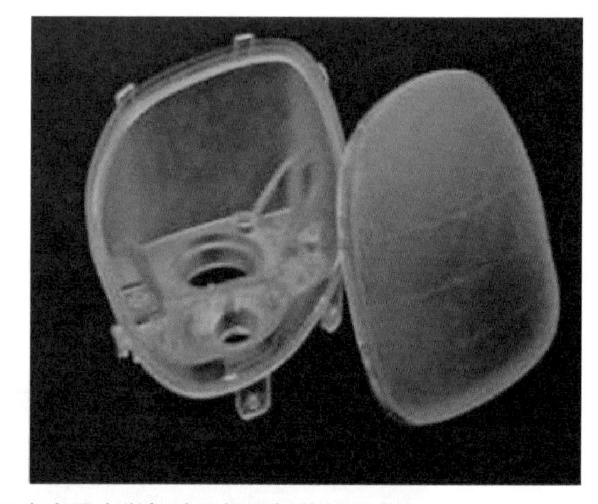

图 4-19　发动机引擎模具光固化增材制造（西安交通大学与陕西恒通智能机器有限公司合作）

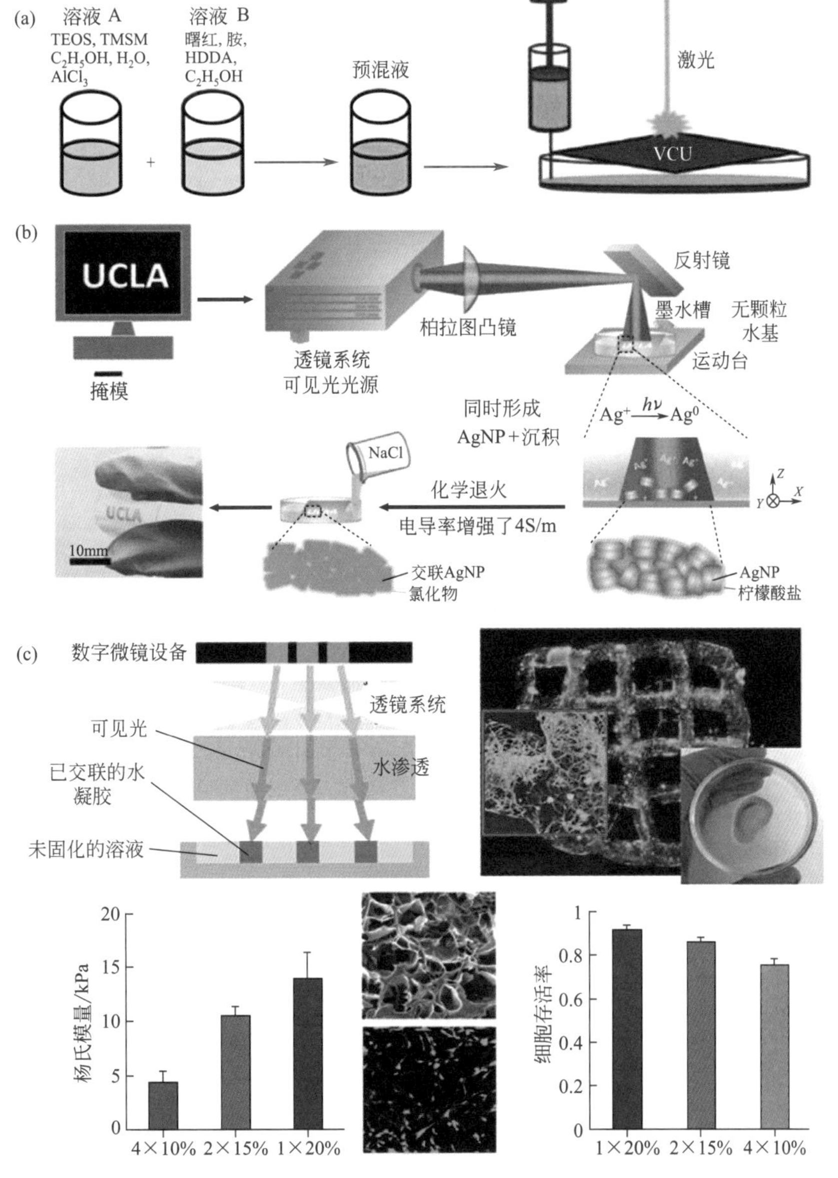

图 4-23 光固化 3D 打印聚合物骨架硅气凝胶（a）、可见光投影光刻金属印刷（b）及可见光交联生物水凝胶（c）

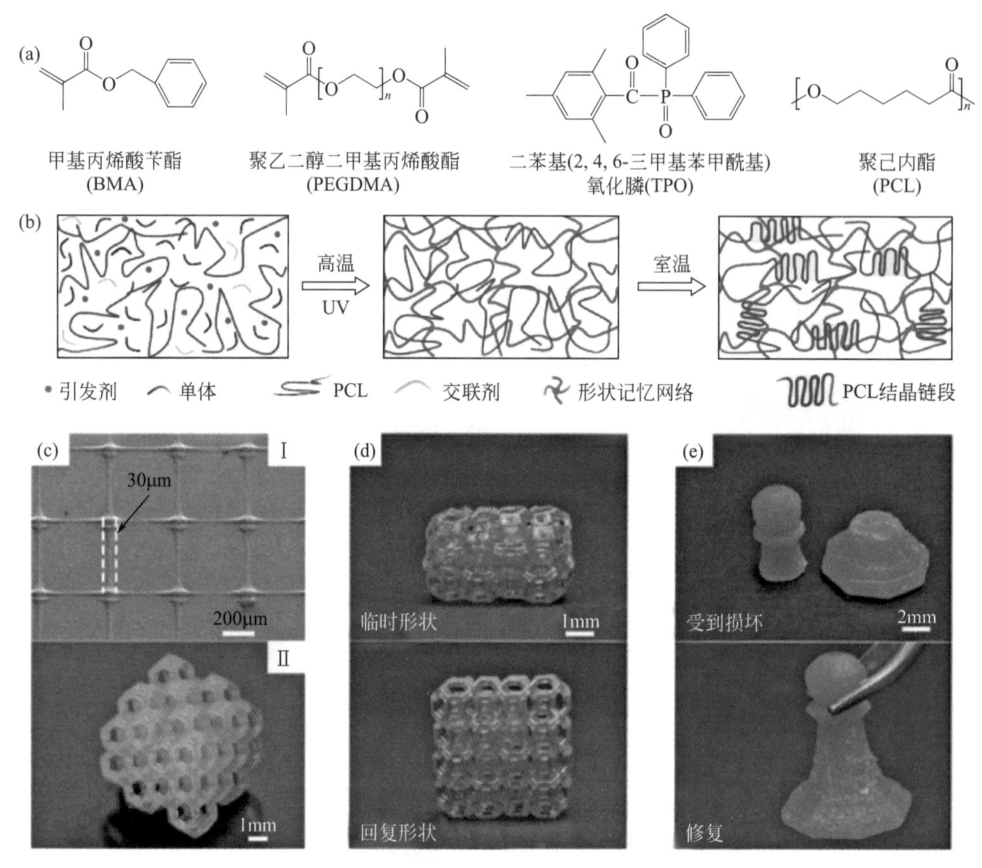

图 4-31　基于 DLP 技术的 SH-SMP 的 3D 打印

（a） SH-SMP 溶液中各组分的化学结构；（b）基于 UV 的 3D 打印过程中 SH-SMP 溶液的化学结构变化；（c）使用 SH-SMP 溶液印刷高分辨率复杂的三维结构（Ⅰ） 3D 打印高分辨率网格（Ⅱ） 3D 打印开尔文泡沫；（d） 3D 打印的开尔文泡沫的临时形状（上）和永久形状（下）；（e）打印出的 3D 结构的自修复能力展示：80℃加热 5min，破碎的棋子（上）完全愈合（下）

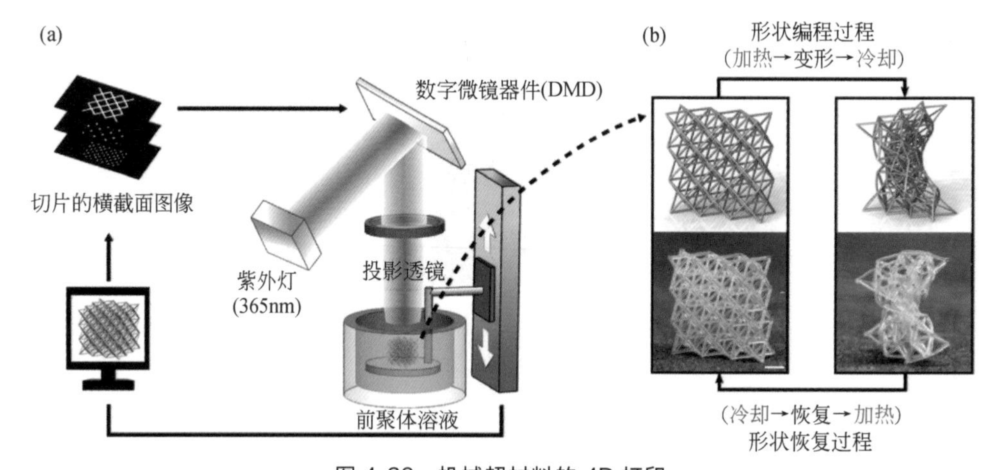

图 4-36　机械超材料的 4D 打印

（a）数字增材制造工艺；（b） SMP 微晶格的典型形状记忆周期：通过加热、变形和冷却完成形状编辑，加热后恢复到原来的形状

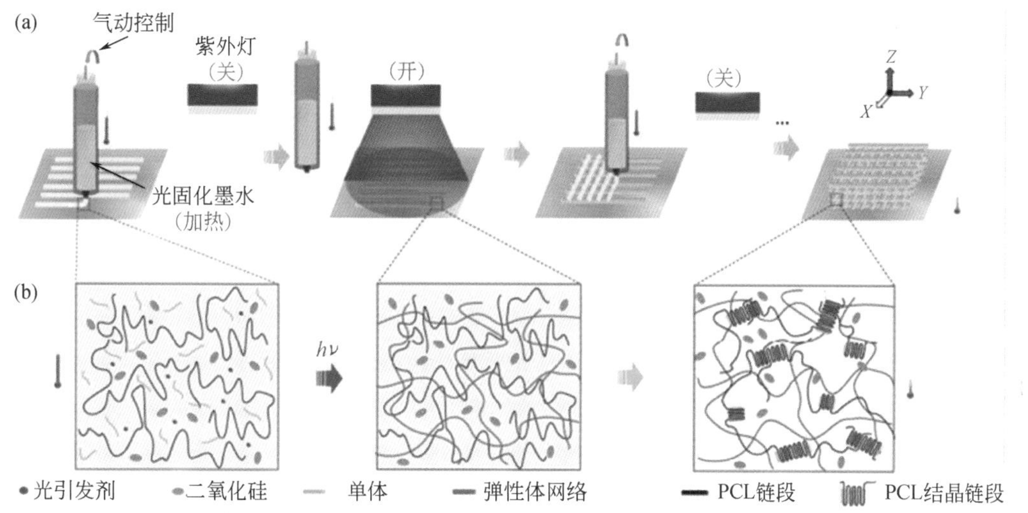

图 4-39　基于 UV 辅助 DIW 的 3D 打印半互穿网络弹性体复合材料的示意图

（a）配备有加热元件的基于 DIW 的 3D 打印机打印每层细丝，然后照射紫外光（$50mW/cm^2$）以固化树脂；（b）在 70℃ 印刷时和印刷冷却后打印墨水的结构演变

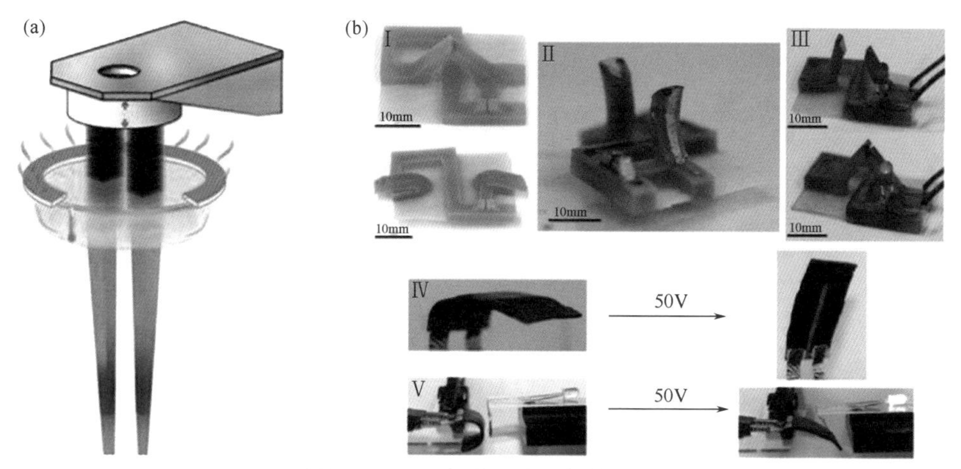

图 4-42　3D 打印可变形智能器件

（a） SLA 3D 打印机的示意图：打印平台下降到加热树脂浴，对于每一层而言，光源在与打印平台接触的薄层树脂上投射出器件的横截面，然后平台退出光聚合树脂，并启动下一层的打印；（b）打印出的可变形智能温度传感器、电响应连接器

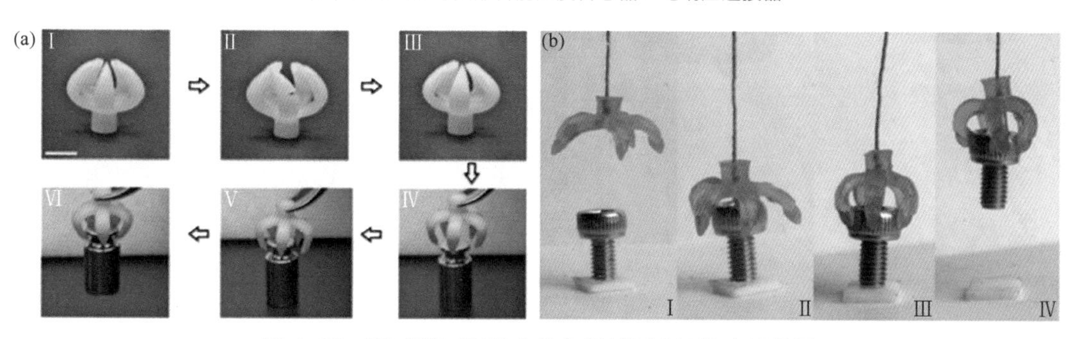

图 4-43　3D 打印 SMP 在仿生机械手方面的应用前景

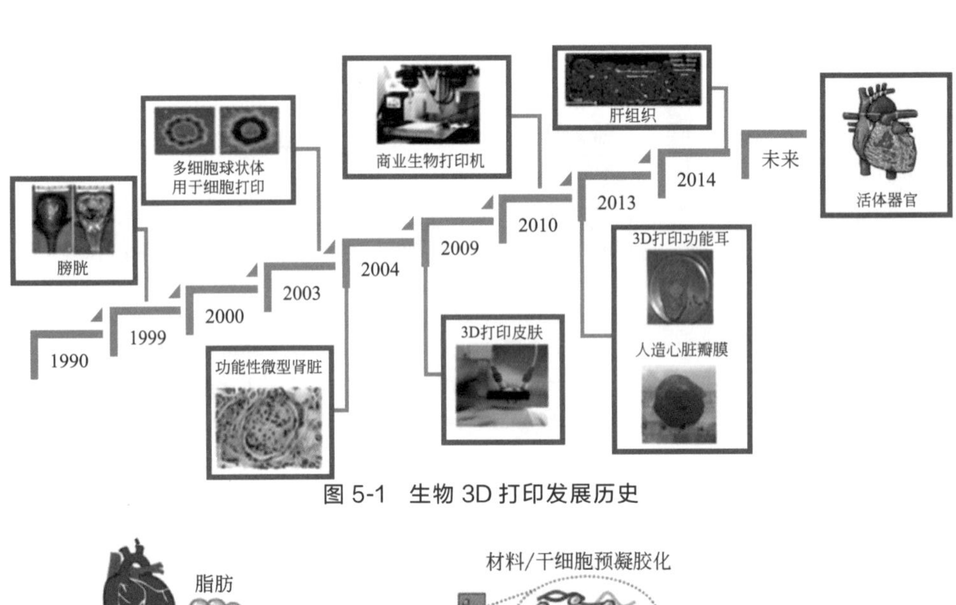

图 5-1　生物 3D 打印发展历史

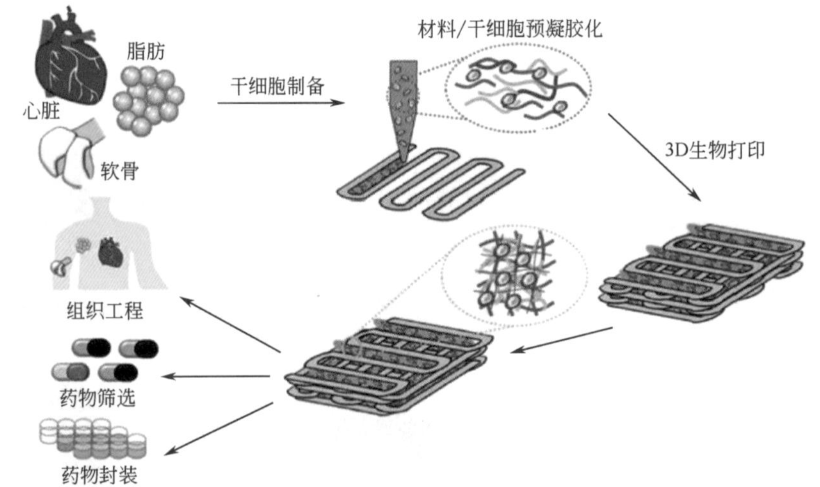

图 5-7　3D 打印组织工程应用

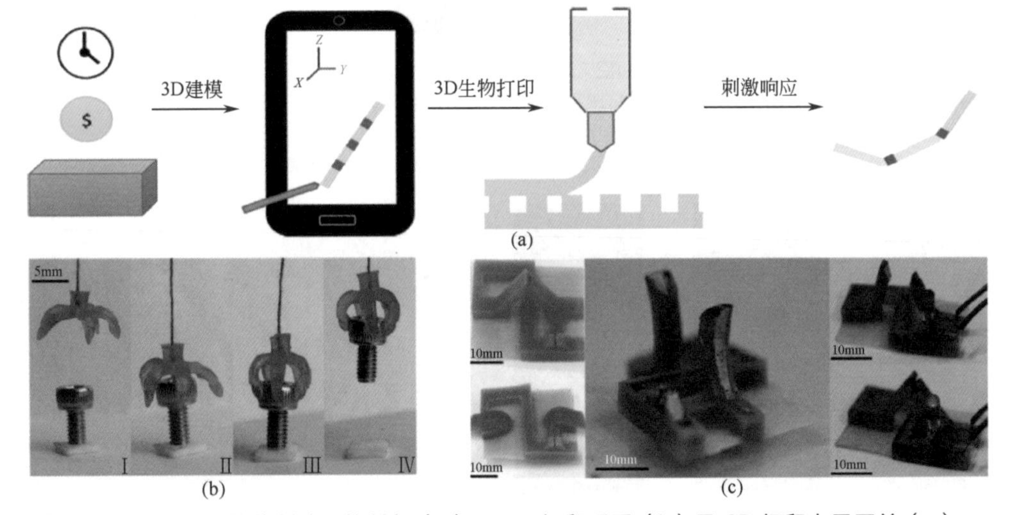

图 5-8　3D 打印软体制动器的制备（a）、 3D 打印爪手（b）及 3D 打印电子开关（c）

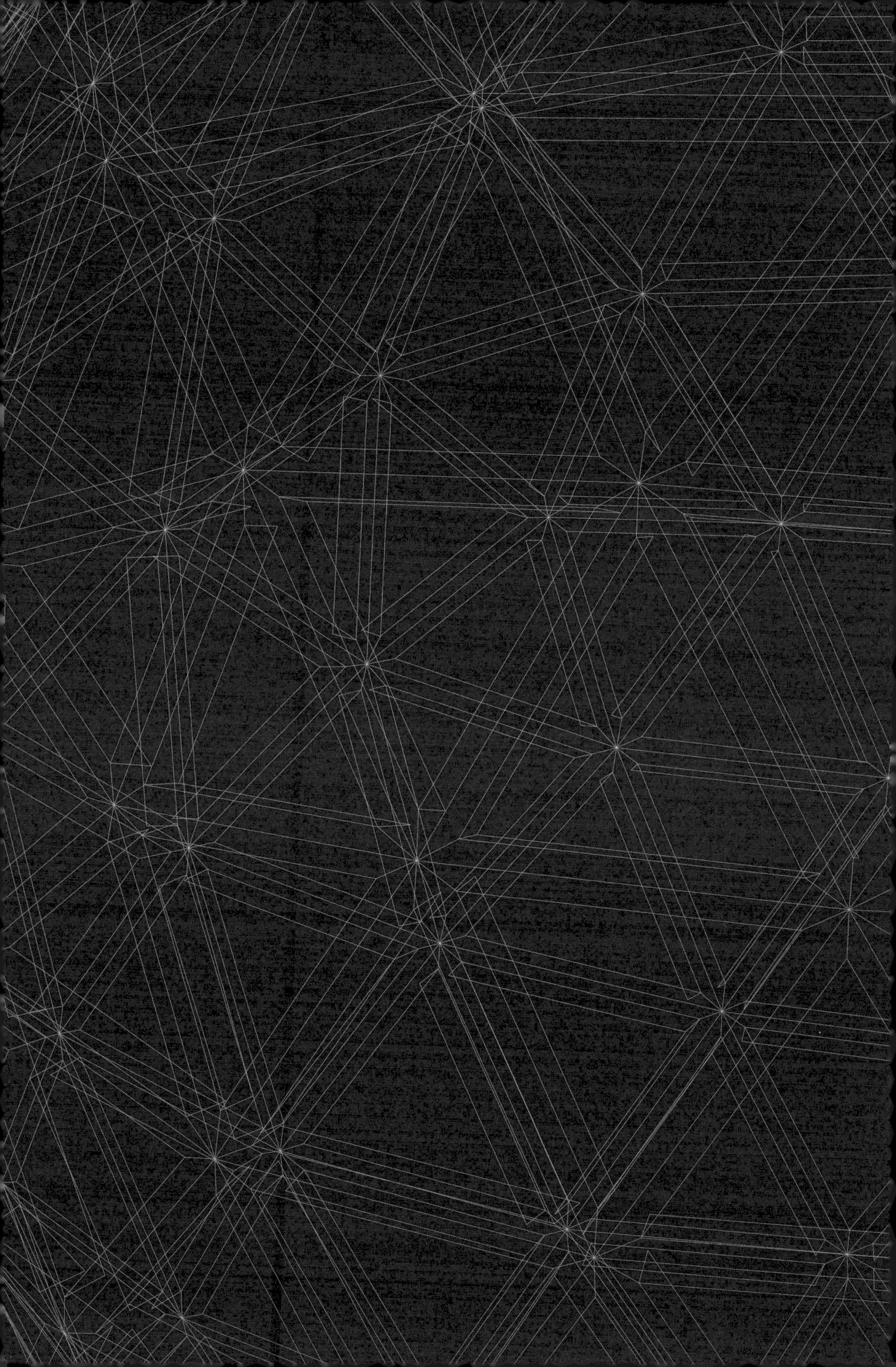